中国创新主体 "走出去"

专利成本与策略

中国专利代理（香港）有限公司
北京国专知识产权有限责任公司 ◎组织编写

知识产权出版社
全国百佳图书出版单位
—北京—

图书在版编目（CIP）数据

中国创新主体"走出去"专利成本与策略/中国专利代理（香港）有限公司，北京国专知识产权
有限责任公司组织编写. —北京：知识产权出版社，2025.1. —ISBN 978 - 7 - 5130 - 9576 - 1

Ⅰ. D923.404

中国国家版本馆 CIP 数据核字第 20240K28H4 号

内容提要

本书选取中国创新主体"走出去"主要目标国家和地区作为研究对象，梳理了相关国家或组织
的最新专利申请流程、官费情况、费用减免政策及适用资格、代理机构收费情况等，并结合多年业务
实践给出了专利维护成本与策略。本书有助于中国创新主体特别是出海企业更加全面地了解海外专
利申请、维护及风险防范的相关信息，做好专利布局，尽可能降低获权、维权和风险防范成本，更好
地应对国际市场的挑战。

责任编辑：卢海鹰　王祝兰　　　　　　　　责任校对：王　岩

封面设计：杨杨工作室·张　冀　　　　　　责任印制：刘译文

中国创新主体"走出去"专利成本与策略

中国专利代理（香港）有限公司

北京国专知识产权有限责任公司　组织编写

出版发行：	知识产权出版社有限责任公司	网　　址：	http：//www.ipph.cn
社　　址：	北京市海淀区气象路 50 号院	邮　　编：	100081
责编电话：	010 - 82000860 转 8555	责编邮箱：	wzl_ipph@163.com
发行电话：	010 - 82000860 转 8101/8102	发行传真：	010 - 82000893/82005070/82000270
印　　刷：	三河市国英印务有限公司	经　　销：	新华书店、各大网上书店及相关专业书店
开　　本：	787mm×1092mm　1/16	印　　张：	17.5
版　　次：	2025 年 1 月第 1 版	印　　次：	2025 年 1 月第 1 次印刷
字　　数：	400 千字	定　　价：	118.00 元

ISBN 978 - 7 - 5130 - 9576 - 1

序

时光荏苒，《中国申请人在海外获得专利保护的成本和策略》一书问世至今已届八年。八年间，中国创新主体"走出去"的步伐日益加快，以创新驱动高质量发展的势头空前高涨。据 WIPO 公布的全球知识产权申报统计数据显示，中国通过 PCT 途径提交的国际专利申请量连续五年高居榜首。中国的"一带一路"专利合作"朋友圈"也在不断扩大，中国创新主体的专利申请足迹遍及 50 个"一带一路"共建国家及相关组织。从各官方组织公布的数据看出，中国"智"造正在走向全球市场，全面开启从"中国制造"向"中国智造"转变，向知识产权强国迈进的新征程。

习近平总书记在中共十九届中央政治局第二十五次集体学习时强调，创新是引领发展的第一动力，保护知识产权就是保护创新。党的二十届三中全会明确提出：构建支持全面创新体制机制；建立高效的知识产权综合管理体制。知识产权服务一头连着创新，一头连着市场，既是创新成果的保护网，更是新质生产力的催化剂，在推进高质量发展中发挥着独特作用。作为我国历史最悠久的知识产权服务机构之一，港专公司坚持以习近平新时代中国特色社会主义思想为指导，全面落实习近平经济思想、习近平法治思想等重要思想，秉持"服务四海，诚信天下"的理念，积极探索知识产权服务的新业态新模式，帮助创新主体更好地获取和使用知识产权信息资源，紧跟形势任务变化，与时俱进与我国创新主体海外知识产权布局工作深度融合。

为了方便中国创新主体特别是出海企业更加全面地了解海外专利申请、维护及风险防范的相关信息，做好专利布局，尽可能降低获权、维权和风险防范成本，更好地服务于"走出去"战略，港专公司在《中国申请人在海外获得专利保护的成本和策略》一书的基本内容上，及时总结近十年来服务于中国企业"走出去"的业务实践，对照主要国家或组织的最新申请流程、最新费用情况、费用减免政策和减免适用资格等内容，对该书进行了修订、更新和补充，并增加了对部分"一带一路"沿线国家专利申请流程和费用成本策略的介绍以及外观设计海牙体系的章节。同时，港专公司力邀北京国专知识产权有限责任公司撰写海外专利维护成本与策略相关章节，并邀请中国人保粤港澳大湾区知识产权保险中心着重介绍知识产权海外侵权责任保险相关内容，旨在呈现更加系统和全面的研究成果，为我国创新主体加强知识产权的全球布局和风险防范能力提供策略支持，以更好地应对国际市场的挑战。

当前，世界正在经历百年未有之大变局，经济全球化是客观现实和历史潮流。深化中外知识产权合作是经济全球化的必然要求，知识产权的"引进来"和"走出去"都是中国开放合作的重要组成部分，其对于促进国内产业升级、提升国际竞争力具有重要意义。站在新的历史起点，在加快建设知识产权强国、全面建设社会主义现代化国家的新征程上，希望本书能够为中国创新主体"走出去"集火成炬、聚光成芒，照亮前行的方向，助力中国创新走向世界。

　　是为序。

中国专利代理（香港）有限公司总经理

吴玉和

二〇二四年十月于香港

主要缩略语

AE	加速审查
AESD	加速审查支持文件
AFCP 2.0	"后最终审查试点2.0"项目
AIPLA	美国知识产权法联盟
APG	墨西哥专利授权加速项目
ARIPO	非洲地区知识产权组织
ASPEC	东盟专利审查合作
BR INPI	巴西工业产权局
CA	继续申请
CBP	美国海关与边境保护局
CDC Enterprises	法国信托局企业部门
CGPDTM	印度专利、外观设计及商标管理局
CIP	部分继续申请
CIPC	南非公司与知识产权委员会
CIPO	加拿大知识产权局
CIR	研发税收抵免
CNIPA	（中国）国家知识产权局
CNOA	有条件的授权通知
CPTPP	全面与进步跨太平洋伙伴关系协议
CSE	检索与审查相结合
CSLL	社会贡献费
DPMA	德国专利商标局
DTI	南非贸易和工业部
EAPO 或 EA	欧亚专利组织
ECFS	检索早期确认项目
EDB	（新加坡）经济发展委员会

EIS	企业创新计划
EPC	欧洲专利条约
EPO	欧洲专利局
ESR	欧洲检索报告
ETI	中型企业
FER	第一次审查意见通知书
FR INPI	法国国家工业产权局
FSI	法国战略投资基金
GCC	海湾阿拉伯国家合作委员会
Global PPH	全球专利审查高速路
IDI	知识产权发展激励计划
IDS	信息披露声明
IMPI	墨西哥工业产权局
IPA	澳大利亚知识产权局
IPEA	国际初步审查单位
IPER	国际初步审查报告
IPO	印度专利局
IPOS	新加坡知识产权局
IPVN	越南知识产权局
IRAS	新加坡税务局
IRPJ	企业所得税
ISA	国际检索单位
ISR	国际检索报告
ITE	技术教育学院
JEI	创新型新企业
JPO	日本特许厅
KIPO	韩国知识产权局
MOST	（越南）科学技术部
OAPI	非洲知识产权组织
OEE	首次审查局
OFF	首次申请的专利局
OLE	在后审查局
OSEO Innovation	法国创新署
OSF	后续申请的专利局
PACE	欧洲专利申请加快审查程序

PACTE	法国企业发展与转型法
PCT	专利合作条约
PE – RCE	RCE 优先审查
PME 或 SME	中小型企业
PPH	专利审查高速路
PTA	专利权期限补偿
PTAB	专利审理与上诉委员会
PTE	药品专利权期限补偿
PTR	技术扶助措施
QPIDS	信息披露声明快速通道项目
RCE	继续审查请求
RCEP	区域全面经济伙伴关系协定
ROSPATENT	俄罗斯联邦知识产权局
SISR	补充国际检索报告
TLO	技术转移机构
UKIPO	英国知识产权局
UPC	专利诉讼法院
USMCA	美国 – 墨西哥 – 加拿大协定
USPTO	美国专利商标局
WIPO	世界知识产权组织
WO – ISR	世界知识产权组织 – 国际检索报告

目　录

第一章

概　述

第一节　中国创新主体海外专利获权取得长足发展

在推动高质量发展和中国式现代化进程中，知识产权保护承担着重要角色，任重道远。习近平总书记在中央政治局第二十五次集体学习时的讲话指出："创新是引领发展的第一动力，保护知识产权就是保护创新。"知识产权作为国家发展战略性资源和国际竞争力的核心要素，对于提高我国自主创新能力、发展新质生产力、全面提高我国综合国力具有举足轻重的作用。当前，我国正在加快推进知识产权强国建设，旨在建设中国特色、世界水平的知识产权强国。在党中央、国务院的坚强领导和各部门、各地方的共同努力下，《"十四五"国家知识产权保护和运用规划》主要指标运行良好，各项重点任务有序开展，知识产权强国建设稳步推进。❶ 中国主要知识产权指标运行平稳，中国申请人境外知识产权申请更加活跃，知识产权进出口规模保持稳健增长。❷ 随着全球化经济竞争加剧以及科学技术在经济发展中的地位越来越重要，中国创新主体正在以创新为发展核心，高质量加速"走出去"。中国企业拓展海外市场的能力和意愿空前提高。

专利是衡量创新产出的重要指标。从各官方组织公布的数据看出，中国创新主体的专利数量实现了量的飞跃，展示出中国正在科技创新领域完成追赶者向领跑者的转型。我国在世界知识产权组织（WIPO）发布的《2022 年全球创新指数报告》中的排名 2022 年位居全球第 11 位，连续 10 年上升。❸ WIPO 公布的《知识产权事实与数据 2023》（*IP Facts and Figures* 2023）统计数据显示，2022 年全球有效专利数量增长了

---

❶　国家知识产权局.《"十四五"国家知识产权保护和运用规划》实施成效显著［EB/OL］.（2023 - 09 - 28）［2024 - 08 - 17］. https：//www. cnipa. gov. cn/art/2023/9/28/art_3374_191547. html.

❷　汤莉. 强化知识产权保护护航企业"出海"［EB/OL］.（2023 - 07 - 31）［2024 - 08 - 17］. http：//12335. mofcom. gov. cn/article/phmyyqysj/202307/1938024_1. html.

❸　汪子旭.《2022 年全球创新指数报告》：中国排名连续十年稳步提升［EB/OL］.（2022 - 09 - 30）［2024 - 08 - 18］. http：//www. news. cn/fortune/2022 - 09/30/c_1129043598. htm.

4.1%，达到 1730 万件左右，中国以 420 万件有效专利的数量位居世界第一；2022 年全球有效工业品外观设计注册数量增长 8.8%，总数达到 580 万件左右，中国仍居首位（280 万件）。❶ WIPO 公布的 2023 年全球知识产权申报统计数据显示，2023 年全球通过《专利合作条约》（PCT）途径提交的国际专利申请（以下简称"PCT 国际申请"）总量为 27.26 万件，其中，中国通过 PCT 途径提交的国际专利申请量再次位居世界第一，为 69610 件，连续 5 年高居榜首；中国通过海牙体系提交的外观设计国际申请数量超过美国，位居全球第二。❷

在申请人方面，2023 年中国华为技术有限公司以 6494 件 PCT 国际申请量位居全球榜首，中国京东方科技位居全球第五；中国宁德时代位居第八位，排名上升 84 位，在前十申请人中涨幅最大；在教育领域，美国加利福尼亚大学仍是申请量最大的申请人，中国苏州大学位居第二，之后分别是美国得克萨斯大学系统、中国清华大学和美国斯坦福大学，排名前五位的教育机构中，清华大学的增幅最大。WIPO 总干事邓鸿森表示，在日益全球化、数字化的经济中，对知识产权的使用在稳步增长并随着世界各国经济的发展而向全球扩展。在通过 WIPO 提交的 PCT 国际专利申请中，亚洲国家占比 55.7%，而 10 年前仅占 40.5%。❸

国家知识产权局战略规划司《知识产权统计简报》2023 年第 11 期数据显示，中国在"一带一路"共建国家的专利申请公开量从 2013 年的 0.2 万件提高至 2022 年的 1.5 万件，年均增长 25.8%；专利授权量从 2013 年的 0.1 万件增长至 2022 年的 0.8 万件，年均增长 23.8%。2013～2022 年中国共在 50 个"一带一路"共建国家及相关组织有专利申请公开，在共建国家累计专利申请公开量和授权量分别为 6.7 万件和 3.5 万件。中国的"一带一路"专利合作"朋友圈"不断扩大，中国创新主体的专利申请足迹遍及 48 个国家。

随着国家创新体系建设规模的不断扩大和知识产权综合实力的提升，我国知识产权贸易表现出较强韧性，国际竞争力稳步提升。国家外汇局数据显示，2013～2023 年，我国知识产权使用费贸易总额年均增速为 9.4%；2023 年，知识产权使用费贸易总额为 537 亿美元，其中出口 110 亿美元，较 2019 年增长近七成。❹ 知识密集型服务贸易继续增长，推动我国服务贸易持续向价值链高端攀升。

❶ WIPO. WIPO IP Facts and Figures 2023 [EB/OL]. [2024-04-15]. https://www.wipo.int/edocs/pubdocs/en/wipo-pub-943-2023-en-wipo-ip-facts-and-figures-2023.
❷ 薛佩雯. 世界知识产权组织公布 2023 年统计数据：中国 PCT 国际专利申请量连续 5 年全球居首 [N]. 中国知识产权报, 2024-03-22 (01).
❸ 谷业凯. 世界知识产权组织公布去年全球知识产权申报统计数据 中国是国际专利申请最大来源国 [N]. 人民日报, 2024-03-13 (11).
❹ 刘升雄. 我国知识产权贸易国际竞争力稳步提升 [EB/OL]. (2024-05-05) [2024-05-05]. http://www.xinhuanet.com/20240505/fa8833882d6f437d9a78ef21f87f18bb/c.html.

第二节　中国创新主体在海外获得专利保护的问题与困难

　　然而，也应清醒地认识到，在中国创新主体与世界经济深度融合中，知识产权保护能力和水平仍然存在很大的提升空间。我国虽然在知识产权海外保护方面取得了巨大的进展，但与发达国家相比仍有一定差距，在深度和广度上仍需要改进和提升。总体来看，我国近年在知识产权保护方面快速发展，但在海外布局上依然不够，海外知识产权申请数量和美国等发达国家有较大差距。同时企业的维权手段和运用方式也还比较单一。❶ 随着"走出去"步伐的加快，中国企业遇到的知识产权纠纷也逐渐增多。例如，据《2022 年中国企业在美知识产权纠纷调查报告》统计，2022 年，中国企业在美知识产权诉讼案件数量、涉诉企业数量，以及"337 调查"涉及中国企业的数量均有不同程度的增长。在此背景下，更好地护航中国创新主体"走出去"的重要性更为凸显。❷

　　就专利而言，根据业内人士的分析和研究，我国企业以"走出去"市场为重点开展海外专利布局，但专利国际竞争力仍有待提升，至少存在以下需要重视的问题。❸

　　一是"走出去"企业专利布局仍显不足。中国专利数量的跃升并没有完全转化为技术的国际竞争力。2021 年，中国申请人的海外（国际）专利申请占中国专利总申请数的比例约为 7%，远低于其他国家。例如，在美国、日本、韩国创新者的专利申请中，海外专利占比分别为 49%、46% 和 30%，❹ 这至少说明中国企业的大量专利并没有转化为海外市场的盈利能力。海外专利申请量方面，虽然中国海外专利申请在数量上有较大增长，例如根据 WIPO 发布的《世界知识产权指标 2023》报告，在 2022 年的海外专利申请量排名中，中国以 121734 件申请排名第三，仅次于美国和日本，但绝对数量上，2022 年中国的海外专利申请量不及美国（262965 件）的一半❺；从 PCT 国际申请进入国家阶段的申请来看，2022 年中国申请人的 PCT 国家阶段申请量在各国申请人中排名第三，同样仅次于美国和日本，但绝对数量上，2022 年中国申请人的 PCT 国家阶段申请量（68840 件）不到美国（215569 件）的 1/3❻。从外向型企业向海外提交

---

　　❶ 闫恺，吴博宁. 知识产权保护：中国绘制海外路线图［N/OL］.（2016 – 11 – 15）［2024 – 08 – 18］. https：//www. gov. cn/xinwen/2016 – 11/15/content_5132575. htm.

　　❷ 汤莉. 强化知识产权保护　护航企业"出海"［EB/OL］.（2023 – 07 – 31）［2024 – 08 – 18］. http：//12335. mofcom. gov. cn/article/phmyyqysj/202307/1938024_1. html.

　　❸ 国家知识产权局. 2023 年中国专利调查报告［R/OL］.（2024 – 04 – 15）［2024 – 08 – 18］. https：//www. cnipa. gov. cn/module/download/down. jsp？i_ID = 191587&colID = 88.

　　❹ 戴戎，赵扬. 从专利看中国创新的量变与质变［EB/OL］.（2023 – 02 – 03）［2024 – 08 – 18］. https：//www. 163. com/dy/article/HSLM8HIS0511B355. html.

　　❺ WIPO. World Intellectual Property Indicators 2023［EB/OL］.［2024 – 04 – 15］. https：//www. wipo. int/publications/en/details. jsp？id = 4678.

　　❻ WIPO. Patent Cooperation Treaty Yearly Review – 2024［EB/OL］.［2024 – 08 – 18］. https：//www. wipo. int/publications/en/details. jsp？id = 4740&amp；plang = EN.

过专利申请以及向海外出口过产品的比例也可以看出，我国有海外专利布局的企业中向海外出口过产品的比例为 72.0%，表明国内企业主要出于保障海外市场目的而开展海外专利布局。此外，我国"走出去"企业专利布局仍较薄弱，专利权人向海外提交过专利申请（含 PCT 国际申请）的比例为 5.9%，不足向海外出口产品❶的比例（25.2%）的 1/4。

海外专利布局从申请到维护，企业所花费的费用和管理成本远远高于中国专利的申请和维护成本，这仍然是中国出海企业专利布局不足的一个重要原因。

二是我国企业专利技术引进多、输出少。根据《2023 年中国专利调查报告》的统计，利用海外专利的企业比例为 2.5%，是向海外单位或个人许可或转让专利比例（0.8%）的 3 倍左右。中国知识产权使用费逆差数额高、增速快，技术出口增长慢于技术进口。2021 年，中国知识产权使用费逆差为 351 亿美元，达到 2012 年逆差额的 2 倍。其中，美国是中国最大的知识产权贸易逆差来源国，2021 年双边逆差高达 82.5 亿美元。这表明尽管中国专利的存量和申请量双高，但在国际市场真正具备应用价值和竞争力的发明较少。而在全球主要创新型国家中，美、日、德都具有稳定的知识产权出口顺差。❷ 这也从一个侧面反映出中国专利特别是发明专利的整体质量有待进一步提升。

三是外向型企业亟须加强海外知识产权维权援助与服务。随着国际政治经济形势的变化和中国经济实力的日益增强，我国企业遭遇海外知识产权纠纷的比例和数量都在持续增长，纠纷类型也多种多样，以知识产权诉讼为主（63.7%），随后为贸易调查（19.1%）和展会纠纷（13.4%），以及海关执法、收到警告函及商标抢注等。中国企业遭遇的半数以上的海外知识产权纠纷（57%）来自美国。根据《2022 年中国企业在美知识产权纠纷调查报告》显示，在已结的在美诉讼案中，专利诉讼审结的平均周期为 480 天，平均判赔额为 382.1 万美元，最高者达 2166.5 万美元❸，可见出海企业在面对海外知识产权纠纷时会承受巨大的时间和费用成本。

面对上述各项问题，中国加紧布局重点产业知识产权海外保护，完善海外知识产权风险预警体系，绘制知识产权海外保护"路线图"，为世界经济发展作出中国贡献。习近平总书记在主持中共第十九届中央政治局第二十五次集体学习时强调，知识产权保护工作关系国家治理体系和治理能力现代化，关系高质量发展，关系人民生活幸福，关系国家对外开放大局，关系国家安全；要形成高效的国际知识产权风险预警和应急机制，建设知识产权涉外风险防控体系，加大对我国企业海外知识产权维权援助。❶ 近

---

❶ 国家知识产权局. 2023 年中国专利调查报告 ［R/OL］.（2024－04－15）［2024－08－18］. https：//www. cnipa. gov. cn/module/download/down. jsp？i_ID=191587&colID=88.

❷ 戴戎，赵扬. 从专利看中国创新的量变与质变 ［EB/OL］.（2023－02－03）［2024－08－18］. https：//www. 163. com/dy/article/HSLM8HIS0511B355. html.

❸ 中国知识产权研究会. 2022 年中国企业在美知识产权纠纷调查报告 ［EB/OL］.（2023－08－04）https：//www. djyanbao. com/preview/3614280.

❶ 习近平. 全面加强知识产权保护工作　激发创新活力推动构建新发展格局 ［EB/OL］.（2021－01－31）［2024－08－18］. http：//www. qstheory. cn/dukan/qs/2021－01/31/c_1127044345. htm.

年来，为提升中企涉外知识产权保护能力、加强海外知识产权保护工作，国家知识产权局同各相关部门积极发挥服务保障作用，持续加强海外布局及海外知识产权纠纷应对指导机制建设，切实保护中国企业的合法权益。截至 2023 年 6 月，全国已布局建设海外知识产权纠纷应对指导地方分中心 43 家，覆盖 27 个省区市。各中心主动服务、靠前服务，帮助企业有效提升海外知识产权保护意识和能力。2021 ~ 2022 年，中国企业涉 "337 调查" 终裁性判决 213 家次，其中获得占优判决（包括终止调查、原告撤回、裁定不侵权等）的比例达到六成以上，是 2020 年的 2 倍多。❶ 但即便获得占优判决，企业所花费的时间和费用成本仍是出海企业不可忽视的问题。

综上所述，在中国创新主体 "走出去" 的大趋势方兴未艾之时，与专利相关的申请、维护及防范海外知识产权纠纷的成本仍然是阻碍中国企业顺利 "走出去" 的一个重要因素。不少出海企业仍然缺少获取对外专利申请信息的有效渠道，不能实时、有效地掌握各国专利申请的具体程序、基本费用构成、费用减免的优惠政策、费用管理等信息，极大地影响了中国申请人的海外专利布局。随着海外布局量的增大，如何将有限的经费合理、主动地运用到海外专利维权工作中，也是企业知识产权费用管理面临的新课题。在经费有限的情况下，如何处理好海外知识产权纠纷防范的主动作为和面对纠纷的积极应对，也是中国出海企业所必须关注的新功课。面对出海企业的如上种种需求，中国知识产权服务机构有必要对海外专利申请的费用构成、减免政策、减免适用资格、海外专利维护成本与策略、海外知识产权纠纷应对的成本策略等进行系统整理、深入研究，为我国创新主体在海外获得专利保护和应对知识产权纠纷提供策略支持。

第三节　中国创新主体 "走出去" 专利成本研究与策略的更新

面对中国创新主体的出海需求，政府部门和知识产权服务机构纷纷积极响应，不断更新服务体系、推出服务平台，助力 "走出去" 进程顺利稳妥，保障企业海外经营业务的正常开展，有效应对海外知识产权风险。国家知识产权局作为国务院专利行政部门，一直积极关注和引导中国申请人在海外申请专利的工作，并对中国申请人海外获权遇到的困难持续进行了研究。早在 2013 年，国家知识产权局条法司发现当时国内缺乏对如何利用各国费用减免政策、降低海外获权成本的系统性研究，积极申报了 "中国申请人在海外获得专利保护的成本和策略" 这一软科学项目并选择中国成立最早的涉外专利代理机构之一、在中外专利代理界享有盛誉的中国专利代理（香港）有限公司（以下简称 "港专"）承接这一研究项目。

港专当时已有从事内向外申请代理近 30 年的实践经验，深知研究费用是和专利申

❶ 国务院新闻办. 国务院新闻办就 2023 年上半年知识产权工作有关情况举行发布会 [EB/OL]. (2023 - 07 - 19) [2024 - 08 - 18]. http：//www. c315. cn/zcjd/2023 - 7/19/236905. html.

请流程密不可分的。除了各国的政策性的费用优惠,熟练掌握和运用各国专利流程也能达到节省显性和隐性费用的目的。因此课题组从各主要国家的专利申请流程入手,整理申请流程与相关费用的联系,收集了各主要国家的近20年来向外申请的数据资料,包括各国专利申请的官费及代理费构成、各国专利局的费用减免或优惠政策情况等,并向国外专利代理机构调查相应国家的专利申请费用。在已有的数据、资料基础上,深入分析和研究整个费用体系的各部分构成、各种可能惠及中国申请人的优惠政策,并针对国内申请人在对外申请中的问题和建议进行广泛调研,最终提出中国各申请主体的向外申请策略的建议。

2014年底,历时1年半的"中国申请人在海外获得专利保护的成本和策略"项目顺利结题,研究成果获得了评审专家的高度认可,并在此基础上经过最新实践修订,于2017年出版了同名书籍,获得各业界普遍好评。该书为我国申请人提供了获取对外专利申请信息的有效渠道,为我国申请人在海外获得专利保护提供了策略支持。

2015年,国家知识产权局开通了海外知识产权信息的公共服务网络平台"智南针"网,初始提供28个国家和地区的超过270部知识产权法律法规,以及14个中国主要贸易伙伴国家和地区的知识产权环境概览以及申请流程、费用等信息❶,并不断丰富更新内容。

伴随着时代发展,加强专利海外布局、防范出海知识产权风险已成为出海企业的必修课;掌握各国专利流程及专利申请的费用结构,如何利用各国的减免政策减少成本,如何综合管理海外获权、维权和风险防范的成本支出,已成为出海企业必不可少的工作技能。在高质量共建"一带一路"的工作中,我国企业参与全球经济建设和贸易往来的广度和深度都在不断拓展,对"一带一路"沿线各国家或地区的相关知识产权法律法规应用与成本策略也提出了新的要求。为了方便中国创新主体特别是出海企业更加全面地了解海外专利的相关信息,做好专利布局,尽可能降低获权、维权和风险防范成本,更好地服务于"走出去"战略,港专在2017年出版的《中国申请人在海外获得专利保护的成本和策略》一书的基本内容上,及时总结近十年来服务于中国企业"走出去"的业务实践,对照主要国家或组织的最新申请流程、最新费用情况和费用减免政策,对该书进行了修订、更新和补充,增加了对部分"一带一路"沿线国家专利流程和费用成本策略的介绍及外观设计海牙体系的章节。鉴于随着中国出海企业海外专利布局的深入发展,海外专利维护的费用管理和成本策略越来越重要,也逐渐发展成为困扰众多出海企业的难点问题,港专力邀在这一领域深耕27年的北京国专知识产权有限责任公司共同编写本书,深入探讨解决方案。同时,由于出海企业应对海外知识产权纠纷会面临巨额的成本支出,港专特别增加了知识产权海外侵权责任保险的相关章节,邀请中国人保粤港澳大湾区知识产权保险中心向出海企业初步介绍知识产权海外侵权责任保险服务体系,为企业提供"全链条"专业安全、高效便捷的知识

---

❶ 闫恺. 吴博宁. 知识产权保护:中国绘制海外路线图［R/OL］.（2016－11－15）［2024－08－18］. https://www.gov.cn/xinwen/2016－11/15/content_5132575.htm.

产权保险服务。最后，本书在出版的过程中对所涉数据进行了个别完善，因此本书数据的截取范围除各章节中另有标注外，均截至 2024 年 6 月 30 日。为论述方便，在各章节中均以"中国申请人"指代各类中国创新主体。

本书编著者期望通过本书的研究成果能够为中国创新主体特别是出海企业提供有益参考，有助于出海企业制定最佳的"走出去"海外专利申请工作方案和有效的成本策略，提升知识产权海外布局获权、维权和纠纷应对能力，增强中国企业参与国际市场的核心竞争力和自我保护能力，从而助力中国企业扬帆出海、行稳致远、惠及天下。

第二章

总　论

第一节　保密审查

在介绍海外专利申请之前，首先需要明确我国的向外国申请专利前保密审查制度（以下简称"保密审查制度"），因为向外国申请专利前的保密审查（以下简称"保密审查"）是在中国完成的发明或实用新型向海外申请专利的第一步。

一、中国的保密审查制度及相关实践

保密审查制度是 2008 年第三次修改《中华人民共和国专利法》（以下简称《专利法》）时设立的制度。根据《专利法》❶ 第 19 条的规定，对于在中国完成的发明或实用新型，申请人向外国申请专利前需要报经国家知识产权局进行保密审查。在中国完成的发明或实用新型是指发明创造的技术方案，其实质性内容在中国境内完成（不包括外观设计）。不管发明人和权利人是否为中国公民或法人，在向外国申请专利之前都应当先向国家知识产权局申请保密审查，只有通过了保密审查才能向外国申请专利。

如果申请人违反了《专利法》中关于保密审查的规定，则不管申请人先在中国申请专利而后向外申请专利，还是先向外申请专利而后又回到中国申请专利，若有证据证明该专利申请未经国家知识产权局保密审查就已经向外申请的，那么国家知识产权局对其在中国的专利申请不予授权；对于已经授权的中国专利，则可以宣告中国专利无效。

保密审查虽然不收取官费，但是会带来一定的时间成本。《中华人民共和国专利法实施细则》（以下简称《专利法实施细则》）第 9 条规定："国务院专利行政部门收到依照本细则第八条规定递交的请求后，经过审查认为该发明或者实用新型可能涉及国家安全或者重大利益需要保密的，应当在请求递交日起 2 个月内向申请人发出保密审

---

❶　除非特别指出，本书中《专利法》和《专利法实施细则》等法律、法规均为本书出版时现行有效的版本。

查通知；情况复杂的，可以延长 2 个月。国务院专利行政部门依照前款规定通知进行保密审查的，应当在请求递交日起 4 个月内作出是否需要保密的决定，并通知申请人；情况复杂的，可以延长 2 个月。"

值得注意的是，具体到实践中，采取不同的方式完成保密审查所需要花费的时间和费用成本也有所不同。根据《专利法实施细则》第 8 条的规定，保密审查的方式有如下 3 种。

（1）如果申请人准备直接向外国申请专利或者向国家知识产权局之外的其他受理局提交 PCT 国际申请，应当事先向国家知识产权局提出保密审查请求并详细说明其技术方案。该技术方案一般包括发明内容、实施例以及附图，且必须和将来在国外提交的专利申请中的技术方案实质相同。需要注意的是，若在后作为专利申请的说明书申请文本与最初在保密审查请求中附具的技术方案存在实质性差距，就有可能被认定为部分技术方案没有经过保密审查。因此如果该申请也希望在中国获得专利，建议确保提交保密审查的技术方案与后续提交的专利申请文本保持实质内容上的一致。

采用此种方式进行保密审查时，官方要求提交审查的技术方案需要以中文记述。在审查的时间周期上，因当前已普遍采用电子提交途径（国家知识产权局专利业务办理系统），多数申请人可在 1～3 周内收到《向外国申请专利保密审查意见通知书》（以下简称"意见通知书"），但部分情况下审查周期仍可能达到 4 周或 4 周以上，因此建议采用此种方式的申请人至少预留 1 个月以上的时间，以免因保密审查未完成而延误专利申请的递交计划。

（2）在中国申请专利后，准备向外国申请专利或向国家知识产权局之外的其他受理局提交 PCT 国际申请的，应当在向外申请前向国家知识产权局提出保密审查请求。以这种方式进行保密审查，申请人只需要另行提交《向外国申请专利保密审查请求书》；保密审查依据的文本为该项专利申请的中国申请文本。采用这种方式提交保密审查请求的，可以选择在提交中国申请时同时提交或者在提交中国申请之后单独提交请求。

与第（1）种方式相比，采用这一方式可以确保全部技术方案经过保密审查。同时这一方式在节省时间成本和简化手续方面都具有一定优势。随中国申请一起提交保密审查请求的情况下，意见通知书通常可在 1～3 天内发出。对于具有在中国申请专利的需求且向外申请时限紧张的申请人来说，可适当考虑先提交中国申请并随中国申请一起递交保密审查请求。

（3）如果直接向国家知识产权局提出 PCT 国际申请，这种情况就被视为申请人同时提出了保密审查请求；国家知识产权局发出的《国际申请号和国际申请日通知书》（RO/105 表）被视为告知申请人是否通过保密审查的通知，表上的"向国际局传送时间"即被视为保密审查通过时间。该 PCT 国际申请可以是中文或英文，可以指定或不指定中国。也就是说，如果直接通过国家知识产权局提交国际申请，可以省略提交保密审查请求的环节。

RO/105 表通常会在 PCT 国际申请提交后 2～4 周内发出，即为采用此种方式完成保密审查所需的审查周期。相较于前两种方式，这一方式可以英文提交申请（技术方案），从而在技术方案是以英文完成的情况下可以节省翻译所需的时间和费用支出，并能帮助申请人获得较早的专利申请日，不失为一种备选方案。

上述 3 种方式各有优势，申请人还需根据自身情况及专利布局计划进行综合考量。在实际操作中，中国申请人经常在优先权期限届满前才确定要向外申请，紧急启动向外国申请专利保密审查请求，局面十分被动。由于中国申请人一般均会在中国申请专利，考虑到提交保密审查成本较低而违反保密审查规定的后果严重，建议申请人在提交中国申请的同时一并提交保密审查请求，或者以国家知识产权局作为受理局提交 PCT 国际申请。

二、海外的保密审查制度

除中国以外，其他一些国家也具有类似"保密审查"的官方规定。世界主要国家中，美国、日本❶、韩国、英国、德国、法国、意大利、巴西、印度、土耳其及俄罗斯等国均存在保密审查要求，但各国在具体的保密标准、审查流程以及违规后果等方面各有不同。若发明创造涉及多国多地联合发明，还需格外注意相关国家的保密规定，以免造成专利权丧失、罚款乃至监禁等不良后果。

从最基本的保密标准来看，绝大多数国家都将需要保密的技术方案定义为与国防、国家安全、公共安全等方面相关的内容，德国和俄罗斯则要求对包含或构成国家机密的技术方案进行保密。在违规后果上，美国和印度设置了专利权丧失、罚款、监禁等不同程度的处罚，英国和德国涉及罚款、监禁，法国和俄罗斯涉及刑事处罚，韩国则规定了专利权丧失、获得赔偿的权利丧失等处罚。

当然，在实践层面，更重要的还是判断是否需要进行保密审查的基准和提交审查的具体要求。中国、美国、俄罗斯、巴西等国以发明创造的完成地点为基准来判断是否要求进行保密审查，而韩国、英国、意大利、印度等国则以申请人的居住地为基准来判断。在保密审查的具体要求上，以美国为例，保密审查大致涉及以下几种情况：（1）在向外申请前，相应申请已在美国提交且距离提交日不超过 6 个月，则申请人需要单独向美国专利商标局（USPTO）提出向外国申请许可的请求；（2）在向外申请前，尚未在美国提交有关本发明的申请，则申请人同样需要单独向 USPTO 提出向外国申请许可的请求；（3）与中国不同的是，若在向外申请前，相应申请已在美国提交超过 6 个月且不受美国保密命令（类似中国的保密申请）的约束，则申请人无须再单独提出向外国申请许可的请求。

部分国家对于未按照规定获得向外国申请许可的情况还设有救济措施。例如，按照美国相关规定，如果因过失在国外提交专利申请并且相应申请未公开其保密命令范围内的发明，则可以追溯授予向外国申请许可。目前中国专利法中尚无相关的补救措施。

---

❶ 日本自 2024 年 5 月 1 日起正式实施专利申请保密制度。

近年来，随着越来越多的中国企业在海外多个国家设置研发中心或分支机构以及国际合作的增多，一项发明创造可能发明地与首次申请提交地分离或者由多个国家的研发人员在多国联合研发完成，使得中国申请人在进行专利申请时面对的保密审查情况也愈发复杂。申请人可根据实际情况向专业的代理机构寻求帮助，以便合理规划保密审查提交方案，最大限度地为申请人节约时间成本，避免无意间违反各国有关保密审查的相关规定，从而更好地完成专利布局计划。

第二节　中国申请人对外专利申请的途径

经过保密审查之后，申请人就可以开始向国外申请专利了。一般而言，中国申请人申请其他国家的专利主要有 3 种途径：《巴黎公约》途径、PCT 国际申请途径以及直接向目标国家提出申请。下面就这 3 种途径分别加以简要介绍。

一、《巴黎公约》途径

《巴黎公约》全称为《保护工业产权巴黎公约》，截至 2024 年 4 月其成员国为 180 个。❶ 我国于 1985 年 3 月加入该公约。《巴黎公约》规定的工业产权的范围主要包括专利、实用新型、外观设计、商标、服务标记、厂商名称、货源标记或原产地名称和制止不正当竞争等。

《巴黎公约》第 4 条关于"优先权"规定：已经在一个成员国正式提出了发明专利、实用新型专利、外观设计或商标注册申请的申请人，在其他成员国提出同样的申请时，应该在规定期限内享有优先权。发明专利和实用新型的优先权申请期限为 12 个月，外观设计和商标的优先权申请期限则为 6 个月。

中国是《巴黎公约》成员国。中国申请人在中国申请专利后，可以利用上述关于"优先权"的规定，对于发明专利和实用新型专利申请在 12 个月内，对于外观设计申请在 6 个月内，以在先申请为优先权向国外申请专利，如图 2－1 所示。在超过优先权期限之后，如果原申请尚未公开，则仍有可能在其他国家申请并获得专利权，但此时不再享有优先权。此外，有些国家在优先权期限超过后，还可以在满足一定条件的情况下要求恢复优先权。在后文介绍各国专利制度时将就此进行具体介绍。

6（外观设计和商标）/12（发明专利、实用新型专利）

图 2－1　《巴黎公约》有关优先权的规定

---

❶ 《巴黎公约》成员国（2024 年 4 月更新）参见：https：//www. wipo. int/wipolex/zh/treaties/ShowResults? search_what＝C&treaty_id＝2。

《巴黎公约》途径的主要优势在于其优先权制度，即可以排除他人在优先权期限内就同样的发明创造提出申请，同时使申请人在优先权期限内有机会对自己的发明创造进行改善。

在费用方面，通过《巴黎公约》途径申请海外专利，申请人需要支付国外官费（申请费、优先权要求费）、代理费、翻译费等。由于全部海外申请均需在有限的优先权期限内提出，要满足不同国家的形式要求，准备和提交不同语种的译文，费用的发生会比较集中等，如果在较多国家提出申请，不仅时间比较紧迫，任务比较繁重，而且需要申请人有充足的资金准备。各国对专利申请的语言、文件形式等要求各异也可能产生更多的代理费。因此通常在目标国比较单一、明确的情况下，申请人会选择通过《巴黎公约》途径申请海外专利。

二、PCT 国际申请途径

PCT 是由 WIPO 国际局（以下简称"国际局"）管理的、在《巴黎公约》下的一个方便专利申请人获得国际专利保护的国际性条约。截至 2024 年 4 月，PCT 成员国为157 个。❶ 我国于 1994 年 1 月 1 日加入，国家知识产权局是 PCT 的受理局（RO）、国际检索单位（ISA）和国际初步审查单位（IPEA）。

通过 PCT 国际申请途径（以下简称"PCT 途径"）在海外申请专利，申请人只要根据该条约提交一份国际专利申请，即可同时在所有成员国中要求对其发明进行保护。需要注意的是，只有发明或实用新型专利才可以通过 PCT 途径申请专利，外观设计不能通过 PCT 途径申请［外观设计需经由《工业品外观设计国际注册海牙协定》（以下简称《海牙协定》）途径申请，在此暂不作介绍］。

具体来说，通过 PCT 途径申请专利可以分为国际阶段与国家阶段。在国际阶段，PCT 指定的受理局对国际专利申请进行形式审查、国际检索和国际初步审查，中国申请人可以中文或英文向国家知识产权局提交申请。如图 2 - 2 所示，完成国际检索和国际初步审查后，在优先权日起 30 个月（在欧洲地区阶段的期限为 31 个月）内，申请人应指定其想获得专利权的国家（指定国）并进入该国的国家阶段，由被指定的 PCT成员国审查决定是否授予该国的专利。

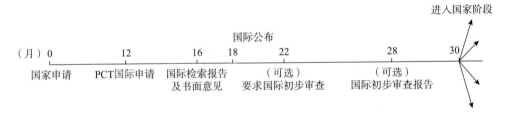

图 2 - 2　PCT 国际申请的国际阶段流程

---

❶ PCT 成员国（2024 年 4 月更新）参见：https：//www.wipo.int/pct/zh/pct_contracting_states.html。

PCT 途径的优点在于最长可以有 30 个月的时间选择进入国家阶段，申请人有更为充裕的时间决定申请的目标国；可以用中文一种语言提交申请，使得提交方式更为便捷。中国申请人也可在中国国家知识产权局以英文提交 PCT 国际申请。

通过 PCT 途径申请海外专利，可能产生的费用主要有：提出国际申请时应缴纳的传送费、检索费、国际申请费、优先权文本制作费（如有）、审查费和手续费（如果要求国际初步审查）、进入国家阶段时应缴纳的各国官费、代理费，以及翻译费等。根据 WIPO 公布的 2024 年 1 月 1 日起执行的 PCT 国际申请国际阶段费用的人民币标准，国家知识产权局将按表 2 - 1 所示标准收取 PCT 国际申请国际阶段费用。

表 2 - 1 2024 年 1 月 1 日起执行的 PCT 国际申请国际阶段费用

申请阶段	官费 （未含税）	
	摘要	标准价
PCT 国际申请	国际费 - 基本费	10620.00 元人民币
	国际费 - 附加费 （说明书超 30 页，每增加 1 页）	超过页数×120.00 元人民币
	电子方式提交减缴 （PDF 格式）	1600.00 元人民币
	电子方式提交减缴 （XML 格式）	2400.00 元人民币
	检索费	2100.00 元人民币
	优先权费	150.00 元人民币/项
提交国际初步审查请求	国际初步审查费	1500.00 元人民币
	代国际局收取的手续费	1600.00 元人民币

相对于《巴黎公约》途径，通过 PCT 途径申请会多产生 PCT 国际申请国际阶段的费用。如果申请人计划进入的国家十分明确并且数量很少，PCT 途径可能不太经济。但是 PCT 途径给予申请人更多时间考虑要进入的国家。申请人还可以根据国际检索报告和国际初步审查报告（可选）的结果评估专利申请的质量和判断授权前景，或者对提交的国际申请文件进行有针对性的修改。在进入国家阶段时，申请人仍然可以主动对申请文本进行修改。而对于在国际阶段和进入国家阶段准备时的申请文件修改，申请人可以通过国内代理机构完成。相对于进入各国别申请后通过目标国代理机构进行修改，国内代理机构收费较低，可以节省可观的费用。此外，由于时间更为宽裕，申请人可以根据各国的规则要求更为自由地安排进入各国的时间，避免短期内需要缴纳大额费用的情况，但相对于《巴黎公约》途径，由于增加了国际阶段，因此可能在各目标国的授权会较晚。同时，由于各国法律规定不同，个别国家关闭了 PCT 国际申请直接进入国家的通道，例如法国、荷兰、意大利等国，因此申请人只能通过《巴黎公约》途径在这些国家进行专利申请，或者通过 PCT 国际申请进入欧洲地区阶段，待授权后再到这些国家进行登记。

三、直接向目标国家提出申请

中国申请人也可以选择直接向目标国家的专利管理部门提交专利申请。但是这种做法相当于放弃了12个月的优先权与准备时间，很可能导致撰写成本等的大幅上升，在当前专利实践中较少为申请人采用。

四、中国申请人海外专利布局的途径选择与成本研究

综上所述，《巴黎公约》途径与PCT途径各有优势。中国申请人在向海外提交专利申请时应充分考虑个案的综合情况，选择更适合个案的申请途径。

从实践上看，大多数中国申请人会选择采用PCT途径在海外进行专利布局。伴随着创新活跃度高涨，中国申请人通过PCT途径提交的国际专利申请数量持续攀升。2019年，中国申请人通过PCT途径提交的国际专利申请首次超过美国跃升至第一位，此后持续保持首位。2020年中国国家知识产权局受理PCT国际申请量在全球的占比首次超过1/4，达到26.32%，后续年度基本维持这一比例，稳定保持领先。

近些年，由于很多中国创新主体已经在海外开设分支机构或研发中心，少部分中国申请人选择直接向所在地受理局提交部分PCT申请，说明部分中国申请人在熟练运用PCT制度进行海外专利布局和知识产权管理方面更加专业化和国际化。但中国国家知识产权局仍然是我国权利人首选的PCT申请受理局。通过商业数据库检索可知，中国申请人的PCT国际申请中，约96%的案件由中国国家知识产权局受理。

如上所述，采用PCT途径会增加申请人在国际阶段的支出。通过对部分企业5年间（2018~2022年）在国际阶段费用支出的调研发现，参与调研的企业的PCT案量约占中国申请人全部申请量的1/5，5年间共缴纳PCT国际阶段费用8亿余元人民币，平均每件支出官费约为11603元人民币。

《专利合作条约实施细则》规定申请人如果使用电子方式提交国际申请，国际申请费的总额将根据其所采用的电子格式予以减缴，且选用不同形式的电子方式获得减缴的幅度不同（参见表2-1）。在上述调研中，以2022年度的申请量为例，中国国家知识产权局2022年度执行的PCT申请国际阶段费用的人民币标准也对以不同电子格式提交的申请设置了相应的费用减免标准。以一份不超过30页的国际申请文件为例，采用非电子格式向中国国家知识产权局提交，申请费为9280元；采用PDF格式提交，申请费为7890元；采用XML格式提交，申请费为7190元。

根据调研获得的数据，参与调研的企业在2022年采用非电子格式提交的国际申请占比不足0.1%，采用PDF格式提交的国际申请占比达到99.71%，采用XML格式提交的国际申请占比约为0.2%。可见，通过电子方式提交申请在绝大多数中国申请人中已经普及，但在格式选择方面仍倾向于使用PDF格式。通过费用标准可以看出，通过XML格式提交所需的国际申请费最为优惠。经测算，如果假设上述以PDF格式提交的申请均采用XML格式提交，仅2022年一年参与调研的企业即可节省国际阶段申请费支出1000万元人民币以上。

　　如上文所述，在完成 PCT 国际阶段的申请要求后，申请人如果希望在目标国家或地区获得保护，还需要办理进入国家阶段的手续，以达到在目标国家或地区获得专利权、实现海外专利布局的目的。通过对参与调研的中国申请人在 2018～2022 年提交的 PCT 国际申请进行分析后发现，实际进入国家阶段的专利申请占到 PCT 国际申请的八成左右，这一数据较 10 年前的同类调研进步明显。但值得关注的是，在实际进入国家阶段的专利申请中，中国申请人选择进入的国家数量最少为 1 个，最多为 31 个，平均为 2.3 个。进入国数量排名前三的依次是：进入 1 个国家（占全部案量的 49.71%）、进入 3 个国家（17.22%）、进入 2 个国家（15.65%），合计占全部案件量的 82.58%。只进入 1 个国家或地区中排名前三的国家或地区依次是：中国、美国、欧洲专利局（EPO）。仅进入 1 个国家且为中国的案件占总量的 91.48%，是第二名美国的 15 倍。这反映出采用 PCT 途径的相当一部分专利申请（约占半数）并没有实际"走出去"，而"走出去"的覆盖地域是比较窄的。这表明中国申请人仍需大力加强海外专利布局，而在制定海外专利布局策略时可以根据具体目标国的情况而选择《巴黎公约》途径，从而降低不必要的申请成本。

第三章

美 国

当前的全球战略竞争体系中，中美博弈已成为最具压倒性的特征，直接影响和塑造了国际秩序，两国经济竞争也愈演愈烈。在此过程中，中国的经济影响力不断上升，中国创新主体也更加重视美国市场保护。根据 USPTO 的统计数据❶，2018 年中国申请人在美国获得的专利授权数为 14485 件，2019 年增长到 19213 件，而在 2020 年则进一步增长到 21428 件，增长率分别为 32.6% 和 11.5%。从比例上看，中国申请人获得的授权专利在当年美国全部专利授权量中所占比例也在逐年增高，从 2018 年的 4.7% 上升到 2019 年的 5.4%，在 2020 年则达到 6.1%。从申请量看，2023 年 11 月 6 日 WIPO 发布的《世界知识产权指标 2023》显示，2022 年 USPTO 共计收到 594340 件专利申请，其中来自中国申请人的美国专利申请共有 49344 件，排名第三。❷

下面将首先简要介绍在美国申请专利的基本程序，特别是中国申请人在美国申请专利的途径以及美国专利申请程序中比较独特的制度设置；其次将结合 USPTO 的信息以及过去的申请经验，就申请人较为关注的专利申请成本问题进行初步介绍和研究，特别是重点关注美国专利申请相关的费用减免政策以及享受这些减免政策的条件；最后将从节省费用的角度给出一些应注意的方面并为申请人提供相应的建议措施。

第一节　美国专利申请程序

一、专利申请进入美国的途径

1. 直接向美国申请

中国申请人可以选择直接向 USPTO 提出发明专利申请。美国专利包括发明专利、

---

❶ USPTO. All Technologies（Utility Patents）Report［EB/OL］.［2024 - 05 - 19］. https：//www.uspto.gov/web/offices/ac/ido/oeip/taf/all_tech.htm.

❷ WIPO. World Intellectual Property Indicators 2023［EB/OL］.［2024 - 04 - 15］. https：//www.wipo.int/edocs/pubdocs/en/wipo - pub - 941 - 2023 - en - world - intellectual - property - indicators - 2023.pdf.

外观设计专利、植物专利三种类型，而没有实用新型专利，因此对专利申请的可专利性提出了较高的要求。

2. 通过《巴黎公约》进入美国

申请人在《巴黎公约》国家提出专利申请后，可以该申请作为优先权基础，发明专利在优先权日起 12 个月之内，外观设计专利在优先权日起 6 个月之内，向 USPTO 提出专利申请。此外，自 2013 年 12 月 18 日之后，申请人可在上述优先权要求期限过期后的 2 个月内要求恢复优先权。如需恢复优先权，申请人需提交一份请求，声明其优先权要求的延迟并非故意，并需缴纳相应费用。

3. 通过 PCT 途径进入美国

与绝大多数国家不同，在美国通过 PCT 途径申请专利有两种方式：（1）根据 35 U. S. C. 371 之规定进入美国国家阶段，如图 3 – 1 所示；（2）根据 35 U. S. C. 111 （a）之规定进入美国，如图 3 – 2 所示。

图 3 – 1　依 35 U. S. C. 371 之规定进入美国国家阶段

图 3 – 2　依 35 U. S. C. 111 （a）之规定进入美国

（1）根据 35 U. S. C. 371 进入美国国家阶段

此种进入美国国家阶段的申请方式与通过 PCT 国际申请进入其他国家阶段的方式大体相同。进入美国国家阶段时需提交 PCT 国际申请公布文本的准确译文，可按照 PCT 第 28 条、第 41 条进行修改，但其修改不得超出原 PCT 国际申请公布的范围。

（2）根据 35 U. S. C. 111 （a）进入美国

根据 35 U. S. C. 111 （a）进入美国，又称旁路申请，简单概括起来即在原 PCT 国际申请的基础上在美国提出"继续申请"或"部分继续申请"，同时视为申请人放弃通过上述第（1）种方式即根据 35 U. S. C. 371 使原 PCT 国际申请进入美国国家阶段。该方式的优势在于申请人不必提交原 PCT 国际申请公布文本的准确英文译文；可对原申请文件进行修改或增加新内容（部分继续申请），修改或增加的内容可超出原 PCT 国际申请公布的范围。但是以这种方式进入美国的，需要提交的文件与提出美国正式申请的要求相同，例如需要提交完整的申请、发明人资格声明（不论国际阶段是否已提交）、优先权文件（不论国际阶段是否已提交）等。虽然该方式对申请文件允许修改的范围更大、更为灵活，但办理并提交文件的要求更高，可能导致相关翻译费和国内外代理费等费用的增加。

二、美国专利申请程序简介

专利申请在通过上述途径进入美国专利审查程序后，专利的审查程序具有相当的一致性，大概可以分为下面 6 个阶段：初审、公布、实质审查、批准或驳回、驳回后的救济程序。基本流程如图 3 - 3 所示。与中国不同的是，在美国实质审查不需要申请人申请即自动开始，但驳回后的救济程序相对复杂。

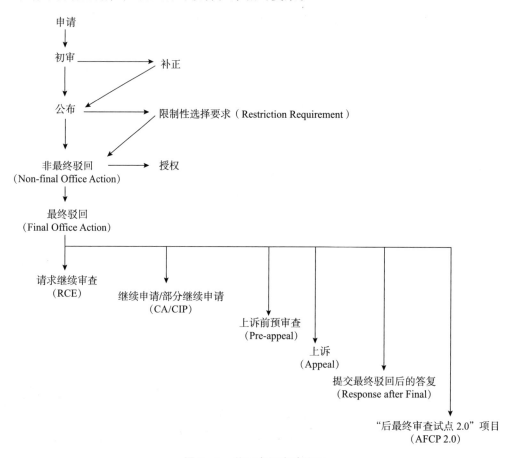

图 3 - 3　美国专利申请流程

三、美国专利申请特色程序

在美国的专利申请过程中，有 7 项比较特殊的制度值得中国申请人注意。

1. 临时申请（Provisional Patent Application）

临时申请是为了方便发明人及时就其发明提出专利申请而建立的制度。它并不是一件真正能够获得审查和授权的专利申请，而只是在后申请的一个优先权基础。在提出临时申请后，申请人可以在 1 年内提出一件相应的非临时专利申请并要求享有临时申请的优先权，也可以在 1 年内修改申请文件（可选）并补缴费用而要求将该临时申请转为非临时申请。

自 2013 年 12 月 18 日起，临时申请只要提供说明书即可建立申请日。在规定的时间内缴纳申请费并提供发明人姓名即可维持临时申请有效。临时申请简便、易行，申请费用较正式申请低。在来不及准备正式申请的情况下，可以考虑在美国递交临时申请以建立优先权。

2. 继续申请（Continuation Application，CA）和部分继续申请（Continuation – in – Part Application，CIP）

继续申请是根据一件在先申请提出的另一件申请。说明书相对于母案申请需要保持完全一致，不能包含任何新主题，同时权利要求应当不同于母案申请。继续申请可以享受在先申请的申请日。申请人在专利证书颁发前的任何时候都可以提出继续申请。继续申请通常是为了引入新的权利要求。例如，当母案申请中的权利要求被全部驳回时，或者当母案申请中的权利要求被要求部分删除以获得专利权时，申请人往往可以通过继续申请的方式对被驳回或删除的权利要求重新提出或修改后提出，从而获得进一步审查的机会。

当要对母案进行的修改加入了新的超出原始公开的内容时，可以提出部分继续申请。部分继续申请是一件新的专利申请，允许增加母案披露范围之外的新的发明主题，但新增主题的内容只能享有新的申请日。部分继续申请中的权利要求分成两种情况：母案公开内容的权利要求按母案的申请日检索、审查；有关新引入内容的权利要求按部分继续申请的申请日检索、审查。

3. 信息披露声明（Information Disclosure Statement，IDS）

所谓"信息披露声明"是指专利申请人需将自己所知道的所有与其专利申请相关的技术资料向 USPTO 提供以方便审查的一种制度。按照美国的法律，申请人及实质性参与了申请的人（如专利代理人）都有义务通过递交信息披露声明向 USPTO 提供其已知的可能对申请的专利性构成影响的信息。虽然不需要为递交 IDS 而进行检索，但已知的可能对申请的专利性构成影响的信息都需要披露。这包括任何载有与此专利申请所涉及的近似设备的出版物及任何刊印有与该专利申请实际共用同一技术特征的发明的出版物。任何早于该专利申请日 1 年以上出版的此类刊物都必须被列为在先技术并向 USPTO 提交。此外，在先技术还包括任何早于该专利申请日 1 年以上、由专利发明人以销售为目的、对该专利申请及相应技术的公开使用及披露，以及早于该专利申请日 1 年以上、由他人在该国对该专利申请所含技术的使用。如果提交的在先技术不完备，将极有可能导致专利申请的无效或授权专利被视为无法执行。

如果中国申请人在美国之外的其他国家为其申请作了检索或者收到了美国之外的其他国家专利局的审查意见，则有义务将该文件及时提交 USPTO。申请人在提供相关资料时可以声明并不承认该资料是公知技术，以避免审查员直接以该披露的信息作为驳回的依据。

4. 再颁专利（Reissue）

当一件申请已经被授予了专利之后，如果专利权人发现被授权的专利中有可导致专利无法实施或无效的错误时，可以提交请求和修改的申请文件，要求 USPTO 对修改的申请文件进行重新授权。特别值得注意的是，只要修改不超出原始公开的范围，即使修改会使权利要求的范围扩大，仍然有可能被接受。但是扩大权利要求保护范围的重新授权请求必须在原专利授权后 2 年内提出。而不会导致专利保护范围扩大的请求则不受 2 年时间的限制，只要在专利有效期内均可提出。

再颁专利申请被受理后，对其所进行的审查与普通专利申请相同。就两个专利的效力问题，原专利的效力在再颁专利授权之日终止，但是原专利和再颁专利中实质相同的权利要求的效力可以延续，也就是说，专利权人可以就原专利有效期内发生的侵权行为主张权利。而原专利中和再颁专利中不构成实质相同的权利要求则被认为不可实施，专利权人不能就再颁专利授权前发生的行为主张权利。

5. 继续审查请求（Request for Continued Examination，RCE）

继续审查请求是指当专利的申请与审查程序结束时，申请人可以在提出继续审查请求并缴纳规定费用后使申请案可获得继续审查的程序。继续审查请求并不是提出一件新的专利申请，而是原始申请的继续。申请人提出继续审查请求的次数没有限制。

继续审查请求一般是在申请人收到最终驳回决定后认为通过修改专利申请文件可以获得授权的情况下提出。如果申请人已经针对最终驳回决定提起上诉（Appeal），但在上诉决定还没有作出前又提出了继续审查请求的，则上诉请求被视为撤回。除此之外，在专利申请被批准但还没缴纳授权费之前或在专利申请被放弃之前，也都可以提出继续审查请求。

继续审查请求需要提交申请书，此外，一般多会提交对说明书和权利要求等的修改、信息披露声明（如需要）、可支持其具有专利性的新证据等；但需要注意的是，提出继续审查请求时不能引入原始申请未公开的主题。

6. 优先审查（Prioritized Examination）

根据规定，USPTO 在一个财政年度中仅接受 1.5 万件优先审查请求，其中包括第一优先审查（Track One Prioritized Examination）请求和 RCE 优先审查（PE – RCE）请求。从官方网站上公布的数据来看，该政策从 2011 年 9 月 26 日起实行至今，每年接受的请求量均不超过 1.5 万件。申请人在通过电子系统提交请求的同时可以获知该年度的优先审查请求是否还有名额。如果该年的 1.5 万件请求已经达标，则系统会自动关闭提交优先审查请求的窗口。

（1）第一优先审查，即根据 C. F. R. 1. 102（e）（1）提出的申请的优先审查。

根据 C. F. R. 1. 102（e）（1）的规定，同时满足以下条件的专利申请有权提交优先审查请求：

① 根据 35 U. S. C. 111（a）提交的非临时申请（包括继续申请、部分继续申请和分案申请）；

② 已经随专利申请提交了根据 37 C. F. R. 1. 63 或 37 C. F. R. 1. 64 规定的发明人誓言或发明人声明或 37 C. F. R. 1. 53（f）（3）规定的申请数据表；

③ 独立权利要求不超过 4 项，全部权利要求不超过 30 项，且不包含多项引用的权利要求；

④ 2011 年 9 月 26 日后提交的申请。

符合上述要求的申请人可以且只能通过 EFS – Web 在线提交优先审查请求，并且需要付清下述费用：基本申请费、检索费、审查费（第一优先审查）、处理费［大实体（Large Entity）140 美元、小实体（Small Entity）56 美元、微实体（Micro Entity）28 美元］和优先审查请求费（大实体 4200 美元、小实体 1680 美元、微实体 840 美元）。❶ 若上述费用在优先审查请求提出时尚未付清，则优先审查请求无效。需要注意的是，根据 35 U. S. C. 371 进入美国国家阶段的申请不符合上述要求，不能提出第一优先审查请求。

此外，在提交优先审查请求时需提交全部所需文件；如有遗漏，则必须在当天以后以补文件的形式提交，否则优先审查请求有可能被视为无效。详细的优先审查请求流程及所需文件可参考 USPTO 的提交指南。❷

（2）RCE 优先审查即根据 C. F. R. 1.102（e）（2）提出的基于 RCE 的优先审查。

申请人需基于已经提交的 RCE 请求，在提交 RCE 请求的同时或在 USPTO 发出关于 RCE 的第一次通知之前，根据 C. F. R. 1.102（e）（2）提出优先审查要求，且需满足以下条件，即独立权利要求不超过 4 项，全部权利要求不超过 30 项，且不包含多项引用的权利要求。符合上述要求的申请人可以且只能通过 EFS – Web 在线提交针对 RCE 的优先审查请求。

与第一优先审查一样，RCE 优先审查请求同样需要缴纳处理费（大实体 140 美元、小实体 56 美元、微实体 28 美元）和优先审查请求费（大实体 4200 美元、小实体 1680 美元、微实体 840 美元）。

7. 加速审查（Accelerated Examination，AE）

符合加速审查请求的申请要求以及所需文件可以参见 USPTO 于 2016 年 8 月 16 日更新的《加速审查申请指南》❸。除了涉及环境质量、能源或反恐主题的申请，加速审查申请需要缴纳请求费（大实体 140 美元，小实体 56 美元，微实体 28 美元）。

与优先审查类似，加速审查的目的也在于将专利申请从提交到最终处置的审查时间缩短至 12 个月内。但相比优先审查（较少的文件与形式要求），加速审查要求该专利申请必须经过检索并提供包括信息披露声明在内的加速审查支持文件（AESD），且对需要提交的文件有更多的形式和内容要求。

从审查时间来看，相较于加速审查，第一优先审查的费用虽然看起来较高，但其对于缩短审查时间更为有效且总费用未必会比加速审查的费用更高。

---

❶ 详见表 3 – 1。

❷ USPTO. Quick Start Guide：Prioritized Examination for Non – Provisional Utility Applications ［EB/OL］. ［2024 – 06 – 30］. http：//www. uspto. gov/patents/init_events/track – 1 – quickstart – guide. pdf.

❸ USPTO. Guidelines for Applicants under the Accelerated Examination Procedure ［EB/OL］. ［2024 – 06 – 30］. https：//www. uspto. gov/sites/default/files/documents/ae_guidelines_20160816. pdf.

有研究结果显示❶：从申请日到授权所需的时间，第一优先审查的时间最短，需要184 天；加速审查需要 317 天；PPH 则需要 565 天。同时，通过对少量样本的研究得到：采取第一优先审查途径获得授权的专利平均收到 1.2 个审查意见，而加速审查平均为 1.7 个，PPH 平均为 1.3 个，通过其他途径平均为 2.7 个。与加速审查相比，优先审查不需要提交 USPTO 认可的检索报告，也不需要满足会晤要求，权利要求数量限制也有所放宽，但缺点是 USPTO 每年接受的案件数量有限制，同时申请人需额外支付较高的官费。总体看，更多申请人会选择 PPH 程序，无须缴纳官费，成本更低，性价比更高。根据 USPTO 统计数据，自 2021 年 10 月至 2022 年 9 月，在总处理量超过 100 件 PPH 的专利局中，直接授权率高达 30.8%，包括审查意见（OA）答复后总授权率为 88.3%。❷

第二节　美国专利申请费用

一、美国专利申请官费

（1）根据 USPTO 官网显示的最后修订于 2024 年 5 月 3 日的官费一览表，在申请阶段主要涉及的官费项目❸如表 3 - 1 所示。

表 3 - 1　美国专利申请主要官费一览表　　　　　　　　单位：美元

费用名称		费用标准		
		大实体	小实体	微实体
专利申请费用	基本申请费 - 发明（如为纸件提交，还须支付下文中"非电子提交费"）	320.00	128.00	64.00
	基本申请费 - 发明（小实体的电子提交）	—	64.00	—
	基本申请费 - 外观设计	220.00	88.00	44.00
	基本申请费 - 外观设计（继续审查申请❹）	220.00	88.00	44.00
	基本申请费 - 植物新品种	220.00	88.00	44.00
	临时申请申请费	300.00	120.00	60.00

❶ COLICE M, SMITH M A, CHESLOCK A. Expediting Prosecution: Comparing Track 1 Prioritized Examination, Accelerated Examination, the Patent Prosecution Highway, and Petitions to Make Special Based on Age [EB/OL]. (2012 - 12 - 27) [2024 - 06 - 30]. http://patentlyo.com/patent/2012/12/expediting - prosecution.html.

❷ USPTO. FY 2022 PPH Statistics Data: October 2021 - September 2022 [EB/OL]. [2024 - 06 - 30]. https://www.uspto.gov/sites/default/files/documents/PPHQuarterlyStatisticsDataFY2021.pdf.

❸ USPTO. USPTO fee schedule [EB/OL]. [2024 - 06 - 30]. https://www.uspto.gov/learning - and - resources/fees - and - payment/uspto - fee - schedule.

❹ Continued Prosecution Application (CPA).

费用名称		费用标准		
		大实体	小实体	微实体
专利申请费用	基本申请费 – 再颁专利	320.00	128.00	64.00
	基本申请费 – 再颁专利（外观设计继续审查申请）	320.00	128.00	64.00
	额外费 – 补缴申请费、检索费、审查费，或补缴发明人誓言或声明书，或提交的申请没有至少一项权利要求或通过引用提交	160.00	64.00	32.00
	额外费 – 过期临时申请费或封面	60.00	24.00	12.00
	超过 3 项的独立权利要求，每项	480.00	192.00	96.00
	再颁专利申请超过 3 项的独立权利要求，每项	480.00	192.00	96.00
	超过 20 项的权利要求，每项	100.00	40.00	20.00
	再颁专利申请超过 20 项的权利要求，每项	100.00	40.00	20.00
	多项从属权利要求	860.00	344.00	172.00
	发明申请超页费 – 超过 100 页，每 50 页	420.00	168.00	84.00
	外观设计申请超页费 – 超过 100 页，每 50 页	420.00	168.00	84.00
	植物新品种申请超页费 – 超过 100 页，每 50 页	420.00	168.00	84.00
	再颁专利申请超页费 – 超过 100 页，每 50 页	420.00	168.00	84.00
	临时申请超页费 – 超过 100 页，每 50 页	420.00	168.00	84.00
	非电子申请费 – 发明（纸质申请额外费）	400.00	200.00	200.00
	非英语译文	140.00	56.00	28.00
专利检索费用	发明申请检索费	700.00	280.00	140.00
	外观设计申请检索费	160.00	64.00	32.00
	植物新品种申请检索费	440.00	176.00	88.00
	再颁专利申请检索费	700.00	280.00	140.00

续表

费用名称		费用标准		
		大实体	小实体	微实体
专利审查费用	发明申请审查费	800.00	320.00	160.00
	外观设计申请审查费或外观继续审查申请审查费	640.00	256.00	128.00
	植物新品种申请审查费	660.00	264.00	132.00
	再颁专利申请审查费	2320.00	928.00	464.00
专利授权后费用	发明专利颁证费	1200.00	480.00	240.00
	再颁专利颁证费	1200.00	480.00	240.00
	外观设计专利颁证费	740.00	296.00	148.00
	植物专利颁证费	840.00	336.00	168.00
	早期、自愿或正常公开的公开费	0.00	0.00	0.00
	再公开的公开费	320.00	320.00	320.00
专利延期费	延长答复期不超过第1个月	220.00	88.00	44.00
	延长答复期不超过第2个月	640.00	256.00	128.00
	延长答复期不超过第3个月	1480.00	592.00	296.00
	延长答复期不超过第4个月	2320.00	928.00	464.00
	延长答复期不超过第5个月	3160.00	1264.00	632.00
专利维持费（年费）	从专利授权日起算，第3.5年缴纳第一次年费	2000.00	800.00	400.00
	从专利授权日起算，第7.5年缴纳第二次年费	3760.00	1504.00	752.00
	从专利授权日起算，第11.5年缴纳第三次年费	7700.00	3080.00	1540.00
	滞纳金-第3.5年且逾期缴费在6个月内的	500.00	200.00	100.00
	滞纳金-第7.5年且逾期缴费在6个月内的	500.00	200.00	100.00
	滞纳金-第11.5年且逾期缴费在6个月内的	500.00	200.00	100.00
	诉讼费-为维持专利有效性的延迟付款	2100.00	840.00	420.00

费用名称		费用标准		
		大实体	小实体	微实体
其他专利费用	优先审查请求费	4200.00	1680.00	840.00
	第一次审查通知后根据案情更正发明人	640.00	256.00	128.00
	继续审查请求费 – 第一次请求（见 37 C. F. R. 1. 114）	1360.00	544.00	272.00
	继续审查请求费 – 第二次及以后的请求（见 37 C. F. R. 1. 114）	2000.00	800.00	400.00
	处理费，临时申请的除外	140.00	56.00	28.00
	其他公开处理费	140.00	140.00	140.00
	自愿公开或再公开请求费	140.00	140.00	140.00
	外观设计申请加速审查请求费	1600.00	640.00	320.00
	信息公开声明呈交费	260.00	104.00	52.00
	由第三方呈交的文件费〔见 37 C. F. R. 1. 290 (f)〕	180.00	72.00	—
	临时申请处理费	50.00	50.00	50.00
	最终驳回后的呈交费〔见 37 C. F. R. 1. 129 (a)〕	880.00	352.00	176.00
	每项需要审查的额外发明〔见 37 C. F. R. 1. 129 (b)〕	880.00	352.00	176.00
PCT 国际申请费用 – 美国国家阶段	基本国家阶段费	320.00	128.00	64.00
	国家阶段检索费 – USPTO 是国际检索机构或国际初步审查机构且所有权项均符合 PCT 第 33 条 (1) ~ (4)	0.00	0.00	0.00
	国家阶段检索费 – USPTO 是国际检索机构	140.00	56.00	28.00
	国家阶段检索费 – 检索报告提交给 USPTO	540.00	216.00	108.00
	国家阶段检索费 – 其他情况	700.00	280.00	140.00
	国家阶段审查费 – USPTO 是国际检索机构或国际初步审查机构且所有权项均符合 PCT 第 33 条 (1) ~ (4)	0.00	0.00	0.00
	国家阶段审查费 – 其他情况	800.00	320.00	160.00
	超过 3 项的独立权利要求，每项	480.00	192.00	96.00

续表

费用名称		费用标准		
		大实体	小实体	微实体
PCT国际申请费用-美国国家阶段	超过20项的权利要求，每项	100.00	40.00	20.00
	多项从属权利要求	860.00	344.00	172.00
	国家阶段进入日之后补缴检索费、审查费或誓言声明书	160.00	64.00	32.00
	优先权日30个月后补交英语译文	140.00	56.00	28.00
	国家阶段申请超页费-超过100页，每50页	420.00	168.00	84.00

（2）以发明专利为例，在美申请主要涉及的官费如表3-2所示。

表3-2　美国发明专利的主要官费　　　　　　　　　　　　　单位：美元

申请阶段	费用名称	费用标准		
		大实体	小实体	微实体
新申请阶段	发明专利基本申请费	320.00	128.00	64.00
	发明专利检索费[①]	540.00	216.00	108.00
	发明专利审查费	800.00	320.00	160.00
	信息披露声明呈交费	260.00	104.00	52.00
授权阶段	发明颁证费	1200.00	480.00	240.00
专利维持阶段（年费）	第3.5年缴纳	2000.00	800.00	400.00
	第7.5年缴纳	3760.00	1504.00	752.00
	第11.5年缴纳	7700.00	3080.00	1540.00

注：①此处仅列出PCT国际申请进入美国国家时同时向USPTO提供国际检索报告的费用标准，此时可减免部分检索官费，实践中也适用于大多数PCT进入美国国家阶段的申请。如果无国际检索报告或其他情形，可具体参考表3-1中列明的国家阶段检索费。

二、美国代理机构收费

1. 总体介绍

根据美国知识产权法联盟（AIPLA）2023年的经济普查报告，在专利申请领域，美国代理机构针对具体各项法律服务的一般收费情况参见表3-3。需要说明的是，表3-3中的费用为一般案件的法律服务费，不涉及特别疑难复杂的案件，也不包括复印、制图等杂费和各类官费。

表 3－3　AIPLA 2023 年经济普查报告统计的
美国代理机构专利申请法律服务费用表

单位：美元

服务项目	2014 年	2016 年	2018 年	2020 年	2022 年
准备及提交临时申请	4000.00	4000.00	4000.00	4500.00	5000.00
准备及提交申请——非常简单	7000.00	7000.00	7000.00	7500.00	8000.00
准备及提交申请——相对复杂，生物/化学领域	10250.00	10000.00	10000.00	10250.00	12000.00
准备及提交申请——相对复杂，电子/计算机领域	10000.00	10000.00	10000.00	10000.00	11000.00
准备及提交申请——相对复杂，机械领域	9000.00	8500.00	9000.00	10000.00	10000.00
修改申请文本及答复审查意见——非常简单	2000.00	2000.00	2000.00	2000.00	2000.00
修改申请文本及答复审查意见——相对复杂，生物/化学领域	3200.00	3200.00	3500.00	3500.00	3500.00
修改申请文本及答复审查意见——相对复杂，电子/计算机领域	3000.00	3000.00	3000.00	3000.00	3500.00
修改申请文本及答复审查意见——相对复杂，机械领域	2900.00	2800.00	3000.00	2800.00	3000.00
准备和提交 IDS，对比文件少于 50 份	—	—	313.00	350.00	360.00
准备和提交 IDS，对比文件多于 50 份	—	—	500.00	550.00	550.00
准备和提交声明书、转让书以及委托书等签署文件	—	—	325.00	350.00	400.00
会晤审查员	—	—	500.00	500.00	600.00
上诉（无口审）	4000.00	4200.00	4500.00	5000.00	5000.00
上诉（有口审）	9000.00	7500.00	8000.00	8000.00	8000.00
授权发证	600.00	600.00	650.00	650.00	750.00
缴纳维持费	250.00	280.00	300.00	300.00	333.00
PCT 国际申请进入美国国家阶段	1000.00	1000.00	1100.00	1000.00	1200.00
修改申请文本及答复审查意见——非常简单，并由国内事务所提供详细答复指示	—	1350.00	1400.00	1200.00	1225.00
修改申请文本及答复审查意见——相对复杂，生物/化学领域，并由国内事务所提供详细答复指示	—	2000.00	2000.00	2000.00	2000.00

续表

服务项目	2014 年	2016 年	2018 年	2020 年	2022 年
修改申请文本及答复审查意见——相对复杂，电子/计算机领域，并由国内事务所提供详细答复指示	—	2000.00	2000.00	2000.00	2000.00
修改申请文本及答复审查意见——相对复杂，机械领域，并由国内事务所提供详细答复指示	—	2500.00	1900.00	1800.00	2000.00

注：准备和提交申请文件是指撰写及提交普通正式美国专利申请，不包括分案申请、继续申请、部分继续申请、临时申请等。

2. 美国代理机构人员费率及收费模式

AIPLA 2023 年的经济普查报告还显示，在 2022 年参与调查的私人律师事务所律师的平均小时收费中位数为 450 美元，股权合伙人为 500 美元。当按经验年限比较时，拥有最多年知识产权律师经验的受访者的小时费率的平均值和中位数也最高，分别为 694 美元和 610 美元。受访合伙人的平均小时费率一般会随着公司规模的扩大而增加，在受访的最大律师事务所（超过 150 名全职律师和代理人）中，权益合伙人最高的平均小时费率为 1026 美元。

从收费模式来看，就外国申请进入美国时，新申请提交阶段美国律师事务所采用固定收费的比例较高，但在实质审查答复阶段，更多美国律师采用按小时收费的方式。图 3-4 为 2022 年外国申请进入美国主要项目的收费模式比较。

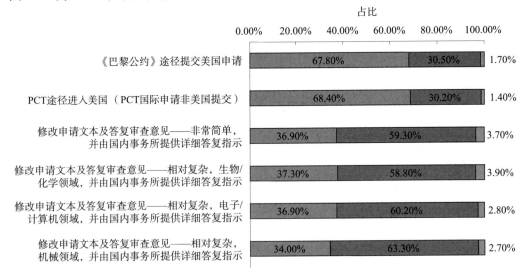

图 3-4 2022 年外国申请进入美国主要项目收费模式比较

三、总体费用概述

除了上面列出的在一般申请中大多会发生的费用，每件申请中还必然会发生如打字费、复印费、邮寄费以及其他杂费。特别是，每件申请由于自身特点，往往还会产生一些其他费用，如调取并提交优先权文件、优先权文本翻译、对比文件的获取和翻译、转各种 USPTO 文件（如专利申请公开通知、新申请所需补正文件等）的费用，权利要求的修改、权利要求过多或专利文本过长时的额外费，补正、时限提醒、延长答复期、答复限制性意见、答复建议书、提交继续审查请求等的费用。

结合上述表 3-3，申请费用的多少主要取决于案件的复杂程度，特别是在新申请提交阶段和答复各类审查意见的阶段。如所需翻译文件多或者属于撰写难度大，需多次实质性答复审查意见、修改权利要求、与审查员电话会晤等的疑难复杂的案件，相关费用会大幅增加。相反，如果申请人的国内代理机构对美国专利审查程序比较了解，所准备的申请文件完善、翻译质量高，则在后续程序中无须答复审查意见或仅涉及格式修改即可授权，费用会减少很多。

第三节　美国专利申请的费用优惠

一、对小实体的官费优惠

根据 USPTO 的规定，就包括基本申请费在内的很多官费对小实体给予 60% 的减免。[1] 具体来说，小实体包括三类：自然人（个人发明人）、小型经营企业或非营利组织。

1. 自然人（个人发明人）[2]

自然人（个人发明人）是指没有将其发明所有的任何权利进行转让、授予、让渡或许可，并且也没有法定或合同义务进行上述行为的发明人或其他自然人（例如发明人将其在发明中的某些权利转让给了该自然人）。如果发明人或其他个人已经将其发明所有的部分权利转让给一方或多方或有法定或合同义务进行转让，且受让方均符合小实体的定义，那么该发明人或其他自然人也满足要求。

2. 小型经营企业[3]

首先，该小型经营企业没有将其发明所有的任何权利转让、授予、让渡或许可给不符合小实体定义的自然人、企业或组织，并且也没有法定或合同义务进行上述行为。

---

[1]　USPTO. Small Entity Compliance Guide – Setting and Adjusting Patent Fees［EB/OL］. （2020 - 08 - 03）［2024 - 06 - 30］. https：//www. uspto. gov/sites/default/files/documents/Small _ Entity _ Compliance _ Guide _ FY2020 _ Final _ Rule. docx.

[2]　37 C. F. R. 1. 27（a）（1），*Manual of Patent Examining Procedure* 509. 02 Ⅰ.

[3]　37 C. F. R. 1. 27（a）（2），*Manual of Patent Examining Procedure* 509. 02 Ⅱ.

其次，该小型经营企业的雇员（包括其关联企业的雇员）不超过500人。❶

要获得小型经营企业身份，申请人应该在提交专利申请时声明其小型经营企业身份。在没有可信、相反信息的情况下，USPTO默认该声明是真实的。但是如果发现任何企图不正当地获取小型经营企业身份的行为，比如欺诈或严重过失，USPTO将会采取补救性措施。❷

3. 非营利组织❸

可享受专利费用减免的非营利组织应符合下列要求，即该非营利组织没有将其发明所有的任何权利转让、授予、让渡或许可给不符合小实体定义的自然人、企业或组织，并且也没有法定或合同义务进行上述行为。下列非营利组织属于满足要求的非营利组织。

（1）位于任何国家的大学或其他高等教育机构。所述"大学或其他高等教育机构"是指：第一，作为常规生源，仅招收具有中等教育毕业证或经认可的同等学力的学生；第二，提供高于中等教育的教育项目并经其所在地合法批准；第三，提供可获得学士学位的教育项目，或者提供不少于2年的教育项目并且在申请学士学位时该教育项目能够得到充分认可；第四，是公立的或非营利性的机构；第五，得到全国性认证机构或协会的认证，或得到合法有效的预认证并能够在合理时间内获得认证。上述关于"大学或其他高等教育机构"定义的核心来源于1965年《美国高等教育法案》（20 U.S.C. 1000）。因此，严格意义上的研究、生产或服务组织并不属于"其他高等教育机构"，即便上述组织可能也具有一定的教育功能。

（2）满足1986年美国国内税收法之26 U.S.C. 501（c）（3）并依据该法之26 U.S.C. 501（a）免税的组织。此处所指的组织主要包括任何社团、公益金、基金或基金会。其组织和运作应是专门出于宗教、慈善、科学、公共安全测试、文学或教育的目的，或是为了资助全国或国际性的业余体育赛事（活动必须完全不涉及体育用品或器材的供应），或是为了防止虐待儿童或动物；并且净收入完全不得用于任何股东或个人的利益。在绝大多数情况下，其活动的任何实质性部分均不得带有宣传性质或试图影响立法。该组织还不得参与任何与公共职位选举人有关的任何政治阵营。

（3）根据美国各州非营利组织法律〔35 U.S.C. 201（i）〕属于非营利性科学或教育性质的非营利组织。

（4）位于美国之外的非营利组织，如假设设立在美国即能满足上述（2）和（3）的要求，也可以获得非营利组织身份。

4. 小实体不受地域限制

小实体要求减免专利费用时不受所在国家的影响，并不要求该自然人、小型经营企业或非营利组织位于美国境内。上述定义普遍适用于全部《巴黎公约》成员国的申请人，也就是说，中国申请人如果满足上述关于小实体的定义，则也可以在申请时申

---

❶ 13 C.F.R. 121.802.

❷ 13 C.F.R. 121.805.

❸ 37 C.F.R. 1.27（a）（3），*Manual of Patent Examining Procedure* 509.02 Ⅲ.

明其小实体身份并享受官费减免。❶ 如果满足上述小实体要求的申请人希望以小实体的身份获得费用减免，则申请人只需提交小实体宣誓书一份，由申请人及发明人签名，而无须到当地专利主管部门开具证明材料。❷

二、对微实体的费用优惠

除小实体外，USPTO 还界定了"微实体"的概念并在很多项目上对其给予80%的官费优惠。❸

1. 微实体的定义

如果要享受费用减免优惠，申请人首先应具备上文中所介绍的小实体的资格。此外，还应同时属于下列两类申请人之一。

（1）第一类为同时满足下列三项规定的申请人。❹

第一，专利申请的申请人、发明人或共同发明人在此前专利申请中被列为发明人或共同发明人的，不超过4件。在其他国家提交的申请、临时申请或尚未缴纳基本国家费的国际申请不包括在该4件之内。在计算该4件之前的申请时，如果此次专利申请的申请人、发明人或共同发明人因其之前的雇佣关系已经将其在之前申请中的全部所有权转让或者有法定或合同义务进行上述转让，那么对该之前申请不应计入。❺

第二，在应缴费用缴费日所在日历年的上一日历年，专利申请的申请人、发明人或共同发明人的总收入［根据1986年美国《国内税收法》之26 U. S. C. 61（a）确定］均不超过该上一日历年美国中等家庭收入的3倍；中等家庭收入根据美国人口调查局（U. S. Census Bureau）的最近报告确定。关于"美国中等家庭收入的3倍"这一数据每年标准都不一样。以2024年6月查询结果而言，自2023年9月12日至2024年6月提交的美国申请，如果要满足微实体要求，申请人和发明人的总收入不能超过223740美元。❻ 如果上述专利申请的申请人、发明人或共同发明人的总收入不是以美元计算的，将根据美国国家税务局（Internal Revenue Service）报告中的平均汇率进行换算，然后确认其是否符合要求。❼

第三，专利申请的申请人、发明人或共同发明人没有将其在该申请中的权利转让给总收入不符合第二项中规定的实体，并且也没有法定或合同义务进行上述行为。

（2）第二类为满足下列两项规定中的任一项的申请人。❽

---

❶ *Manual of Patent Examining Procedure* 509. 02 Ⅳ.

❷ 专利检索咨询中心. 世界专利大国推进中小企业知识产权建设的策略分析与研究［R］. 国家知识产权局学术委员会2010年度自主课题研究报告：6.

❸ USPTO. Small Entity Compliance Guide – Setting and Adjusting Patent Fees［EB/OL］.（2013 – 01 – 18）［2016 – 09 – 28］. http：//www. uspto. gov/aia_implementation/AC54_Small_Entity_Compliance_Guide_Final. pdf.

❹ 37 C. F. R. 1. 29（a）.

❺ 37 C. F. R. 1. 29（b）.

❻ USPTO. Micro Entity Status［EB/OL］.（2023 – 09 – 12）［2024 – 06 – 30］. https：//www. uspto. gov/patents/laws/micro – entity – status#Maximum%20Qualifying%20Gross%20Income.

❼ 37 C. F. R. 1. 29（c）.

❽ 37 C. F. R. 1. 29（d）.

第一，如果申请人的主要收入来源于其雇主，并且该雇主属于满足 1965 年《美国高等教育法案》第 101 条（a）［20 U. S. C. 1001（a）］规定的高等教育机构。

第二，申请人已经将其在该申请中的权利转让、授予、让渡或许可给上述高等教育机构，或者有法定或合同义务进行上述行为。

2. 微实体身份的获得

如果满足上述微实体要求的申请人希望以微实体的身份获得费用减免，则申请人应提交经有效签署的书面证明。一般来说，USPTO 不会对微实体身份证明提出疑问❶；但任何虚假申报微实体身份的行为都会被视为对 USPTO 的欺诈行为❷。只有在缴费的同时提交微实体身份证明，或者在提交微实体身份证明之后缴纳的费用，才可以按照微实体享受减免。❸

3. 微实体身份是个案独立的

微实体身份的确立是基于个案申请而相互独立的。一方面，在一件专利申请中只需要提交一次微实体身份证明，一旦身份确立，则在整个审查过程中有效，除非发生申请人不再满足微实体规定的情况。另一方面，在一件专利申请中确立的微实体身份并不会对其他专利申请产生影响，而不论这些专利申请的关系如何。也就是说，如果申请人提交的是母案的分案申请、继续申请、部分继续申请或再颁专利申请，则申请人也需要提交新的微实体身份证明。❹

在审查过程中，如果申请人的身份发生变化，则其身份可以进行变更。如果出现从一类身份转换到另一类身份，多缴的费用可以要求退款；但更重要的是少缴的费用应及时补缴，否则可能被认为涉嫌欺骗，会在未来对专利的可执行性产生影响。

三、对 DOCX 格式提交专利申请文件的费用优惠

自 2024 年 1 月 17 日起，USPTO 对于非临时专利申请（Non – Provisional Utility Application）将额外加收官费（大实体 400 美元，小实体 160 美元，微实体 80 美元）。以 DOCX 格式提交附图（Drawings）被接受，但仍可以 PDF 格式提交，不收取附加费。

1. 适用于附加费的申请类型

《巴黎公约》途径申请、旁路申请和分续案类型的美国申请，申请文件需使用 DOCX 格式提交。附加费不适用于以下申请类型：临时申请（Provisional）、国家阶段申请（National Stage）、外观设计专利申请（Design）、植物专利申请（Plant）和 PCT 国际申请。

2. 上传备用的辅助 PDF 版本

目前，提交申请时可同时提交 DOCX 格式和 PDF 格式文件。允许提交 PDF 格式文件的官方绝限一直在延迟，目前没有绝限期。

---

❶ 37 C. F. R. 1. 29 (h).
❷ 37 C. F. R. 1. 29 (j).
❸ 37 C. F. R. 1. 29 (f).
❹ 37 C. F. R. 1. 29 (e).

3. 关于 DOCX 格式的建议

（1）使用 USPTO 允许的字体——推荐使用 Times New Roman 或 Arial 系列。公式推荐使用 Cambria Math 字体。

（2）建议不要使用文本框覆盖图片（例如化学式、表格）的方式做英文翻译。

（3）禁止 Word 中的 Balance SBCS Characters And DBCS characters 功能（可以在 Word - > options - advanced - layout options 中设置）。使用该功能可能导致 USPTO 电子系统转换的文件格式上与提交的有不同，极端情况下会影响页数及费用。

（4）公式、化学式、化学物：

1）不要使用图片；尽量使用 Word 提供的公式或第三方对象。

一般复杂的公式、化学式、化学物可能存在字体较小的问题，图片的分辨率很低，可能会导致公开文本错误。

2）使用支持的第三方对象。支持的第三方对象包括 Visio. Drawing. 11、Equation. DSMT4、ACD. ChemSketch. 20、ChemDraw. Document. 6. 0、Equation. 3。

3）文件过大问题的处理：

当 DOCX 文件存在很多第三方对象且页数较多时，可能无法上传到 USPTO 电子系统（说明书、权利要求书和摘要可以单独文件提交，目前单个 DOCX 格式文件的限制为 10M）。

实践中，发现文件较大（小于 10M）时，获取反馈文件的速度是比较慢的。一般这个问题在说明书 400 多页，且存在大量第三方对象时才存在。所以如果第三方对象可以压缩大小，请注意 Word 文件大小。

（5）不要有任何超链接、书签等非可见内容。

USPTO 电子系统会自动去除这些非可见内容。

第四节　在美国申请专利时的费用节省策略

一、尽量提交电子申请

电子申请不仅方便快捷，而且可以为申请人节省一部分官费。根据 USPTO 的规定，非电子申请的发明专利申请需缴纳纸质申请额外费，分别为大实体 400 美元，小实体和微实体 200 美元。就发明专利的基本申请费而言，小实体通过电子申请提交申请的，还可以再减免 64 美元。至于专利的转让、合同或其他文件的登记，如果以电子方式提出，也可以免除每件专利 50 美元的登记费。

二、处理好信息披露声明

中国申请人应注意美国专利制度中独特的信息披露声明制度。如果申请人能够提供较为符合美国专利法律规定的信息披露声明，则可以在申请阶段节省相应的国外代理机构代理费。

信息披露声明的提交时机不同也会对费用产生影响。根据美国专利法的规定，在下列第一时间段提交信息披露声明的，不需缴纳官费：①对于非继续申请的普通申请，在申请日起3个月内提交；②对于进入国家阶段的国际申请，在进入日起3个月内提交；③在第一次实质性审查意见发出前提交；④在提出继续审查请求后，第一次审查意见发出前提交。❶ 在上述第一时间段之后，并且在任何最终审查意见或授权通知发出前或其他终结审查程序的情况出现前的第二时间段提交信息披露声明的，应提交符合美国专利法相关规定的声明，或者缴纳260美元（小实体104美元、微实体52美元）的官费。❷ 在上述第二时间段之后且在缴纳授权费同时或之前的第三时间段提交信息披露声明的，应提交符合美国专利法相关规定的声明，并同时缴纳260美元（小实体104美元、微实体52美元）的官费。❸ 如在收到授权通知书后提交，则有可能需要提交再审申请，进入再审程序，对专利申请进行重新审查。因此，如果能够在第一时间段提交信息披露声明，不仅可以避免额外的官费，而且也会减少因准备声明等产生的代理费。

信息披露声明包括发明人、申请人在申请前和审查过程中所知与申请领域和发明技术相近现有的技术文件；同一申请在其他国家的申请过程中由其他国家专利局所发审查意见通知书以及审查员核驳申请时所引用的对比文件。其他国家专利局所发审查意见通知书和所引用对比文件在发出之日起3个月内提交，无须缴费；否则，需要缴纳260美元（小实体104美元，微实体52美元）的官费。

此外，USPTO自2012年开始试行信息披露声明快速通道项目（Quick Path Information Disclosure Statement，QPIDS）❹；该项目针对那些已缴纳授权费但尚未获得正式颁证的申请，如果此阶段发现有信息披露声明需要提交且自文件知悉日尚未超过3个月，则申请人可申请该项目并提交撤回授权请求以及RCE请求。此时审查员将根据信息披露声明披露的信息内容来判断是否重新开始审查。只有其认为重新审查对于阐明信息披露声明的某项信息十分必要时，才会启动重新审查；否则，对RCE请求将不予受理并退还费用，该专利申请将继续获得专利证书，由此减少继续审查程序导致的授权迟延和成本增加。该申请必须通过USPTO的在线提交系统EFS－Web提交。❺

三、合理选择最终驳回通知的后续程序

最终驳回通知通常会在审查员与申请人进行过至少一轮审查意见与答复后，审查员仍认为该申请不能授权的情况下发出。面对最终驳回通知时，申请人可以根据专利

❶ 37 C. F. R. 1. 97（b）.

❷ 37 C. F. R. 1. 97（c）.

❸ 37 C. F. R. 1. 97（d）.

❹ USPTO. Quick Path Information Disclosure Statement［EB/OL］.［2024－06－30］. http：//www. uspto. gov/patents/init_events/qpids. j sp.

❺ 李丽娜. 美专商局试行新的"信息公开声明"项目［EB/OL］.（2012－06－08）［2016－09－28］. http：//www. sipo. gov. cn/dtxx/gw/2012/201206/t20120608_705286. html.

申请的重要性以及通知指出的缺陷，选择最适合的途径寻求救济。一般来说申请人可以选择以下 6 种后续程序。

1. 提交最终驳回后的答复（Response after Final）和/或修改替换页❶

如果申请人坚持认为在不修改申请文件的前提下，该申请依然应当获得授权，则可以针对审查员指出的缺陷仅进行答复。申请人在答复最终驳回通知时还可以同时提交修改文本。❷ 能够被审查员接受的修改仅限于删除被驳回的权利要求或能够消除驳回基础的修改。然而，如果该权利要求的修改是实质性的而涉及了影响可专利性的新事由，则审查员有权因需要进一步的检索而拒绝该修改。

需要指出的是，只有在最终驳回通知发出后的 2 个月内提出上述答辩的，审查员才会发出指导意见（Advisory Action），对申请人所提答辩提供意见或修改建议。申请人可以根据指导意见再次提交答辩。虽然答复最终驳回通知并不收官费，但在收到指导意见后针对最终驳回通知再次提交答辩意见时有可能产生延期费。

通过提交最终驳回后的答复能够解决的缺陷十分有限，且审查员通常不就审查过程中已经出现过的问题进行重新审查。因此，只有在驳回通知中指出的问题是显而易见不需要克服的，或是审查员在审查过程中出现了纰漏，并且通过答复的说明可以与审查员达成一致意见并最终获得授权通知的情况下，才建议采用提交最终驳回后的答复这一途径争取专利申请的授权。

2. 另行提出继续申请（Continuation Application）❸

在一些申请中，虽然发出了最终驳回通知，但是申请中包含一些具有明确授权前景的权利要求。如果能够将这些可授权的权利要求整合作为继续申请提出，则可以使其尽快得到授权。典型的有授权前景的权利要求主要有以下 3 种。①该权利要求已经被审查员认可，因此无须修改，只要将其包含在继续申请中即可。②审查员在之前的审查意见中认为某些权利要求仅包含形式问题。对这类权利要求，申请人只需要在继续申请中修改该权利要求，克服审查员指出的形式问题。③权利要求是被驳回独立权利要求的从属权利要求，并且如果将该权利要求改写为独立权利要求则有授权前景。在这种情况下，即使保护范围会缩小，申请人也应考虑将该权利要求改写为独立权利要求并作为继续申请提交。

继续申请作为一件新申请，必须按照新申请的要求提交说明书、附图等文件，同时需要按照新申请缴纳各项费用，因此花费较高。但是由于此种继续申请往往可以在较短时间内获得授权，如果申请人对获得授权的速度有特殊要求，例如目前市场上有侵权正在发生，则申请人应该考虑提出继续申请以便尽快得到可以行使的权利。

3. 提出继续审查请求

申请人在收到最终驳回通知时，还有一个选择是依照 37 C. F. R. 1. 114 提出继续审查请求。继续审查请求并不限于之前发出的审查意见，允许申请人对权利要求进行进一步的修改，并且可以提交新的答辩意见。

---

❶ 37 C. F. R. 1. 116.

❷ 37 C. F. R. 1. 116（b）.

❸ 37 C. R. F. §1. 53（b）.

提出继续审查请求的优势在于其限制极少并且不限提起继续审查请求的次数。不过值得注意的是，为了缩短审查过程，加快核准速度，减少案件积压，USPTO 大幅调整了继续审查请求的费用（以大实体为例，首次继续审查请求费调整为 1360 美元，而第二次及以后的继续审查请求费更高达 2000 美元），借以促使大部分申请人出于预算的考量选择仅提一次继续审查请求而结束专利申请过程，减少所花费的审查时间和资源。

由于继续审查请求所受限制极少且有较高可能性为申请人带来较高的时间效益，因此与前两种途径相比，即使继续审查请求可能会导致新提申请的相关费用，考虑到对申请人权益的保护力度，通常来看提起继续审查请求还是较佳的选择。

4. 提出上诉前审查（Pre‑appeal）

申请人需在答复期内提交上诉通知书（Notice of Appeal）和上诉前审查简要请求意见（Pre‑appeal Brief，包括请求书和不多于 5 页的意见陈述书）并缴纳费用，其中请求书中只能陈述最终驳回通知明显不正确的地方，不能修改申请文件。

这一方式适用于最终驳回通知明显不当或无依据或者存在明显事实错误或法律错误的情况。由合议组进行审查，45 天出决定。合议组由 3 人组成，包括原审查员、上级核准人以及新成员。这一程序的结局包括：①不合要求撤销（Improper Request）；②维持原驳回意见，可以提出上诉、请求继续审查、提出继续申请或部分继续申请等；③撤销原驳回意见，重启审查程序（Reopen Prosecution）；④授权（概率很小）。

5. 提出上诉（Appeal）❶

作为对最终驳回通知的最后一种救济方式，申请人可以针对审查员作出的最终驳回通知上诉至专利审理与上诉委员会（Patent Trial and Appeal Board，PTAB）。该上诉程序比较复杂、耗时较长。一般来说，从申请人提出上诉至 PTAB 作出决定通常需要 2 ~ 4 年甚至更长的时间。此外，根据 USPTO 公布的资料，2023 年 10 月 1 日至 2024 年 3 月 31 日的统计数据显示❷，通过 PTAB 解决的驳回案件，其中维持驳回决定的占 58.7%，全部驳回审查员的驳回决定的占 32.8%，而部分维持（或部分驳回）决定的占 7.6%。由于上诉花费高，程序时间较长，人力物力消耗较大，因此申请人通常都不会选择该种救济方式。

6. "后最终审查试点 2.0"（After Final Consideration Pilot 2.0，AFCP 2.0）项目❸

为了减少审查积压、加快审理程序，USPTO 自 2013 年 5 月 19 日至 2016 年 9 月 30 日试行了 AFCP 2.0 项目。这一项目已被延期至 2024 年 9 月 30 日。

AFCP 2.0 项目允许申请人在收到最终驳回意见后，在不提交继续审查请求的情况下提出权利要求修改请求。如果审查员发现修改后的权利要求能够授权，即接受权利

---

❶ 35 U. S. C. 134 & 1.191.

❷ USPTO. Appeal and Interference Statistics ［EB/OL］. ［2024 – 06 – 30］. https：//www.uspto.gov/sites/default/files/documents/appeal_and_interference_statistics_mar2024. pdf.

❸ USPTO. After Final Consideration Pilot 2.0 ［EB/OL］. ［2024 – 06 – 30］. https：//www.uspto.gov/patents/initiatives/after‑final‑consideration‑pilot‑20.

要求修改并发出授权通知（Notice of Allowance）。如果审查员认为修改后的权利要求仍然不能授权，则必须联系申请人安排会晤（Interview），告诉申请人其认为无法授权的原因（比如检索中新发现的对比文献），之后申请人可以再进一步修改权利要求并提交继续审查请求。

如果申请人希望利用 AFCP 2.0 项目，则应提交相应的申请表以及对最终驳回意见的回复，其中包括对至少一项独立权利要求的修改并且该修改不能扩大权利要求的范围。另外，该申请和回复都必须以电子方式提交。

审查员在收到参与 AFCP 2.0 项目的申请之后，将对申请的各项要求进行审核，以决定是否同意申请人参与该项目。其中，审查员还将根据权利要求的修改程度对检索和考虑要花费的时间进行估计。如果审查员认为修改过于复杂以至于 3 小时的时间不足以完成检索和考虑，将拒绝 AFCP 2.0 项目参与申请并发出指导意见。

AFCP 2.0 项目参与申请本身是免费的，但是申请人仍然需要支付其他相关的官费，比如延期费用、额外权利要求费用等。由于对审查员工作时间的限制，AFCP 2.0 项目特别适用于对权利要求只进行简单修改即可授权的情况，可以使申请人不必提出继续审查请求从而减少后续程序，降低申请费用。

四、利用部分继续申请

在申请中，有时候会出现这样的情况，即审查员在第一次审查意见中批准了某几项权利要求，而在此后的审查意见中依据新发现的对比文件（有时甚至是原先提出过的对比文件）改变了对这些权利要求的决定，此时不仅会大幅度延长审查时间，而且会产生各种费用。在这种情况下，申请人可以考虑终止原先的申请程序，以该案为母案，提出该案的部分继续申请。由于部分继续申请可以增加母案中没有出现过的内容，因此如果出现上述类似的情况，申请人可以根据对比文件，在母案的基础上增加区别点和具备可专利性的技术特征，提出部分继续申请。

五、降低代理费用

1. 限制权利要求的数量和说明书的长度

根据 USPTO 的规定，对于超过 3 项的独立权利要求、超过 20 项的权利要求、多项从属权利要求等均会收取额外费用，同时对专利申请超过 100 页的会收取超页费。除额外的官费之外，这也会带来翻译费甚至外方代理律师费的增加。目前，就小实体来说，多项从属权利要求的费用是 344 美元，并且对多项从属权利要求的项数按实际引用的项数计算。举例来说，一个基于其他 5 项权利要求的多项从属权利要求，在计费时被算作 5 个而不是 1 个权利要求。所以多项从属权利要求会导致美国专利申请费用呈指数级增长。事实上，多项从属权利要求多见于欧洲及其他大多数国家或地区的专利申请，因此，建议在撰写此类将在多个国家或地区申请的专利权利要求时，应单独撰写或特别注意修改美国申请的权利要求，尽量避免出现多项从属权利要求，以节省费用。

2. 翻译费用

另外，如前所述，如以提交继续申请或部分继续申请的方式使 PCT 国际申请进入美国，因为美国可以将 PCT 国际申请的申请日作为美国母案的申请日，所以进入美国国家阶段的 PCT 国际申请可以继续申请的形式，可以对原申请进行重新撰写，不必纠结于翻译是否精确。而加急的翻译费可能是新申请提交过程中的一大部分，因此，在提交继续申请或部分继续申请的程序中，如果可以不在短时间内提交精确的译文，就有可能避免加急的翻译费用。

第四章

加拿大

加拿大的专利制度建立于 1869 年。自 1872 年起，外国人即有权在加拿大申请专利。在加拿大，可申请的专利类型只包括发明专利，没有实用新型专利。外观设计则有专门的外观设计法及相关专利制度。

2020～2022 年，加拿大的专利申请量比较稳定，加拿大知识产权局（Canadian Intellectual Property Office，CIPO）每年受理的专利申请数量接近 4 万件。其中，近九成的申请人来自加拿大以外。就中国申请人来说，2020～2021 年度在加拿大的发明专利申请量是 1652 件；而到了 2022～2023 年度，申请量已经上升到 1997 件，总体上呈逐年上升的趋势。

第一节　加拿大专利申请程序

在加拿大寻求发明专利保护的途径包括直接申请、《巴黎公约》途径、PCT 途径。

一、加拿大专利申请程序简介

加拿大的专利申请流程与中国发明专利的申请程序比较类似，主要流程如图 4 – 1 所示。

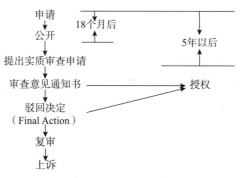

图 4 – 1　加拿大专利申请流程简图

1. 提交申请

加拿大实行的是先申请制度。为了取得专利权，各国都会要求申请人提交相应符合要求的申请文件以完成专利的申请并获得申请日。然而，加拿大存在一个比较独特的申请提交制度：申请人在提交符合最少文件要求的文件后即可获得一个较早的申请日（参见本节标题二第1点"最低文件要求与较早申请日"），此后申请人可在规定的时间内补全专利申请文件并缴纳相关费用。

就PCT国际申请而言，进入加拿大国家阶段的一般期限是从优先权日开始30个月，但是在缴纳进入国家阶段延迟费及恢复申请费并声明"非故意"的条件下，可以从优先权日开始延长至42个月。❶ 这是加拿大特有的制度。通过利用较长的期限，中国申请人可以根据同族专利在中国或其他专利审查较快国家的审查结果，选择是否进入加拿大国家阶段。

另外，在申请加拿大专利时，由于加拿大官方语言是英文和法文，因此申请文件应使用英文或者法文中的一种。

加拿大专利法原本未对专利申请的权利要求数量规定需要缴纳额外的费用。随着加拿大专利法实施细则修正案生效，自2022年10月3日之后，申请人在提出实质审查请求和收到授权通知书时应支付超项官费，超出20项权利要求的每项被收取附加费100加拿大元（CAD）。多项从属权利要求不会叠加计算。

2. 申请公开

申请日（有优先权的自优先权日）起18个月，发明的内容将被公开。

此外，与美国不同的是，申请人在专利申请正式被受理之后需要按年缴纳维持费；如未按期缴纳，该申请将有被视为撤回的风险。申请人可以选择该费用是每年缴纳还是一次性缴纳多年，具体费用根据维持的年数和是否属于小实体有所不同，可参见本章第二节相关表格。

3. 实质审查请求

在申请日（有优先权的自优先权日）起5年内，申请人需要就该申请提出实质审查请求并缴纳审查费。期满未提出的，该申请被视为撤回。

4. 实质审查

在申请人提出实质审查请求后，CIPO将对申请的可专利性进行实质审查。审查员会在第一次审查意见通知书中告知现有技术的检索结果并评述该申请存在的缺陷。通常情况下，审查员会在第一次审查意见通知书中针对多个权利要求的缺陷进行评述。针对该审查意见通知书，申请人可以进行答辩和/或修改申请文件。

审查员认为申请人提交的答辩和/或修改克服了通知书指出的缺陷且不存在其他拒绝理由时，将发出授权决定。审查员认为申请人提交的答辩和/或修改仍然没有克服拒绝理由的，将发出驳回决定（Final Action）。

---

❶ *Patent Rules*, Section 154, Subsection 3.

针该驳回决定，申请人还有一次提交答辩和/或修改的机会。❶ 如果审查员认为该答辩和/或修改能够克服驳回决定中指出的缺陷并符合加拿大专利法的授权条件，则审查员将通知申请人该驳回决定已被撤回，同时发出授权通知书。如果审查员认为驳回决定中的缺陷仍未克服，则该申请的审查将被转到专利上诉委员会（Patent Appeal Board）进行复审。

加上驳回决定，审查员最多只会发出 3 次审查意见通知书。为避免申请被放弃，申请人应当提出继续审查请求（RCE）❷，之后申请人有 2 次答复审查意见通知书的机会，如果仍未授权，需要再次提出继续审查请求。

5. 复审

与美国专利申请不同，一件加拿大专利申请在收到了审查员发出的驳回决定之后，不论申请人是否对该驳回决定作出答复，该申请都将被自动转到专利上诉委员会进行复审。专利上诉委员会将建议申请人提出口头审理（Hearing）申请，并根据申请人的申请举行口头审理并对驳回决定进行全面审理。❸

专利上诉委员会在对驳回的申请进行审理后，作出以下 3 种决定：

（1）认为该专利申请仍不具有可专利性，维持驳回该申请；

（2）认为驳回决定缺乏依据，将该专利申请发回实质审查；

（3）认为该专利申请依照加拿大专利法进行相应的修改后即可获得专利，将给予申请人 3 个月的期限对该申请文件进行相应修改；若申请人的修改不符合要求，该申请仍然会被维持驳回。

6. 上诉

申请人在不服专利上诉委员会作出的不利于自己的复审决定时，可以向加拿大联邦法院审判庭（Federal Court Trial Division）提起上诉，要求撤销上述复审决定，授予专利权；对于加拿大联邦法院审判庭作出的不利于自己的判决，可以向加拿大联邦上诉法庭（Federal Court of Appeal）直至加拿大最高法院（Supreme Court of Canada）提起上诉。

二、加拿大专利申请特色程序

1. 最低文件要求与较早申请日

如前所述，申请人可以在提交了下述文件后获得一个较早的申请日❹：

（1）专利申请的书面请求书；

（2）英文或法文的描述该发明内容的文件；

（3）申请人姓名/名称和地址；

（4）申请人的代理机构名称和地址（如委托代理机构）；

---

❶ *Patent Rules*, Section 85.1, Subsection 1, 2.
❷ *Patent Rules*, Section 86, Subsection 5.
❸ *Patent Rules*, Section 86, Subsection 13.
❹ *Patent Rules*, Section 72, Subsection 1.

（5）申请费及签署的小实体申请（如适用）。

一旦申请人选择了提交最少申请文件，就必须在较早申请日起6个月内提交完整的申请文件，包括但不限于说明书摘要、权利要求、附图以及专利代理人姓名或法定代表人姓名。需要注意的是，如申请人与发明人不同，则必须提交法定代表人证明（Declaration of Legal Representative），以证明该发明为"职务发明"且公司有权作为申请人提交该专利申请。此外，一旦审查员认为申请人提交的文件并未达到最少申请文件的要求并指出了需要克服的缺陷后，申请人在指定的期限内并未提交相应的文件的，审查员将会发出补正通知（Requisition），允许申请人在2个月内提交完整的文件并缴纳文件补全费（Completion Fee）。因此，为避免因提交文件不符合规定而造成申请日的延后或是申请费用的增加，申请人应尽量选择优质的代理机构代为申请。

2. 优先审查（Advancing Examination）❶

申请人在申请日（有优先权的自优先权日）起5年内必须向CIPO提出实质审查请求并缴纳审查费用。CIPO依据申请人提出审查要求之日为基准排队来审查专利申请。

在某些适当情况下，申请人可以要求CIPO加快专利申请的审查。如果使用得当，有可能将等待第一次审查意见通知书的时间减少到2~3个月。能够获得加快审查的方式有以下两种，需要注意的是获得加快审查的申请必须是已经公开的申请。

（1）根据《加拿大专利法细则》（Patent Rules）第84（1）（a）条的加速审查

根据《加拿大专利法细则》第84（1）（a）条，在不加快审查则申请人的权利可能受到损害的情况下，申请人可以要求CIPO加快审查专利申请。与美国的早期审查制度相比，加拿大审查制度不需要提交现有技术资料、不需要描述基于现有技术的可专利性，程序上比较容易进行申请。请求加快审查的文件包括加快审查申请书和声明书（说明需要早期审查的理由）；申请人需要缴纳加快审查请求费。如果申请时对该专利申请尚未提出实质审查请求，还应同时提交实审请求并缴纳实质审查请求费用；如果申请时该专利申请尚未公开，还应再提交早期公开请求。

（2）根据《加拿大专利法细则》第84（1）（b）条"绿色技术"的加速审查

《加拿大专利法细则》第84（1）（b）条于2011年3月3日生效，提供了一个额外的机制以加快审查有关所谓的"绿色技术"的专利申请。在这项新的规则下，申请人可以向CIPO提交书面请求，说明该申请的技术有助于解决或减轻对环境的影响或保护自然环境和资源。目前，该请求不需要支付任何额外的官费。

3. 再颁专利（Reissue）❷

与美国专利制度中的再颁专利类似，加拿大专利制度也有相似的再颁专利，即当一件申请已经被授予了专利之后，如果专利权人发现被授权的专利中有可导致专利无法实施或无效的错误时，可以提交请求和修改的申请文件，在缴纳一定费用后，请求CIPO对其修改的申请文件进行重新授权。需要注意的是，可以申请再颁专利的错误不

---

❶ *Patent Rules*，Section 84，Subsection 1.

❷ *Patent Rules*，Section 118.

包括欺诈或是故意隐瞒。与美国不同的是，在加拿大，专利权人提出重新授权申请须在原专利授权后 4 年内；只要修改不超出原始公开的范围，即使修改会使权利要求的范围扩大，仍然有可能被接受。

4. 有条件的授权通知（Conditional Notices of Allowance，CNOA）❶

审查员在认为专利申请通过指定的修改后就能授权时，发出有条件的授权通知；申请人必须在该通知发出之日起 4 个月内进行修改或争辩。如果申请人克服了这些缺陷并缴纳最终费用，该申请将进入授权阶段。如果申请人对有条件的授权通知的答复不符合审查员的要求，该有条件的授权通知将被撤回，并视为申请人从未提出过修改。

第二节　加拿大专利申请费用

一、加拿大专利申请官费❷

1. 流程官费（下文中人民币数额按照 2024 年 6 月 6 日中国银行折算价 1 加元 = 5.2219 元人民币换算）

表 4-1 所示为 CIPO 公布的官费收费标准一览表。

表 4-1　CIPO 公布的官费收费标准

阶段	项目序号	费用名称		费用标准	
				加元	人民币
新申请阶段	项目 1	申请费		小实体： 2024 年　225.00 2025 年　234.90	小实体： 2024 年　1174.93 2025 年　1226.62
				标准实体： 2024 年　555.00 2025 年　579.42	标准实体： 2024 年　2898.15 2025 年　3025.69
	项目 2	申请文件补全费		2024 年　150.00 2025 年　150.00	2024 年　783.29 2025 年　783.29
	项目 3	请求实质审查费	当 CIPO 作为国际检索单位时	小实体： 2024 年　110.00 2025 年　114.84	小实体： 2024 年　574.41 2025 年　599.68

---

❶ *Patent Rules*，Section 86，Subsection 1.1.

❷ CIPO. Patent fees［EB/OL］.［2024-06-30］. https：//ised-isde. canada. ca/site/canadian-intellectual-property-office/en/patents/patent-fees.

阶段	项目序号	费用名称		费用标准	
				加元	人民币
新申请阶段	项目3	请求实质审查费	当CIPO作为国际检索单位时	标准实体: 2024年 277.00 2025年 289.19	标准实体: 2024年 1446.47 2025年 1510.12
			其他情况	小实体: 2024年 450.00 2025年 469.80	小实体: 2024年 2349.86 2025年 2453.25
				标准实体: 2024年 1110.00 2025年 1158.84	标准实体: 2024年 5796.31 2025年 6051.35
			权利要求超过20项,每项	小实体: 2024年 55.00 2025年 57.42	小实体: 2024年 287.20 2025年 299.84
				标准实体: 2024年 110.00 2025年 114.84	标准实体: 2024年 574.41 2025年 599.68
	项目4	加快审查费		2024年 694.00 2025年 724.54	2024年 3624.00 2025年 3783.48
	项目5	提交继续审查请求		小实体: 2024年 450.00 2025年 469.80	小实体: 2024年 2349.86 2025年 2453.25
				标准实体: 2024年 1110.00 2025年 1158.84	标准实体: 2024年 5796.31 2025年 6051.35
	项目6	完成费（授权费）	基本费用	小实体: 2024年 169.00 2025年 176.44	小实体: 2024年 882.50 2025年 921.35
				标准实体: 2024年 416.00 2025年 434.30	标准实体: 2024年 2172.31 2025年 2267.87
			附加费（说明书和附图超过100页后每页），每页	2024年 8.00 2025年 8.35	2024年 41.78 2025年 43.60

续表

阶段	项目序号	费用名称		费用标准	
				加元	人民币
新申请阶段	项目6	完成费（授权费）	如提实审时未缴纳权项附加费的，则权利要求超过20项，每项	小实体： 2024年　55.00 2025年　57.42 标准实体： 2024年　110.00 2025年　114.84	小实体： 2024年　287.20 2025年　299.84 标准实体： 2024年　574.41 2025年　599.68
	项目7	视撤恢复费		2024年　277.00 2025年　289.19	2024年　1446.47 2025年　1510.12
	项目10	PCT国际申请国家阶段基本国家费		小实体： 2024年　225.00 2025年　234.90 标准实体： 2024年　555.00 2025年　579.42	小实体： 2024年　1174.93 2025年　1226.62 标准实体： 2024年　2898.15 2025年　3025.67
	项目11	PCT国际申请进入国家阶段延迟费		2024年　277.00 2025年　289.19	2024年　1446.47 2025年　1510.12
授权后阶段	项目12	再颁费		2024年　2220.00 2025年　2317.68	2024年　11592.62 2025年　12102.69
	项目13	声明费		2024年　125.00 2025年　125.00	2024年　652.74 2025年　652.74
规费	项目19	笔误修改请求费		2024年　277.00 2025年　289.19	2024年　1446.47 2025年　1510.12
	项目22	延期请求费		2024年　277.00 2025年　289.19	2024年　1446.47 2025年　1510.12

2. 维持费官费

加拿大法律规定，申请人应从第3年起逐年缴纳维持费（授权后为专利年费）。相关的维持费官费金额如表4－2所示。

表 4-2　加拿大专利申请维持费/年费官费表

时间	费用标准			
	小实体		标准实体	
	加元	人民币	加元	人民币
第 3 年	2024 年　56.21 2025 年　58.68	2024 年　293.52 2025 年　306.42	2024 年　125.00 2025 年　30.50	2024 年　652.74 2025 年　681.46
第 4 年	2024 年　56.21 2025 年　56.68	2024 年　293.52 2025 年　306.42	2024 年　125.00 2025 年　30.50	2024 年　652.74 2025 年　681.46
第 5 年	2024 年　56.21 2025 年　58.68	2024 年　293.52 2025 年　306.42	2024 年　125.00 2025 年　30.50	2024 年　652.74 2025 年　681.46
第 6 年	2024 年　100.00 2025 年　104.40	2024 年　522.19 2025 年　545.17	2024 年　277.00 2025 年　289.19	2024 年　1446.47 2025 年　1510.12
第 7 年	2024 年　100.00 2025 年　104.40	2024 年　522.19 2025 年　545.17	2024 年　277.00 2025 年　289.19	2024 年　1446.47 2025 年　1510.12
第 8 年	2024 年　100.00 2025 年　104.40	2024 年　522.19 2025 年　545.17	2024 年　277.00 2025 年　289.19	2024 年　1446.47 2025 年　1510.12
第 9 年	2024 年　100.00 2025 年　104.40	2024 年　522.19 2025 年　545.17	2024 年　277.00 2025 年　289.19	2024 年　1446.47 2025 年　1510.12
第 10 年	2024 年　100.00 2025 年　104.40	2024 年　522.19 2025 年　545.17	2024 年　277.00 2025 年　289.19	2024 年　1446.47 2025 年　1510.12
第 11 年	2024 年　125.00 2025 年　130.50	2024 年　652.74 2025 年　681.46	2024 年　347.00 2025 年　362.27	2024 年　1812.00 2025 年　1891.74
第 12 年	2024 年　125.00 2025 年　130.50	2024 年　652.74 2025 年　681.46	2024 年　347.00 2025 年　362.27	2024 年　1812.00 2025 年　1891.74
第 13 年	2024 年　125.00 2025 年　130.50	2024 年　652.74 2025 年　681.46	2024 年　347.00 2025 年　362.27	2024 年　1812.00 2025 年　1891.74
第 14 年	2024 年　125.00 2025 年　130.50	2024 年　652.74 2025 年　681.46	2024 年　347.00 2025 年　362.27	2024 年　1812.00 2025 年　1891.74
第 15 年	2024 年　125.00 2025 年　130.50	2024 年　652.74 2025 年　681.46	2024 年　347.00 2025 年　362.27	2024 年　1812.00 2025 年　1891.74
第 16 年	2024 年　253.00 2025 年　264.13	2024 年　1321.14 2025 年　1379.26	2024 年　624.00 2025 年　651.46	2024 年　3258.47 2025 年　3401.86

时间	费用标准			
	小实体		标准实体	
	加元	人民币	加元	人民币
第 17 年	2024 年　253.00 2025 年　264.13	2024 年　1321.14 2025 年　1379.26	2024 年　624.00 2025 年　651.46	2024 年　3258.47 2025 年　3401.86
第 18 年	2024 年　253.00 2025 年　264.13	2024 年　1321.14 2025 年　1379.26	2024 年　624.00 2025 年　651.46	2024 年　3258.47 2025 年　3401.86
第 19 年	2024 年　253.00 2025 年　264.13	2024 年　1321.14 2025 年　1379.26	2024 年　624.00 2025 年　651.46	2024 年　3258.47 2025 年　3401.86
第 20 年	2024 年　253.00 2025 年　264.13	2024 年　1321.14 2025 年　1379.26	2024 年　624.00 2025 年　651.46	2024 年　3258.47 2025 年　3401.86

3. 以发明专利为例，在加拿大申请主要涉及官费

根据表 4 - 1 和表 4 - 2 中显示的费用，一般来说，一件普通加拿大专利申请可能涉及的常见官费如表 4 - 3 所示。另外，由于加拿大专利审查较慢，大部分专利申请还需缴纳 1 ~ 3 年不等的维持费。

表 4 - 3　在加拿大申请专利的主要官费统计表

阶段	官费内容	官费标准			
		小实体		标准实体	
		加元	人民币	加元	人民币
新申请阶段	申请费或 PCT 基本国家费	2024 年　225.00 2025 年　234.90	2024 年　1174.93 2025 年　1226.62	2024 年　555.00 2025 年　579.42	2024 年　2898.15 2025 年　3025.67
实质审查阶段	实审请求费 - 基本费	2024 年　450.00 2025 年　469.80	2024 年　2349.86 2025 年　2453.25	2024 年　1110.00 2025 年　1158.84	2024 年　5796.31 2025 年　6051.35
	实审请求费 - 权利要求超过 20 项时，每项	2024 年　55.00 2025 年　57.42	2024 年　287.20 2025 年　299.84	2024 年　110.00 2025 年　114.84	2024 年　574.41 2025 年　599.68
授权阶段	完成费（说明书及附图不超过 100 页）	2024 年　169.00 2025 年　176.44	2024 年　882.50 2025 年　921.35	2024 年　416.00 2025 年　434.30	2024 年　2172.31 2025 年　2267.87

二、加拿大代理机构收费

根据加拿大代理机构的标准报价，并结合机械、电子、化学 3 个领域随机抽取的专利申请案的账单，总结在申请过程中加拿大代理机构收取的代理费主要项目如表 4-4 所示。

表 4-4　加拿大代理机构收费情况　　　　　　　单位：美元

申请阶段	代理费内容	代理费金额			
		最低	最高	中位数	平均
新申请阶段	准备和提交新申请（含 PCT 国际申请进入国家阶段）	806.62	1631.55	998.19	1010.44
实质审查阶段	提出实质审查请求	292.00	703.20	361.35	391.06
	转达和答复审查通知（每次）	419.75	3906.80	1040.48	1295.10
授权阶段	转达授权通知、缴纳完成费、转达专利证书	365.00	2690.78	510.02	662.81

对表 4-4 所示代理费用区间差异进行进一步分析后可以看出，在审查意见的答复过程中，往往存在国内代理机构和国外代理机构合作的情况。此时，国内、国外的代理机构都会开具账单。国内代理机构的收费标准往往只是国外代理机构的几分之一。聘请优秀的国内代理机构能够提供高质量的审查意见答复，而由于分析和答复审查意见的实质性工作均由国内代理机构完成，可以大幅度降低国外代理机构的收费，相比主要依靠国外代理机构更加节省费用。

第三节　加拿大专利申请的费用优惠

根据《加拿大专利法》的规定，小实体可以享有一定的官费优惠。2024 年 1 月 1 日，加拿大对其专利法中的小实体问题进行了修改。现就修改后的小实体定义和相关申请程序的简介如下。

一、"小实体"的界定

根据《加拿大专利法》，"小实体"包括两类：大学或者小型企业。大学不受成员数额的限制。而小型企业是指雇员不超过 100 名的实体，但在下述两种情况下，该小型企业不属于小实体的范围：

（1）该小型企业实体是直接或间接受控于雇员超过 100 名的除大学以外的实体；或者

（2）已经将该专利申请的任何权利转让或者许可给雇员超过 100 名的除大学以外

的实体，或者该相关实体有确定的义务将其就该专利申请的权利转让给雇员超过 100 名的除大学以外的实体。❶

就是否构成小实体的判断时间点，如果是非 PCT 国际申请的普通申请，按照该专利申请的申请日判断申请人是否符合小实体的规定；如果是进入加拿大国家阶段的 PCT 国际申请或者基于该 PCT 国际申请的专利申请，则按照其满足进入国家阶段的相关规定的进入日判断申请人是否符合小实体的规定。❷

二、小实体声明的内容和形式要求

若要享受小实体优惠，应当提交小实体声明。小实体声明可以作为专利申请的一部分，也可以作为一份单独文件的另行提交。声明的主要内容为申请人或专利权人有理由相信其符合《加拿大专利法细则》中关于小实体的规定，有资格享受相关减免政策。该声明应由专利申请人或专利权人或受其委托的专利代理人或获其授权的外国执业人员签字。❸ 该声明中应写明专利申请人或专利权人的名称或受其委托的专利代理人的姓名或获其授权的外国执业人员的姓名。

从时间上讲，如果希望获得实质审查请求费的减免，小实体声明应在提交实质审查请求的期限届满前被提出。❹ 如果希望获得完成费（Final Fee）的减免，小实体声明应在缴纳授权费的期限届满前被提出。❺ 在国际申请进入加拿大时如果希望获得基本国家费的减免，小实体声明应在进入国家阶段的期限届满前被提出。❻ 如果希望获得维持费或年费的减免，小实体声明应在相应费用的缴费期届满前被提出。❼

三、相关风险

根据加拿大法律规定，如果错误地声称符合小实体要求，则在专利申请过程中被发现后，可能因未依法缴纳费用而导致申请人无法获得授权；如果在专利授权后被发现，这一错误则可以作为专利无效的理由。

特别值得注意的是，虽然加拿大专利法中规定了"小实体"的定义，但是并没有明确地进一步详细解释。一些模糊的问题（例如"雇员"是否包括兼职员工、关联企业雇员，"确定义务"的范围，以及涉及更正时对"善意""毫不延迟"等概念的确定）还有待司法判例的进一步明确。考虑到小实体声明所能节约的费用和一旦错误声明带来的风险，一般来说，对于含有上述模糊因素的中国申请人，建议将自身实际情况如实向代理机构作出说明，由代理机构对是否适用小实体的官费减免作出稳妥的专业判断。

---

❶ *Patent Rules*, Section 44, Subsection 2.
❷ *Patent Rules*, Section 44, Subsection 1.
❸ *Patent Rules*, Section 44, Subsection 3.
❹ *Patent Rules*, Section 80, Subsection 1.
❺ *Patent Rules*, Section 87, Subsection 1.
❻ *Patent Rules*, Section 154, Subsection 2.
❼ *Patent Rules*, Section 112, Subsection 1.

第五章 欧洲专利局

2024 年是中国和欧盟建立全面战略伙伴关系 21 周年。自建立全面战略伙伴关系以来，欧盟与中国互为重要的贸易伙伴，中欧贸易额逐年增长。随着中国企业进军欧洲市场，中国申请人在 EPO 的申请量也逐年上升。根据 2024 年 3 月 19 日 EPO 发布的《2023 年欧洲专利指数》[1]，2023 年中国申请人以总申请量 20735 件位居欧洲专利申请量排名第四，较 2018 年增长了 1 倍多，其中，华为以 5071 件位居全球企业申请人榜首。这些数据表明欧洲是中国出海企业重要的目标地区之一。2023 年全球创新依然充满活力，也证明了欧洲技术市场的吸引力，同时表明全球企业对欧洲专利审查质量和服务的认可。

第一节 欧洲专利申请程序

1978 年，根据《欧洲专利条约》（European Patent Convention，EPC），EPO 成立。[2]总部设在德国慕尼黑，全面负责欧洲专利（EP）的检索、审查、授权等业务；并在德国柏林、荷兰海牙和奥地利维也纳设有分支机构。[3] EPO 作为欧洲的专利审查、授权机构，目前拥有 39 个成员国，1 个延伸国，5 个批准国。[4]

EPO 是一个地区性的国家间的专利组织，只对欧洲国家开放，提供通过统一程序授予欧洲专利的法律框架。根据 EPC 的规定，在欧洲申请专利只需要通过一个单一程序、一种语言（法文、德文或英文）、一次申请即可。一旦专利获得授权，专利权人必须在法律规定的 3 个月内向希望获得专利保护的所有 EPO 成员国办理生效手续，或在

---

[1] EPO. Innovation in digital and clean – energy technologies boosts demand for patents in Europe in 2023［EB/OL］. (2024 – 03 – 19)［2024 – 06 – 18］. https：//www. epo. org/en/news – events/news/innovation – digital – and – clean – energy – technologies – boosts – demand – patents – europe – 2023.

[2] EPC 第 4（2）条。

[3] EPC 第 6 ~ 7 条。

[4] EPO. Legal foundations and member states［EB/OL］.［2024 – 06 – 18］. https：//www. epo. org/en/about – us/foundation.

1 个月内办理统一专利生效。根据申请人的指定请求，一项欧洲专利申请可以在多达 39 个成员国生效，极大地简化了欧洲专利申请机制，也为进行欧洲专利保护提供了极大的方便。另外，作为延伸国的波黑和 5 个批准国（摩洛哥、摩尔多瓦、突尼斯、柬埔寨以及格鲁吉亚）也承认欧洲专利在其国内的效力。如果申请人有意向在授权阶段针对上述延伸国和批准国办理生效并获得专利权保护，需在提交阶段单独缴纳对应国家的指定费。

表 5 - 1 列出了目前《欧洲专利条约》的成员国及延伸国。

表 5 - 1　《欧洲专利条约》的成员国及延伸国

39 个成员国	1 个延伸国
阿尔巴尼亚（AL）、奥地利（AT）、比利时（BE）、保加利亚（BG）、瑞士（CH）、塞浦路斯（CY）、捷克（CZ）、德国（DE）、丹麦（DK）、爱沙尼亚（EE）、西班牙（ES）、芬兰（FI）、法国（FR）、英国（GB）、希腊（GR）、克罗地亚（HR）、匈牙利（HU）、爱尔兰（IE）、冰岛（IS）、意大利（IT）、列支敦士登（LI）、立陶宛（LT）、卢森堡（LU）、拉脱维亚（LV）、摩纳哥（MC）、马其顿（MK）、马耳他（MT）、荷兰（NL）、挪威（NO）、波兰（PL）、葡萄牙（PT）、罗马尼亚（RO）、塞尔维亚（RS）、瑞典（SE）、斯洛文尼亚（SI）、斯洛伐克（SK）、圣马力诺（SM）、土耳其（TR）和黑山（ME）	波黑（BA）

一、专利申请进入 EPO 的途径

图 5 - 1 直观地展示了专利申请进入 EPO 的 3 种途径。

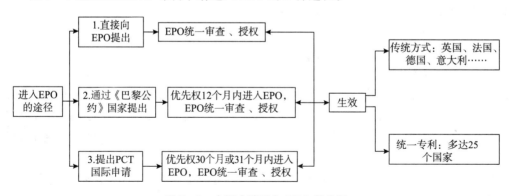

图 5 - 1　专利申请进入 EPO 的途径

1. 直接向 EPO 提交申请

申请人直接在 EPO 提交一个申请。一旦获得 EPO 的授权，便可向希望获得专利保护的 EPO 成员国办理生效手续。

2. 通过《巴黎公约》进入 EPO

申请人在《巴黎公约》国家首次提出专利申请后，可以该申请（即在先申请）作为优先权，在在先申请的申请日（即优先权日）起 12 个月内向 EPO 提出申请。

提出优先权请求的期限可以延长到在先申请日的 16 个月内，但仍需自在先申请日起 12 个月内提交欧洲专利申请。

一旦获得 EPO 的授权，便可向希望获得专利保护的 EPO 成员国、延伸国及批准国办理生效手续。

3. 通过 PCT 途径进入 EPO

先向 WIPO 国际局提交 PCT 国际申请，在优先权日起的 30 个月或 31 个月内，办理进入 EPO 程序，在获得 EPO 的授权后，可在希望获得专利保护的成员国、延伸国及批准国办理生效手续。该途径适用于所有的 EPO 成员国和非 EPO 成员国的 PCT 成员国。

二、EPO 专利申请程序

EPO 采用"早期公开、延迟审查"的方式，仅对发明提供专利保护，从申请到授权需要 3～5 年。欧洲专利权的有效期自申请日起算 20 年。欧洲专利申请的具体流程包括以下 8 个方面。

1. 提出申请

申请人可以英文、法文和德文这 3 种官方语言之一向 EPO 提出申请。申请文件所包括的内容与中国专利申请文件一致：请求书、说明书、权利要求书、说明书摘要、说明书附图、摘要附图和委托书等。

在提交新申请时，必须提出检索请求；同时，指定 EPO 体系成员国。目前，申请人需要缴纳一笔固定费用全部指定所有 EPO 体系的国家（延伸国及批准国除外）。

提出申请后 1 个月左右，EPO 会发出受理通知书。如果是电子提交，申请人会立即收到电子收据，EPO 不再发出受理通知书。现在多采用电子申请的形式。

2. EPO 检索

EPO 通常对与申请的专利性有关的现有技术文件进行检索。当申请人接到此检索报告时，通常需要根据检索结果来评估其发明的专利性和获得授权的可能性。

现行欧洲专利法（从 2010 年 4 月 1 日起）下，如果一个 PCT 国际申请指定 EPO 作为国际检索单位并出具国际检索报告，那么该 PCT 国际申请进入欧洲国家阶段时申请人有没有主动修改，EPO 都不会再进行检索。当然，主动修改受 EPC 细则第 137（5）条的限制，即不能修改到未被检索的主题上。国际检索报告（International Search Report，ISR）将自动被认为是欧洲检索报告（European Search Report，ESR），与检索意见合称为欧洲扩展检索报告（Extended European Search Report，EESR）。

EPO 发出的补充欧洲检索报告，指的是相对于国际检索报告的"补充"。现行欧洲专利法下，对补充检索报告的答复变为强制性的，即申请人需要对补充检索报告进行答复。

3. 公布专利申请及转录为中国香港特别行政区标准专利

EPO 将于自优先权日（申请日）起 18 个月内公布专利申请，并希望能在公布之前作出检索报告，以便申请人能作出是否继续申请程序的选择。

欧洲专利申请（指定英国）可在中国香港特别行政区注册香港转录标准专利。分为两个阶段，申请人须依序提交下述两项请求。

在欧洲进行的专利申请，也称指定专利申请，由 EPO 公开后 6 个月内，申请人应当向中国香港特别行政区知识产权署提出记录请求。在提出记录请求时，申请人需提交一份欧洲专利申请公开文件副本，如果上述欧洲专利申请是通过 PCT 途径提交的，则需同时提交 PCT 国际申请公开文本副本一份。第一阶段申请费用为 460 ~ 510 美元。

继上一阶段记录请求后，在指定专利申请被指定局批准公告后，申请人应当向中国香港特别行政区知识产权署提出注册与批予请求。该请求必须在香港专利申请公开后或欧洲专利授权公告后 6 个月内提交，以较迟者为准。在提出注册与批予请求时，申请人需提交已公告的该指定专利申请的证明副本并缴纳注册与批予请求费及公告费，费用约为 560 美元。中国香港特别行政区知识产权署进行形式审查完毕后，该申请即被批准并作为标准专利在中国香港特别行政区获得自指定专利申请日起 20 年的保护。

除欧洲专利申请（指定英国）外，英国专利申请和中国专利申请都可作为指定专利申请办理转录中国香港特别行政区标准专利。

4. 提出实质审查请求和实质审查

申请人应在申请的同时或在 EPO 的检索报告公布日起 6 个月或 2 个月内提出实质审查请求。如果欧洲补充检索报告附有书面意见需要答复的话，提交实质审查请求的期限是 6 个月；如果仅为检索报告，没有需要答复的书面意见，则提交实质审查请求的期限为 2 个月；这两种情况均自检索报告发出后，以 EPO 一份单独指定答复期限的官方发文日起算（通常在检索报告发出后半个月左右的时间发出）。

5. 实审程序

通常在提出实质审查后 1 ~ 3 年内收到 EPO 的审查意见。在答复审查意见时，申请人通常是根据审查员的意见进行辩驳或修改申请文件，还有机会参加在 EPO 举行的会晤程序。当申请被驳回时，申请人还有权向 EPO 上诉委员会进行上诉。

6. 欧洲专利授权

当审查通过后，EPO 将发出授权通知书。申请人接受授权文本、缴纳授权费并递交权利要求的其他两个语种的翻译译文，申请进入授权程序，并颁发欧洲专利证书。

7. 在欧洲成员国生效

在收到授权通知后，申请人应该开始考虑在指定国名单中选择生效国，通知 EPO 该专利在哪些国家生效。

传统生效方式下，一般欧洲成员国要求在授权公告起 3 个月内完成翻译工作并在各国生效。如果选择统一专利生效，需要在授权公告起 1 个月内办理。

公告后 9 个月内是异议期，向 EPO 提出的异议请求需在异议期内提出。

8. 缴纳年费

传统生效方式下，完成在不同国家的生效手续后，申请人则拥有不同国家的专利，它们相互独立，需要每年分别向各国专利局缴纳年费。

如果选择统一专利生效，申请人将获得统一专利证书，年费每年统一向 EPO 缴纳即可。

图 5-2 简要地展示了欧洲专利申请的主要流程。

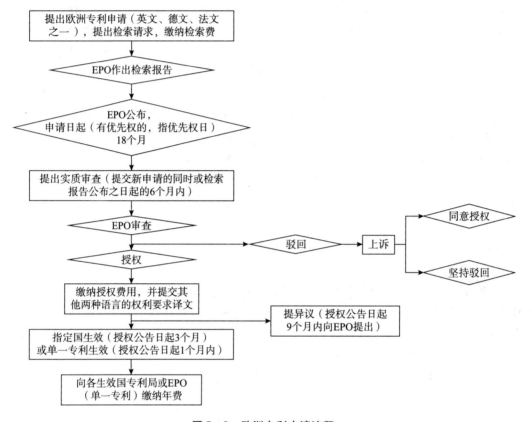

图 5-2 欧洲专利申请流程

三、欧洲专利申请特色程序

1. 欧洲专利申请特色程序——加快审查程序❶

EPO 提供欧洲专利申请加快审查程序（Programme for Accelerated Prosecution of European Patent Applications，PACE），申请人可利用该程序尽快获得欧洲专利申请的专利权。提起 PACE 请求应通过填写官方指定的 EPO Form 1005 表格的方式在网上进行提交。如未按照前述要求使用指定表格，官方将不会处理此 PACE 请求。该加快程序无须缴纳官费。

申请人可在检索阶段或审查阶段申请 PACE，每个申请在每个阶段只有一次申请采

---

❶ EPO. Accelerating gour PCT application ［EB/OL］. ［2024-06-19］. https：//www.epo.org/en/applying/international/accelerating-application.

用 PACE 加快的机会。

申请人最终能否采取 PACE 途径要取决于实际的检索以及审查部门的工作量。对于某些技术而言，EPO 会对提出的 PACE 请求的次数有所限制。

（1）在检索阶段利用 PACE 加速

申请人递交申请时或缴纳检索费用时可请求在检索阶段利用 PACE 加速，EPO 将努力在收到 PACE 请求的 6 个月内发出检索报告。

在实践中，基于 2014 年 7 月开始实施的基于检索的早期确认（Early Certainty from Search，ECFS）项目，EPO 一般也会在提交申请之日起 6 个月，或自优先权日起 18 个月内发出欧洲检索报告。因此，是否仍有必要在检索阶段提交 PACE 加速，可根据个案酌情考量。

需要注意的是，如果欧洲专利申请人收到依据 EPC 细则第 62a 条或第 63 条的通知，那么，只有 EPO 收到申请人对该通知的回复或上述答复时限到期后，审查员才有可能撰写检索报告和意见，即只有在相应通知被答复或期限届满后才可以根据 PACE 加速。

（2）在审查阶段利用 PACE 加速

对于直接提交的欧洲专利申请，原则上申请人可以在专利申请进入审查部门后的任何时候以书面形式请求加快审查。然而，为了提高效率，申请人最好在提交欧洲专利申请时，同时要求加快审查；或者是在收到扩展检索报告、申请人对检索意见进行回复时，一起提出加快审查请求。

对于通过 PCT 途径提交的欧洲专利申请（Euro - PCT）而言，原则上申请人也可以在任何时候以书面形式请求加快审查。然而，为了尽可能地高效，最好在专利申请进入欧洲阶段时，或者和对在 EPC 细则第 161（1）条下请求的世界知识产权组织 - 国际检索报告（World Intellectual Property Organization - International Search Report，WO - ISR）、国际初步审查报告（International Preliminary Examination Report，IPER）或补充国际检索报告（Supplementary International Search Report，SISR）的回复一起提交。

当加快审查请求被提起时，EPO 将尽可能在审查部门接收该申请之日、收到申请人针对欧洲检索报告的答复之日或收到申请人提起加快审查请求之日（以前述三者中最晚的时间点为准）起 3 个月内发出下一份官方通知。在审查阶段的后续程序中，如果加快审查请求仍然有效，EPO 后续也将尽力争取在收到申请人答复之日起 3 个月内发出随后的审查意见通知书。

（3）对 PACE 的特别注意

对每一个欧洲专利申请而言，PACE 请求应当在检索和审查阶段分别提起，且在每一阶段只能提起一次。此项规定意味着，在检索阶段提起 PACE 请求可以产生加快检索的效果，但并不会导致审查的加快。在审查阶段的 PACE 请求只能在审查部门开始负责处理该欧洲发明专利申请的情况下才可以被有效提起。

一旦采用了 PACE 加速，则之后 EPO 指定的任何期限都不允许延长。若请求延长期限，PACE 效力自动丧失。

PACE 请求被排除在可公开查询的文件范围之外，EPO 也不会自行将其公开。一件专利申请请求 PACE 后，申请人可以通过 EPO 客户服务了解相关申请状态。

2. 欧洲专利申请特色程序——放弃（Waiver）程序❶

EPO 的 Waiver 程序是除 PACE 外，另一种加快授权的方式，它通过放弃审查过程中的答复修改的权利而加快审查进程。申请人需要注意的是，Waiver 程序与 PACE 不同，需要分开提交。

（1）可放弃的范围

Waiver 程序可以放弃的权利包括 3 种：EPC 细则第 70（2）条的权利；EPC 细则第 161 条和第 162 条的权利；EPC 细则第 71（3）条的权利。通过放弃上述 3 种权利，申请人可以加快审查进程。

（2）加快程度

① 通过 Waiver 程序放弃 EPC 细则第 70（2）条的权利。

根据 EPC 细则第 70（2）条规定，EPO 作出检索报告后，申请人在 6 个月内有权进行答复和修改，再请求进入审查程序。在收到检索报告前，申请人可以放弃这一权利，无条件请求进入审查程序，这样 EPO 会同时作出检索报告和第一次审查意见通知书。

② 通过 Waiver 程序放弃 EPC 细则第 161 条和第 162 条的权利。

根据 EPC 细则第 161 条和第 162 条的规定，对于进入欧洲阶段的 PCT 申请，申请人在 6 个月内有权对国际检索报告或国际初步审查报告进行答复，EPO 将根据这一期限内最后一次的修改进行专利检索和审查。申请人可以使用 Form 1200 第 6.4 项放弃这一权利，也可以提交放弃声明，采用如下写法："申请人放弃 EPC 细则第 161（1）条或第 161（2）条和第 162 条赋予的答复时修改申请文本的权利"。

申请人也可以在收到基于 EPC 细则第 161 条和第 162 条的通知书后，对通知书进行答复，同时提交立即启动检索和审查程序的请求，采用如下写法："申请人请求立即开始审查程序，放弃 EPC 细则第 161（1）条或第 161（2）条和第 162 条赋予的 6 个月中剩余期限的使用权利"。

③ 通过 Waiver 程序放弃 EPC 细则第 71（3）条的权利

根据 EPC 细则第 71（3）条的规定，对于将要授权的专利申请，EPO 将发出准备授权通知书，申请人在 4 个月内确认修改文本，缴纳相关费用，提交翻译文件。申请人可以放弃修改文本的权利，提前缴费和提交翻译文件。

---

❶ EPO. OJ EPO 2015, Article 94 ［EB/OL］. （2015－11－30）［2024－06－19］. https：//www.epo.org/en/legal/official－journal/2015/11/a94.html.

第二节　欧洲专利申请费用

一、欧洲专利申请官费

根据 2024 年 4 月 1 日开始生效的官费表，结合欧洲专利申请的程序列出在申请阶段主要涉及的官费，如表 5－2❶ 所示。表 5－2 中人民币数额按照 2024 年 6 月 6 日中国银行折算价 1 欧元 =7.7664 元人民币换算。

表 5－2　2024 年 4 月起欧洲专利申请主要官费一览表

费用名称	金额	
	欧元	人民币
申请费（电子提交）	135	1048.46
申请费（纸件提交）	285	2213.42
检索费	1845	14329.01
指定费（全部指定）	685	5319.98
实质审查费（2005 年 7 月 1 日之后提交）	1915	14872.66
实质审查费（2005 年 7 月 1 日之后提交的 PCT 国际申请，无 EPO 出具的补充检索报告）	2135	16581.26
申请文件超出 35 页附加费	17/页	139.80
第 16～50 项权利要求附加费	275/项	2135.76
第 51 项及之后的权利要求附加费	685/项	5319.98
授权费（不超过 35 页）	1080	8387.71
第 3 年维持费	690	5358.82
第 4 年维持费	845	6562.61
第 5 年维持费	1000	7766.40
第 6 年维持费	1155	8970.19
第 7 年维持费	1310	10173.98

---

❶ EPO. Supplementary publication 4, Official Journal 2024：Schedule of fees and expenses of the EPO（applicable as from 1 April 2024）［EB/OL］.（2024－03－29）［2024－06－19］. https：//www.epo.org/en/legal/official－journal/2024/etc/se4.html.

费用名称	金额	
	欧元	人民币
第 8 年维持费	1465	11377.78
第 9 年维持费	1620	12581.57
第 10 年维持费（第 10 ~ 20 年均相同）	1775	13785.36

注：表中的维持费是针对授权前的案件，如授权后且办理了统一专利生效，专利维持费会有所不同。

EPO 一般每 2 年调整一次官费标准，但在 2022 ~ 2024 年，罕见地出现了每年都上调官费标准，各项目的上涨比例在 4% ~ 30% 不等。

二、欧洲代理机构收费

1. 欧洲代理机构收费统计

根据欧洲代理机构的标准报价，并结合机械、电子、化学 3 个领域随机抽取的几百件专利申请案子的账单，欧洲代理机构的收费情况如表 5 - 3 所示。

表 5 - 3　欧洲代理机构收费统计

申请阶段	代理费项目	金额							
		最低		最高		中位数		平均	
		欧元	人民币	欧元	人民币	欧元	人民币	欧元	人民币
新申请阶段	准备和提交新申请、优先权声明、检索请求、审查请求、缴纳指定费	862.67	6699.84	4530.92	35188.94	1900.00	14756.16	1960.13	15223.15
	转达公开文本	76.00	590.25	200.00	1553.28	110.00	854.30	106.00	823.24
	转达主动修改通知	104.73	813.38	480.00	3727.87	185.25	1438.73	256.46	1991.77
	本阶段总费用（不含翻译费）	1043.40	8103.46	5210.92	40470.09	2195.25	17049.19	2322.59	18038.16
实质审查阶段	转达及答复欧洲扩展检索报告	300.00	2329.92	3313.50	25733.97	1000.00	7766.40	1050.44	8158.16
	转达及答复审查意见通知（一次）	294.00	2283.32	5252.50	40793.02	936.25	7271.29	1121.32	8708.64
	本阶段总费用（不含维持费）	594.00	4613.24	8566.00	66526.99	1936.25	15037.69	2171.76	16866.80

续表

申请阶段	代理费项目	金额							
		最低		最高		中位数		平均	
		欧元	人民币	欧元	人民币	欧元	人民币	欧元	人民币
授权阶段	转达授权通知、缴纳授权费、翻译权利要求项	571.20	4436.17	4304.50	33430.47	1179.90	9163.58	1394.36	10829.14
	转达专利证书	95.00	737.81	250.00	1941.60	130.00	1009.63	141.89	1101.99
	本阶段总费用（不含生效费）	666.20	5173.98	4554.50	35372.07	1309.90	10173.21	1536.25	11931.13

2. 欧洲代理机构人员收费标准

结合前述抽样的欧洲专利申请案账单来看，欧洲律师的小时率（每小时收费）在 300~400 欧元，具体情况如表 5-4 所示。

表 5-4　欧洲代理机构人员小时率参考数值

申请阶段	人员	小时率			
		范围		平均	
		欧元	人民币	欧元	人民币
新申请阶段、实质审查阶段、授权阶段	合伙人	380~450	3200~3790	415	3495.71
	代理人/律师	300~380	2527~3200	340	2863.96
	助理	100~300	842~2527	200	1684.68

第三节　欧洲专利申请的费用优惠

从第二节的表 5-2~表 5-4 可以看出，在 EPO 申请专利，是世界上最为昂贵的专利申请之一。为了帮助中国申请人节约费用，有必要了解一些 EPO 的费用退还和减免政策。

一、EPC 成员国费用减免政策

在 EPC 成员国有居所或主要营业地的中小企业、自然人或非营利机构、大学及公共研究机构，如官方语言不是英文、法文或德文，在提交欧洲专利申请时，申请费、

实审费、异议费、上诉费、撤销费等，享受官费 30% 的减免。❶

二、微实体等特殊申请人的费用减免

自 2024 年 4 月 1 日起，不限于 EPC 成员国针对微实体（Micro – Entities），无论其注册国家或营业地址，均将享有 30% 欧洲专利官费折扣［EPC 细则第 R7a（3）条］。

微实体包含：①自然人。②微型企业。雇员小于 10 人，且每财年的营收不超过 200 万欧元。③非营利组织、大学、公共科研单位。

如果专利申请人为微实体，并在过去 5 年内，累计提交欧洲发明申请的数量不超过 5 件，则可享受 30% 的官费减免。注意提交日期的计算标准是，《巴黎公约》申请按提交日计算，PCT 进入申请按进入日计算，分案申请按分案提交日计算。

三、EPO 费用退还与减免政策❷

1. 实质审查费

根据欧洲专利申请流程，检索报告下发之后，申请人需要递交一份声明"wish to proceed further"，表示接受审查的意愿，如果提交新申请时没有缴纳实质审查费，此时一并缴纳费用。下发检索报告后，如果申请人不提交这份声明，申请将被视为撤回。这种情况下，如果提交新申请时已经缴纳实质审查费，可以申请全额退回实质审查费，但是会发生一些外方律师手续费。从 2016 年 7 月 1 日开始，在实质审查开始之前放弃审查的，可以退还 100% 的实质审查费。如果已启动实质审查但尚未发出首次审查意见，或在首次审查意见答复期限届满前撤回申请的，可退还 50% 审查费。❸

2. 关于 PCT 国际申请进入 EPO 之后的补充检索报告

如果在 PCT 国际阶段是 EPO 作出的检索报告，进入 EPO 时检索费将被免缴；在 PCT 国际阶段是由 EPO 以外的检索单位检索的，进入欧洲地区阶段后，要进行补充检索，费用是提交新申请时缴纳的检索费。

在 PCT 国际阶段，如果申请人对其他检索单位作出的检索报告不满，可以请求 EPO 作出补充检索报告，单独提请求并缴费。

在 PCT 国际阶段，如果国际初审报告由 EPO 完成，则审查费减免 75%。

需要注意的是，中国国家知识产权局和欧洲专利局于 2020 年 12 月启动试点项目，中国国民和居民按照《专利合作条约》（PCT）以英文提交的国际申请可选择欧洲专利局作为国际检索单位。该项目已延期至 2026 年 11 月 30 日。❹

---

❶ EPO. OJ EPO 2024，Article 8［EB/OL］.（2024 – 01 – 31）［2024 – 06 – 19］. https：//www. epo. org/en/le-gal/official – journal/2024/01/a8. html#OJ_2024_A8. f1 – intext.

❷ EPO. Article 14：Reduction of fees［EB/OL］.［2024 – 07 – 10］. https：//www. epo. org/en/legal/epc/2020/f14. html#14.

❸ EPO. Article 11：refund of examination fee［EB/OL］.［2024 – 06 – 19］. https：//www. epo. org/en/legal/epc/2020/f11. html.

❹ 国家知识产权局. 中国国家知识产权局 – 欧洲专利局关于专利合作条约国际检索单位试点项目延期的联合公报［EB/OL］.（2023 – 10 – 13）［2024 – 06 – 19］. https：//www. gov. cn/lianbo/bumen/202310/content_6908859. htm.

3. 删除权利要求项

在欧洲专利申请的审查过程中申请人进行主动修改，如果删除了权利要求项，相应的权利要求项目附加费会被退回。

第四节　欧洲申请专利的费用节省策略

一、根据目标市场选择申请方式

EPO 申请费用昂贵，在提交申请前申请人需考虑根据目标市场决定选择欧洲申请还是单独提交特定国家的国家申请。例如，如果只是在英国、德国以及法国获得申请保护，则建议不选择欧洲专利申请而是单独向各个国家提出申请，这样授权迅速且节省成本。如果目标国家超过 3 个，则建议选择欧洲专利申请。

二、根据费用表合理规划文本

欧洲专利申请的某些费用比较昂贵。通过深入研究欧洲专利法对专利文本的要求，采取相应的措施，可以合理地降低费用。例如，控制权利要求项数，可有效减少权利要求项数附加费；合理排版行文，则可减少说明书页数附加费。

1. 权利要求方面

欧洲专利申请收取昂贵的权利要求附加费：第 1~15 项权利要求免费，第 16~50 项权利要求，每项附加费为 275 欧元（约合人民币 2145.00 元），从第 51 项权利要求开始，每项附加费为 685 欧元❶（约合人民币 5343.00 元）。因此，要尽量将权利要求限制在 15 项之内。减少权利要求的方式有以下两种。

第一，一般一件欧洲专利申请，允许包含一个装置的独立权利要求、一个方法的独立权利要求和一个产品的独立权利要求。尽可能减少独立权利要求的数量，将有助于减少整个权利要求的数量。

第二，EPO 允许多项从属权利要求引用多项从属权利要求，申请人在提交前，可以修改权利要求的引用关系，以充分利用这一规则。

2. 说明书方面

对于整份申请文件，超过 35 页的部分，每页要缴纳 17 欧元（约合人民币 132.6 元）。申请文件包括说明书、权利要求书、摘要和附图。虽然通常很难减少申请文件的页数，但是，通过减小页边距、缩小行距至 1.5 倍、字号缩小至 11 号的 Times New Roman 等方式来缩减篇幅，通常是可被 EPO 接受的❷。

---

❶ 此处是按 2024 年 4 月 1 日的 EPO 官费标准。

❷ HOCKING A. European patent costs – make great savings［EB/OL］.（2013 – 08 – 29）［2024 – 06 – 19］. https：//www. albright – ip. co. uk/2013/08/european – patent – costs – make – great – savings/.

三、缩短 EPO 的审查时间

1. EPO 维持费与各国年费的比较

EPO 从第 3 年开始收取维持费，维持费用比较昂贵。同时，如表 5 – 5 所示，EPO 的维持费用远远高于授权后进入各国的年费，并且逐年递增，所以，加快 EPO 审查与授权、减少维持费的缴纳，也能大大节省费用。

表 5 – 5　EPO 维持费与英国、德国、法国年费比较

维持费/年费	EPO 维持费		英国年费		德国年费		法国年费		英国、德国、法国年费合计	
	欧元	人民币	欧元	人民币	欧元	人民币	欧元	人民币	欧元	人民币
第 3 年	690	5382.00	0	0	70	546.00	38	296.40	108.00	842.40
第 4 年	845	6591.00	0	0	70	546.00	38	296.40	108.00	842.40
第 5 年	1000	7800.00	58.80	458.64	100	780.00	38	296.40	196.80	1535.04
第 6 年	1155	9009.00	75.60	589.68	150	1170.00	76	592.80	301.60	2352.48
第 7 年	1310	10218.00	92.40	720.72	210	1638.00	96	748.80	398.40	3107.52
第 8 年	1465	11427.00	109.20	851.76	280	2184.00	136	1060.80	525.20	4096.56
第 9 年	1620	12636.00	126.00	982.80	350	2730.00	180	1404.00	656.00	5116.80
第 10 年	1775	13845.00	142.80	1113.84	349	2722.20	220	1716.00	711.80	5552.04

注：此处按 2024 年 6 月 20 日欧元对人民币汇率中间价 100 欧元 = 780 元人民币计算；欧元对英镑汇率中间价 100 欧元 = 84 英镑计算。

2. 加速审查与授权的主要方式

第一，利用前述 PACE 或 Waiver 程序缩短审查时间，节省审查阶段外方律师费用和 EPO 申请维持费。

申请人提交加快审查请求之后，EPO 会在收到加快审查请求 3 个月内，尽快发出第一次审查意见通知书，从而缩短 EPO 的审查时间。

第二，直接向 EPO 提交申请，而不是通过 PCT 途径，也能提前 EPO 开始审查的时间，从而减少 EPO 申请维持费，尽快进入各国家的生效阶段。

第三，善于利用主动修改。申请人可通过主动修改加快审查。根据 EPC 细则第 161 条和第 162 条的规定，申请人有权利在 PCT 申请进入欧洲阶段后对申请文件提出主动修改，克服国际检索报告或国际初审报告中提出的缺陷。修改后文本作为后续审查的基础，将有利于审查员更有针对性地开展工作，从而加速申请和授权速度。

第四，申请人还可以主动向 EPO 提供已知的对比文件，这样审查员可以较快地找到对比文件，减少审查意见通知书的发出次数，也同样可以达到加快审查的目的。

四、统一委托生效及缴纳年费事宜

由于欧洲专利申请涉及各国生效、缴纳年费的问题，在生效和缴纳年费阶段，有可能发生多笔委托费用，即一开始委托代理欧洲专利申请的外方事务所，在欧洲专利授权后，该外方事务所需要委托生效目标国当地的外方事务所进行生效登记事宜，这样就会产生多笔外方律师费用。随后，由于欧洲授权专利要在各生效国逐一缴纳年费，还存在委托各国事务所缴纳年费的后续事宜。为优化流程并降低成本，国内申请人可考虑选择一家资质优良的国内代理机构，由其直接委托各目标生效国的事务所办理生效事宜，从而减少欧洲申请阶段委托的外方事务所在其中收取的代理费用。对于年费的缴纳，申请人可考虑委托专业的年金服务公司。这类公司通常具备跨国年费管理的能力，能够为申请人提供更为高效、经济的缴费解决方案。

第五节　欧洲统一专利体系

欧盟为了促进产业发展和强化外部竞争能力，积极推进欧洲单一市场内的人员、货物、资本和服务的自由流动。知识产权特别是专利授权和保护的地域性对货物和服务在欧盟各国的自由流动产生了限制，有必要建立单一的专利保护制度克服这一缺陷，助力欧洲统一大市场建设。加之，现有欧洲专利的授权生效和年费程序相对复杂，维持费用仍然偏高，欧盟各国的诉讼制度和判决结果存在差异，使得在各国专利的保护和执法缺乏可预见性，也增加了诉讼成本。这些因素都使得在欧盟范围内建立专利统一保护制度的呼声特别强烈。经过多年的协调和推进，2023 年 6 月 1 日，欧洲统一专利体系终于正式实施。

一、欧洲统一专利体系简介

1. 概述

2012 年 12 月 11 日欧洲议会投票通过了欧洲统一专利体系草案，该草案包括两部规则，一部为总规则，另一部为新专利适用语言制度。25 个欧盟成员国（不包括意大利和西班牙）加入欧洲统一专利体系，委托 EPO 提供和管理统一专利。意大利于 2015 年 5 月宣布加入欧洲统一专利体系，使其成员国扩充为 26 个。由于意大利是欧洲第四大市场，曾因不满本国语言未被纳入统一专利的使用语言而拒绝加入，因此，意大利的加入将使统一专利对其他欧洲国家和全球的公司更具吸引力。[1] 2016 年，英国退出欧盟，使得欧盟成员国数量再次回归 25 个，当然由此带来的直接影响是英国将与欧洲统一专利体系无缘。经过欧盟成员国多年的协调和推进，2023 年 6 月 1 日，欧洲统一专利体系终于正式实施。

---

[1] 高飞，韩小非. 欧洲统一专利最新进展及浅析［J］. 中国发明与专利，2016（6）：42 – 44.

欧洲统一专利制度在所有欧盟国家内实施统一的专利申请和诉讼,包括使用统一的程序与规则、统一的语言;依照设立统一专利法院(Unified Patent Court,UPC)的国际公约,建立一个统一专利诉讼制度,对专利的侵权和有效性作统一判定,拥有处理有关统一专利侵权和有效性问题的专属管辖权。

欧洲统一专利制度将与欧洲各国专利制度和传统欧洲专利制度并存,并与传统欧洲专利共享法律基础和授权程序,只在授权程序后的生效阶段与传统欧洲专利制度相区别。在统一专利体系下,EPO 将集中管理专利、收取年费并分派给各成员国。统一专利将不再需要在每个单独的国家分别生效(包括翻译)和管理,从而大幅节省时间和费用。

截至 2024 年 4 月末,UPC 已收到专利诉讼共计 341 件。❶

2. 协约国

首批 17 个签署统一专利法院协议的国家包括奥地利、比利时、保加利亚、丹麦、爱沙尼亚、芬兰、法国、德国、意大利、拉脱维亚、立陶宛、卢森堡、马耳他、荷兰、葡萄牙、斯洛文尼亚、瑞典;这些国家自 2023 年 6 月 1 日开始适用统一专利制度;罗马尼亚将于 2024 年 9 月 1 日正式进入统一专利体系,当日起生效的统一专利将自动涵盖罗马尼亚,协约国增加至 18 个国家;后续 7 国正在审批中:塞浦路斯、捷克、希腊、匈牙利、爱尔兰、波兰、斯洛伐克。如果一件欧洲申请获得授权时以上 7 国尚未完成审批,则只能以传统方式办理生效。

另外,虽然是欧盟成员国,但是拒绝签署统一专利法院协议的国家有克罗地亚、西班牙。这两个国家不会被纳入统一专利体系,需要以传统方式办理生效手续。

3. 语言

欧洲统一专利体系将沿用目前基于 EPO 3 种官方语言(英文、法文、德文)的体系,但在 3 种官方语言的基础上尽量消除语言障碍。为此,该体系设置了过渡期。

第一,过渡期(直到机器翻译系统完全可行,最长为 14 年)的两项规定❷:①如果在 EPO 的审批过程中所用语言是英文,则需要将该欧洲专利全文(包括说明书及权利要求书)翻译为另一个欧盟成员国的官方语言;或者②如果在 EPO 的审批过程中所用语言是法文或德文,则需要将该欧洲专利全文翻译为英文。

过渡期内,专利权人应当在自授权公告起 1 个月内,向 EPO 请求注册统一保护效力(欧洲统一专利)的同时提交翻译文本。

第二,过渡期结束,在欧洲专利授权后,如果专利权人请求了统一专利,则不再要求提交人工翻译。由高质量的机器翻译来提供关于该专利的内容信息。

---

❶ A single patent court for member states of the European Union. Case load of the Court since start of operation in June 2023 – update end April 2024 [EB/OL]. (2024 – 05 – 02)[2024 – 06 – 19]. https：//www. unified – patent – court. org/en/news/case – load – court – start – operation – june – 2023 – update – end – april – 2024.

❷ EPO. Translation arrangements and compensation scheme [EB/OL]. [2024 – 07 – 10]. https：//www. epo. org/en/applying/european/unitary/unitary – patent/compensation.

4. 费用优势

提交欧洲统一专利，将在年费和翻译费两方面节省费用。在年费方面，传统欧洲专利❶在授权后，要向各生效国逐个缴纳年费，每缴纳一个国家的年费就要向代理机构交付一笔代理费，因此费用高昂。而欧洲统一专利为了在 25 个成员国同时生效时更具备吸引力，与同时在 25 个国家生效的费用之和相比，在费用方面作了大幅削减。2015 年 6 月，EPO 特别委员会通过了一项 "True top 4" 决议，将欧洲统一专利的年费保持在与传统欧洲专利 4 个国家（德国、英国、法国、荷兰）生效的费用相当。当生效国较多时，欧洲统一专利较传统欧洲专利具有更高的性价比。❷ 但就年费的官费部分而言，由于不同行业对国家生效的需求不同，因此是否能节省费用要具体计算。例如制药企业要求的生效国家往往涵盖整个欧洲地区，因此采用欧洲统一专利后，极有可能节省年费的官费部分；而对于汽车行业来讲，在欧洲境内一般只会选择 3 ~ 4 个相关生效国家，可以预期，其年费的官费在欧洲统一专利制度下未必会得到节省。

在翻译费用方面，欧洲统一专利的最终目标是无须提供翻译。但在过渡期内，专利权人最终需要提交一份全文翻译的德文、法文或者英文文本。而根据 EPC 伦敦协议对翻译的规定，欧洲专利授权后，德国、法国、卢森堡、英国和爱尔兰是不需要额外提供翻译文本的；如果说明书为英文，只需翻译权利要求的国家有拉脱维亚、立陶宛、斯洛文尼亚、丹麦、芬兰、荷兰、瑞典、匈牙利；需要全文翻译的国家有奥地利、比利时、保加利亚、塞浦路斯、捷克、爱沙尼亚、希腊、马其顿、波兰、罗马尼亚、斯洛伐克。

在这种情况下，欧洲统一专利在一定时期内也可能出现翻译费用反而上涨的情况。例如，如果一个专利在德国、法国、卢森堡和爱尔兰生效，根据传统欧洲专利现行的 EPC 伦敦协议，无须提交翻译。而在欧洲统一专利的过渡期内，则必须将全文翻译成一种欧盟语言，费用成本反而增加了。在欧洲统一专利过渡期结束后，则恢复不需提供翻译的情况。

当然，更多情况下是采用欧洲统一专利可以适当节约翻译费用。例如，一件专利在德国、法国、卢森堡、英国、爱尔兰、奥地利、意大利、西班牙、荷兰和瑞典生效，在传统欧洲专利制度下，需要全文翻译的国家有奥地利、意大利和西班牙，需要提供权利要求翻译的是荷兰、瑞典；而在欧洲统一专利情形下，需要提供全文译文的是西班牙（传统欧洲专利）和另一欧洲官方语言，如申请全文为英文，则需要提供任一欧盟成员国的官方语言全文译文（在此可选择西班牙语），如申请全文为法文或德文，则需要提供英文全文。这样至少节省了一套全文翻译和两套权利要求翻译的费用。

5. 统一专利法院

配套统一专利制度而设立的 UPC，将对传统欧洲专利及统一专利的侵权、确权纠纷的一审及上诉享有专属管辖权。欧洲申请自公开之后的任何时间均可选择退出 UPC

---

❶ 指统一专利制度生效之前获得专利权的欧洲专利。

❷ 高飞，韩小非. 欧洲统一专利最新进展及浅析 [J]. 中国发明与专利，2016（6）：42 - 44.

管辖（opt – out），如果申请人没有提交退出请求，则该申请自动划归统一专利法院管辖。统一专利法院提供集中的欧洲专利诉讼平台，从而避免成本高昂的多重司法诉讼。

（1）UPC 的结构❶

UPC 分为两级，一级是初审法院，另一级是上诉法院（设于卢森堡）。初审法院由中央法庭、地区法庭和地方法庭三庭组成。

3 个中央法庭分别设在法国的巴黎、德国的慕尼黑、意大利的米兰，负责审理无效和非侵权诉讼。同时，它还可以审理一定数量的侵权案件。

4 个 UPC 的地区法庭分别设立于瑞典的斯德哥尔摩、拉脱维亚的里加、爱沙尼亚的塔林以及立陶宛的维林努斯，是审理侵权诉讼和无效反诉的主要法庭。

13 个地方法庭，其中 4 个分别设立在德国 4 个不同的城市（杜塞尔多夫、汉堡、曼海姆和慕尼黑）。其余分别设立在奥地利的维也纳、比利时的布鲁塞尔、丹麦的哥本哈根、芬兰的赫尔辛基、法国的巴黎、意大利的米兰、荷兰的海牙、葡萄牙的里斯本以及斯洛文尼亚的卢布尔雅那。

2022 年 10 月 19 日，UPC 宣布任命 85 名法官。任命法官分为两类——具有法律资格的法官以及具有技术资格的法官。34 名具有法律资格的法官被分配到特定的法院和地点，而 51 名具有技术资格的法官则被分配到 5 个技术领域：生物技术、化学和制药、电力、机械工程和物理学。中央法庭有 3 名法官组成的小组审理案件，该小组会由来自不同成员国的 2 名具有法律资格的法官和 1 名具有技术资格的法官组成。地区法庭和地方法庭也有 3 名法官组成的小组审理案件，该小组由 3 名具有法律资格的法官组成，而且在有正当理由时还有第 4 名具有技术资格的法官加入。许多具有技术资格的法官都是私人执业的，并担任兼职法官。

（2）诉讼程序

根据统一专利法院协定（Agreement on a Unified Patent Court）和其程序规则（Rules of Procedure of the Unified Patent Court），UPC 从受理案件到作出裁决的平均时间为 12 个月，相较于很多 EPC 成员国的专利诉讼时间已极大地缩短。但加快程序对于程序双方也是更有挑战性的，特别是对于被告方来说，一旦程序开始便是刻不容缓，比如需要在 3 个月以内递交应诉状、反诉书等。

英语是各级法院的工作语言，同时不同的地方分院还接受规定范围内的其他欧盟国家的官方语言，如德语、法语、丹麦语、意大利语等。❷

（3）诉讼费用❸

诉讼费用包括固定费用和额外价值费用。其中侵权诉讼收取固定费用 1.1 万欧元，

---

❶ A single patent court for member states of the European Union. Unified Patent Court structure ［EB/OL］. ［2024 – 06 – 19］. https：//www. unified – patent – court. org/en/court/presentation.

❷ A single patent court for member states of the European Union. Language of proceedings at the Court of Appeal ［EB/OL］. ［2024 – 07 – 10］. https：//www. unified – patent – court. org/en/court/language – proceedings.

❸ Administrative Committee. Table of court fees ［EB/OL］. （2022 – 07 – 08）［2024 – 07 – 10］. https：//www. unified – patent – court. org/sites/default/files/upc_documents/ac_05_08072022_table_of_court_fees_en_final_for_publication_clean. pdf.

无效诉讼收取固定费用 2 万欧元，当案件价值超过 50 万欧元时还应支付额外价值费用。咨询结果提出采用分级费用结构的建议，其中包括相当于案件价值 0.5% ~ 1% 的价值费用。

诉讼价值由报告法官在考虑当事方评估价值的基础上进行判断。报告法官将在过渡程序期间（书面程序结束后，口头审理启动前）要求当事方提供价值评估。

（4）UPC 过渡期及退出 UPC

UPC 于 2023 年 6 月 1 日生效后，传统欧洲专利、专利申请以及补充保护证书默认受到 UPC 的管辖。这意味着专利所有人能够通过向 UPC 提出侵权诉讼或可能被无效诉讼并在全部批准成员国内获得统一的诉讼判决。因此，如果申请人不希望专利受到竞争对手在 UPC 诉讼的威胁，且尚未被提起诉讼，则可以在 UPC 过渡期内主动要求退出 UPC 管辖，即所谓的 Opt – out UPC。过渡期时间为自 2023 年 6 月 1 日起的 7 年，或可再延长 7 年，如图 5 – 3 所示。

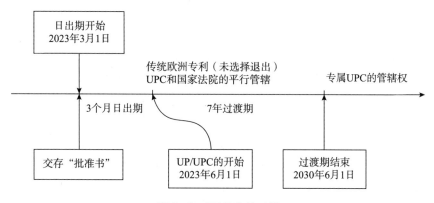

图 5 – 3　UPC 生效时间

退出 UPC 后，专利所有人有机会随时撤回该退出决定，再次进入 UPC 管辖，即 Opt – in，前提是该申请、专利或补充保护证书没有处于国家法院诉讼中。在专利所有人撤回退出的选择后，不得再次选择退出。过渡期过后，将无法再选择退出。

6. 统一专利制度的优势

第一，程序变得更加简便，只需要在 EPO 申请专利，无须向各成员国单独申请或办理生效手续，就能在整个欧洲统一专利体系协约国得到保护。

第二，省去传统欧洲专利对翻译的严格要求，授权后，不用再向各个成员国专利局缴纳年费，理论上申请成本降低了约 70%。

第三，UPC 的设立，使得专利权人在法律层面能够得到更多的确定性，也使得法律决定在整个欧洲范围内有效。另外，将使欧洲专利的保护更有效率，并缓解欧洲各国法庭的不同审判结果及审判速度造成的复杂情况。

以上这些便利和保护同样适用于来欧洲申请专利的外国公司。统一专利制度进一步简化程序、降低成本，将提升欧洲专利的竞争力，有助于中小企业和发展中国家更为积极地在欧洲获取专利保护。欧盟统一专利制度，对"走出去"的中国企业来说，同样也是一件有益的事情。目前，欧盟是中国重要的贸易伙伴，欧洲统一专利制度的建立，可以有效降低中国企业在欧盟提交专利申请的成本和专利维持成本，对中国企业开拓欧盟市场，把产品和服务扩展到欧盟十分有利。

二、申请人策略建议❶

总的来说，选择统一专利相比起选择传统欧洲专利在除了英国以外的德国、法国、荷兰和意大利生效更节省成本；并且欧洲统一专利和未"选择退出"的传统欧洲专利可以在统一专利新系统的成员国（17 个以上）通过 UPC 行使权利，且 UPC 的程序相对耗时较短，故在诉讼程序和（交叉）许可等方面，统一专利和未"选择退出"的传统欧洲专利更有利。但随之而来的，欧洲统一专利和未"选择退出"的传统欧洲专利有被在统一专利新系统的成员国（17 个以上）统一宣告无效的风险。笔者推荐给专利申请人和专利权人以下 5 种主要策略，专利申请人和专利权人可根据自身情况参考使用。

1. 保守方案

全部"退出"，保留所有的传统欧洲专利。在此期间等待 UPC 的案例法，以对 UPC 有更多的了解；同时观察本领域适应新系统的情况。如果需要，在 7 年的过渡期内"选择加入"。

2. 分级处理，重要专利退出，其他保留

可"退出"一些具有较高价值的重要专利，避免被统一无效的不利后果，同时保留这些有较高价值的传统欧洲专利可以在多个国家法院提起侵权诉讼的可能性，对有意侵权者的威慑效果更佳。同样，在 7 年的过渡期期间仍可以"选择加入"。而对于不太重要、价值较低的传统欧洲专利可以在 UPC 进行有效的统一诉讼。

3. 整体布局，通过系列案来区别处理

针对非常重要的核心专利，可以通过提交分案的方式，将母案保留在 UPC 管辖，分案退出，进可攻退可守。

4. 将统一专利与传统欧洲专利生效相结合

最新授权的欧洲专利，如果统一专利国家之外还有其他重要的目标国家，例如西班牙、英国，则在办理生效手续时可以选择将统一专利与传统欧洲专利生效相结合，既保留 17 个以上国家的高效统一的维持和诉讼途径，又在其他国家获得了权利保护。

5. 补充性的策略

作为一个补充性的策略，笔者建议申请人和专利权人可以在攻防两方面随时监测竞争对手。攻的方面包括：除了布局自己的专利/专利申请，还要监测和识别竞争对手没有"选择退出"重要的专利，申请人和专利权人可以在 UPC 集中诉讼竞争对手未

---

❶ RGTH. 新系统下的统一专利法院：欧洲统一专利专题 3/4 [EB/OL]. (2024 - 01 - 06) [2024 - 09 - 19]. https：//mp. weixin. qq. com/s/w9zCcisYoFgEVNUH - FAYMQ.

"选择退出"的专利。守的方面包括：申请人和专利权人在诉讼竞争对手侵权时，小心防范自己未被"选择退出"的重要专利被竞争对手统一无效。

　　总之，建议申请人和专利权人对每个专利组合进行单独评估，比如评估专利的相关性、保护范围、相关市场和竞争对手等，以此综合考虑找到最适合自己的欧洲专利战略性保护方式。

第六章

英　国

英国是全世界工业化最早并第一个建立知识产权制度的国家。1624 年英国垄断法问世，标志着英国专利制度的最终形成，也为世界各国现代专利法奠定了基础。此后，英国专利制度经历了一个平稳的发展过程。1852 年颁布英国专利法修改法令，对专利制度彻底改革，制定了发明专利的获得程序，第一次明文规定专利申请必须提交专利说明书，并在规定期限内予以公布。近年来英国颁布的专利法包括 1949 年专利法和 1977 年专利法。1949 年英国专利法实施至 1978 年 5 月 31 日；1977 年全面修改英国专利法，于 1978 年 6 月 1 日生效；2004 年再次修订英国专利法；英国专利法及其实施细则的最近一次修改与英国脱欧相关，在脱欧过渡期结束后的 2021 年 1 月 1 日生效。目前的英国专利法提供更便捷的申请程序，使申请人更容易获得申请日，并以更灵活方式提交申请；允许申请人延迟缴纳申请费；允许已经终止的申请重新恢复申请程序，并给予适当的宽限期；允许专利权转让人或抵押人可不经过英国知识产权局（Intellectual Property Office of UK，UKIPO）而自行与受让人签订合同进行转让等交易。

2013 年，英国成为中国在欧盟内的第二大贸易伙伴。随着中国企业逐步扩大对英国贸易，迅速占领英国市场，中国申请人在 UKIPO 的申请量也一直保持稳定，并有上升的趋势。根据 WIPO 的统计数据，2010 年中国申请人在英国提交专利申请数量为 118 件，2020 年中国申请人在英国提交的专利申请数量为 1647 件❶，10 年间增长了近 13 倍。

欧洲专利的法律基础是《欧洲专利公约》，而非欧盟组织。不管英国是否脱离欧盟，英国都是欧洲专利系统成员国。欧洲专利系统独立于欧盟，《欧洲专利公约》负责管理和授予欧洲专利，所以欧洲专利不受英国脱欧影响，申请人仍可通过传统欧洲专利授权并在英国办理生效手续，从而在英国获得专利保护。

为了方便中国申请人在英国进行科学的专利布局，下面介绍英国专利申请的基本程序以及相关费用。

---

❶　参见：https：//www3. wipo. int/ipstats/ips － search/search － result?type ＝ IPS&selectedTab ＝ patent&indicator ＝ 10&reportType ＝ 15&fromYear ＝ 2020&toYear ＝ 2022&ipsOffSelValues ＝ GB&ipsOriSelValues ＝ CN&ipsTechSelValues ＝ 。

第一节　英国专利申请程序

一、专利申请进入英国的途径

图 6-1 展示了专利申请进入英国国家阶段的 4 种途径。

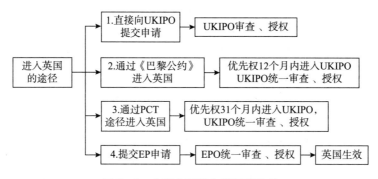

图 6-1　专利申请进入英国的途径

1. 直接向 UKIPO 提交申请

直接在 UKIPO 提交一个申请。UKIPO 对发明专利、外观设计专利（又叫新式样专利）提供专利保护，没有实用新型专利。

2. 通过《巴黎公约》进入英国

申请人在《巴黎公约》成员国提出发明专利、外观设计专利申请后，可以该申请作为优先权，在发明专利优先权日起 12 月内、外观设计专利申请优先权日起 6 个月内向 UKIPO 提出在后申请。

3. 通过 PCT 途径进入英国

先向 WIPO 国际局提交 PCT 申请，在优先权日起的 31 个月内，进入 UKIPO 程序。

4. 提交 EP 申请

在 EPO 提交一件申请，一旦获得 EPO 的授权，便可向每一个希望获得专利保护的成员国，包括英国，办理生效手续。

二、英国专利申请的程序简介❶

英国发明专利申请采用"早期公开、延迟审查"的方式，从申请到授权需要 2 ~ 4.5 年，发明专利权的有效期自申请日起算 20 年。外观设计专利申请，即新样式专利申请采用注册制，审查相对新颖性，有效期自申请日起算 25 年。

下面重点介绍英国发明专利申请的具体程序，如图 6-2 所示。

---

❶ GOV. UK. Patents［EB/OL］.［2024-07-10］. https：//www. gov. uk/business/patents.

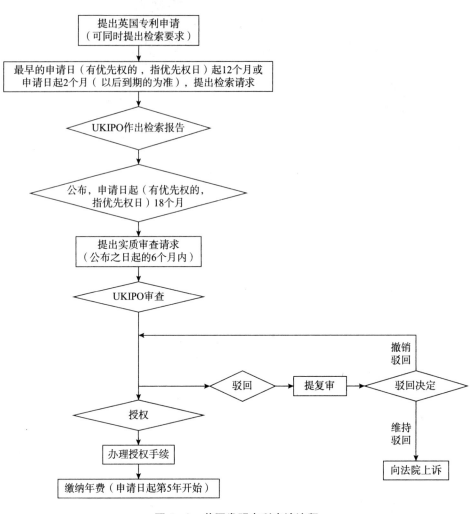

图 6 - 2 英国发明专利申请流程

1. 提出申请

英国发明专利申请可以纸件或者电子方式提交申请文件，包括说明书、权利要求书、附图、说明书摘要、请求书等。提交新申请时可以同时提交检索请求。在不同时提交检索请求的情况下，申请人必须在申请日起 12 个月内提交检索请求，以继续该申请。

如果申请人不是发明人，或者只是发明人之一，或者以公司名义作为申请人，则需要提交发明人声明，写明发明人信息，并且说明申请人有权利申请的理由，例如通过雇佣关系或转让合同方式获得申请权利。发明人声明可以在申请日（有优先权的，指优先权日）起 16 个月内补交。

收到申请后，UKIPO 会在 3 日内发出受理通知书，确认收到申请的日期并给出申请号。UKIPO 还会审查有关国家与公共安全的问题，法定不授予专利权的主题多涉及国防安全。❶ 目前，一般提交电子申请，UKIPO 会立即发出电子收据。

2. UKIPO 检索❷

自最早的申请日（有优先权的，指优先权日）起 12 个月或申请日起 2 个月（以后到期的为准）内，申请人要提交检索请求。

UKIPO 在收到申请人提交的检索请求之后，将检索已公开的现有技术，以确定该申请是否具有新颖性，或者是否显而易见，并将检索的文件副本发送给申请人。如果申请的某一处或某几处不符合形式要求，UKIPO 也会向申请人发出通知。从收到申请人的检索请求到得到检索结果，需要 3~4 个月。

3. 公布专利申请

如果专利申请符合英国专利法规定的形式要求，UKIPO 将在申请日（有优先权的，指优先权日）起的 18 个月内予以公布。

英国的发明专利申请与中国发明申请及欧洲（指定英国）一样，可在中国香港特别行政区转录香港标准专利。转录程序中相应的英国专利申请被称为指定专利申请。在 UKIPO 公开后 6 个月内，申请人应当向中国香港特别行政区知识产权署提出登记指定专利请求，同时提交 1 份已公开的指定专利申请的副本并缴纳登记请求费及公告费，费用约为 500 美元。

继上一阶段登记请求后，在指定专利申请被 UKIPO 批准公告的 6 个月内，申请人应当向中国香港特别行政区知识产权署提出注册与批予请求。提出注册与批予请求时，需提交已公告的该指定专利申请的证明副本并缴纳注册与批予请求费及公告费，费用约为 560 美元。中国香港特别行政区知识产权署形式审查完毕后，该申请即被批准并作为标准专利在中国香港特别行政区获得自指定专利申请日起 20 年的保护。

4. 实质审查请求和实质审查

申请人应在公布日起 6 个月内提出实质审查请求。

在收到申请人的实质审查请求之后，UKIPO 将对申请进行全面、细致的审查，以确定该申请的主题是否是一项发明；该申请的权利要求是否具有新颖性和创造性；该申请的说明书是否清楚、完整，能够使所属技术领域的技术人员实施；权利要求是否清楚、以说明书为依据等。

5. 英国专利授权

经过审查，如果专利申请符合英国专利法的形式和实质要求，UKIPO 将发出授权通知书，进入授权程序。

6. 缴纳年费

授权以后，从申请日的第 5 年起，缴纳年费。第 5 年年费为 70 英镑（约合人民币639.47 元❸），逐年递增，第 20 年年费为 610 英镑❹（约合人民币 5572.53 元）。

---

❶ 《英国专利法》第 22 条。

❷ GOV. UK. Apply for a patent［EB/OL］.［2024－07－10］. https：//www. gov. uk/patent－your－invention.

❸ 按 2024 年 6 月 6 日中国银行折算价 1 英镑 =9.1353 元人民币换算，下同。

❹ GOV. UK. Renew a patent［EB/OL］.［2024－07－10］. https：//www. gov. uk/renew－patent.

三、英国专利申请特色程序

根据 UKIPO 的官方说明，一般来说，英国专利申请从申请日（有优先权的，指优先权日）起 2～4 年获得授权。同时，UKIPO 提供了很多加快审查的程序。申请人还可以享受 UKIPO 独特的要求优先权制度。

1. 检索与审查相结合（Combined Search and Examination，CSE）的方案

一般来说，大部分申请人在收到 UKIPO 作出的检索结果后才提出实审请求，而如果申请人同时提交检索和实审请求，UKIPO 会同时进行检索和审查，发出检索与审查相结合的报告。这就大大提前了实质审查进行的时间，以助于早日获得授权。

申请人无须提供任何理由，只要同时提出检索和实审请求，即可享受此服务。通常，在提出检索和实审请求后的 3 个月内，申请人会收到检索与审查相结合的报告。

2. 加速检索和/或审查

一般情况下，UKIPO 会在收到检索请求的 6 个月内发出检索报告，如果申请人希望更快地得到检索报告（或者检索与审查相结合的报告），可以提出加速检索请求。在提交加速检索请求时，申请人要提供足够的理由，说明为什么该申请可以获得加速检索。申请人尽早提交检索请求也是 UKIPO 同意加速检索的考虑因素之一。较晚才提出检索请求，往往不利于申请人加速检索的请求获得批准。

申请人还可以提出加速审查请求。同样，申请人要提供足够的理由，说明为什么该申请可以获得加速审查。申请人可在任何时候提出加速审查请求，即便是在该申请被检索之前。如果提出加速审查请求时，该申请还未被检索，申请人可以提出加速检索与审查相结合的请求。

如果 UKIPO 同意加速检索、审查或者检索与审查相结合的请求，审查员会与申请人联系安排发出检索、审查或检索与审查相结合的报告的时间表。如果审查或检索与审查相结合得到加快，申请人在后续程序中也要尽快提交答复，以显示希望尽快授权的愿望。对于批准加速审查中 90% 的案件，UKIPO 争取在 2 个月内发出实质审查报告。

加速检索/审查有两种情形：一是发明关于"绿色"技术❶；二是对于其他技术领域的发明，UKIPO 会根据个案的实际情况来决定是否加速，比如申请人意识到有潜在侵权人，申请人希望加速授权来说服投资者，申请人希望通过专利审查高速路（PPH）在其他专利局使用 UKIPO 授权的结果，对于进入英国的 PCT 国际申请，该申请在国际阶段的初审报告或检索报告的书面意见已经给出比较正面的审查意见等。在这些情况下，UKIPO 一般有可能同意加速请求。

对于批准加速处理的申请，申请人最好在明显的位置标明"Urgent – Accelerated Processing Requested"，以便 UKIPO 的相关人员注意到该申请的状况，在各个环节都加速处理。如果申请人采取请求检索与审查相结合的方案请求提前公开，并且及时答复

---

❶ GOV. UK. Patents：accelerated processing［EB/OL］.（2019 – 12 –18）［2024 – 07 – 10］. https：//www. gov. uk/guidance/patents – accelerated – processing#green – channel.

审查报告，该申请最快有可能在申请日起 9 个月内获得授权。根据 UKIPO 官方提供的数据，采用检索与审查相结合的方案的申请中，审查周期最短的一个申请，从提交到获得授权历时仅 205 天。❶

图 6－3 展示了英国发明专利申请的加快程序。

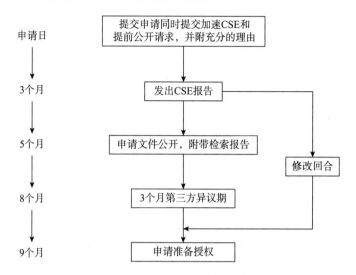

图 6－3　英国专利申请加速审查程序

3. 提前公开

大部分申请在申请日（有优先权的，指优先权日）起的 18 个月公开。为了加速授权，申请人可以提出提前公开请求。如果检索工作已经完成，UKIPO 会在收到提前公开请求的 6 周内公布申请。

4. 要求优先权

增加优先权（Late Claim）❷：如果已经提交新申请，申请日在优先权日的 12 个月内，但提交时并未要求优先权，可以在优先权日起的 16 个月内，要求增加优先权。

恢复优先权（Late Declaration）❸：在在先申请日的 14 个月内，可以在提交新申请的同时要求在先申请作为优先权基础。

---

❶ UK Intellectual Property Office. Patent processing time from filing to grant［EB/OL］.（2023－11－01）［2024－07－10］. https：//www. gov. uk/government/publications/patent－processing－time－from－filing－to－grant/patent－processing－time－from－filing－to－grant.

❷《英国专利法实施细则》第 6（2）条。

❸《英国专利法实施细则》第 7（2）条。

第二节 英国发明专利申请费用

一、英国专利申请官费

根据 2021 年 4 月最新生效的官费表，结合英国发明专利申请的程序，在申请阶段主要涉及的官费如表 6–1❶所示。其中人民币数额按照 2024 年 6 月 6 日中国银行折算价 1 英镑 = 9.1353 元人民币换算。

表 6–1 英国专利申请官费主要项目

费用名称	金额	
	英镑	人民币
申请费（电子提交，提交申请时缴费）	60	548.12
申请费（电子提交，提交申请后缴费）	75	685.15
申请费（纸件提交，提交申请时缴费）	90	822.18
申请费（纸件提交，提交申请后缴费）	112.5	1027.72
检索费（电子提交的，国际阶段已作检索的 PCT 国际申请）❷	120	1096.24
检索费附加费（电子提交的，国际阶段已作检索的 PCT 国际申请，权利要求超过 25 项，每项费用）	20	182.71
检索费（电子提交的，除国际阶段已作检索的 PCT 国际申请以外的申请）	150	1370.30
检索费附加费（电子提交的，除国际阶段已作检索的 PCT 国际申请以外的申请，权利要求超过 25 项，每项费用）	20	182.71
补充检索（电子申请）	150	1370.30
补充检索附加费（权利要求超过 25 项，每项费用）	20	182.71
检索费（纸件提交的，国际阶段已作检索的 PCT 国际申请）	150	1370.30
检索费附加费（纸件提交的，国际阶段已作检索的 PCT 国际申请，超过 25 项，每项费用）	20	182.71
检索费（纸件提交的，除国际阶段已作检索的 PCT 国际申请以外的申请）	180	1644.35

---

❶ GOV. UK. Patent forms and fees［EB/OL］.（2023 – 04 – 26）［2024 – 07 – 10］. http：//www. ipo. gov. uk/types/patent/p – formsfees. htm.

❷《英国专利法实施细则》第 6（2）条。

续表

费用名称	金额	
	英镑	人民币
检索费附加费（纸件提交的，除国际阶段已作检索的 PCT 国际申请以外的申请，超过 25 项，每项费用）	20	182.71
补充检索（纸件申请）	180	1644.35
14 个月内恢复优先权	150	1370.30
16 个月内增加优先权	40	365.41
提交发明人声明	0	0.00
实质审查费（电子提交）	100	913.53
实质审查费（纸件提交）	130	1187.59
授权费	0	0.00
第 5 年年费	70	639.47
第 6 年年费	90	822.18
第 7 年年费	110	1004.88
第 8 年年费	130	1187.59
第 9 年年费	150	1370.30
第 10 年年费	170	1553.00
第 11 年年费	190	1735.71
第 12 年年费	220	2009.77
第 13 年年费	260	2375.18
第 14 年年费	300	2740.59
第 15 年年费	360	3288.71
第 16 年年费	420	3836.83
第 17 年年费	470	4293.59
第 18 年年费	520	4750.36
第 19 年年费	570	5207.12
第 20 年年费	610	5572.53

二、英国代理机构收费

根据英国代理机构的标准报价，并结合机械、电子、化学 3 个领域随机抽取的专利申请案件的账单，英国代理机构的收费情况如表 6－2 所示。

表 6-2 英国代理机构收费统计

申请阶段	代理费项目	金额							
		最低		最高		中位数		平均	
		英镑	人民币	英镑	人民币	英镑	人民币	英镑	人民币
新申请阶段	准备和提交新申请、请求检索	350	3197.36	1230	11236.42	958	8751.62	838	7655.38
	转达公开文本	97	886.12	152	1388.57	105	959.21	115	1048.28
	本阶段总费用（不含翻译费）	447	4083.48	1382	12624.99	1063	9710.83	953	8703.66
实质审查阶段	实质审查请求	184	1680.9	437	3992.13	335.5	3064.89	323	2950.70
	转达及答复审查意见通知（一次）	600	5481.18	2103.5	19216.1	1055.5	9642.31	1148.71	10493.82
	本阶段总费用	784	7162.08	2540.5	23208.23	1391	12707.2	1471.71	13444.52
授权阶段	办理登记手续	127	1160.18	449	4101.78	197	1799.65	283	2584.87

第三节 英国专利申请的费用优惠

一、"专利盒"（Patent Box）税收制度❶

英国财政部于 2011 年 12 月 6 日公布《2012 年财政立法草案》，在有关知识产权管理规定的章节中明确提出建立"专利盒"税收制度，对企业实施专利商业活动所获利润征收 10% 的税，使企业保留因专利所生成的大部分收入，从而实现利润最大化。

"专利盒"制度针对的群体，指承担缴纳公司税（Corporation Tax，即所得税或法人税）责任、持有合格专利或其他形式合格知识产权且以多种渠道实施其专利的企业。鉴于制药、生命科学、制造和电子领域的专利产品收入占到总收入的 60%~70%，因此"专利盒"制度将尤为惠及上述领域的企业。该项政策适用于在英国使用、许可使用专利并缴税的企业。

"专利盒"制度是英国政府经济增长计划的组成部分，旨在激励企业加大技术创新

---

❶ GOV. UK. Use the Patent Box to reduce your Corporation Tax on profits［EB/OL］.（2020-05-07）［2024-07-10］. https：//www. gov. uk/guidance/corporation-tax-the-patent-box#full-publication-update-history.

方面的投入、保留和商业化现有专利，同时研发新的专利产品、阻止创新型企业的知识产权流出英国，以期获得在专利技术方面世界领先者的地位。

二、出台"调解服务"❶

UKIPO 于 2013 年 3 月 21 日出台"调解服务"。该服务旨在让小企业更快速且更经济地解决知识产权纠纷。新的"调解服务"将提供替代性解决方案，代替原本可能引发昂贵且长期法律诉讼的方案。这种服务将面向涉及知识产权纠纷但不希望通过费用高昂的法院诉讼体系解决问题的企业。新的机制将向企业提供各种各样的调解服务，包括短期电话会议、大量专家认证调解员以及调解费用优惠等。英国小企业对英国知识产权局出台现代化、能够更好满足小企业需求的"调解服务"表示支持。

三、One IPO 转型计划❷

2021 年 4 月，UKIPO 发布启动一项名为"One IPO Transformation Programme"的转型计划，对其知识产权服务、系统和流程进行全面改革，以充分利用现代数字技术。该计划的核心是针对多种知识产权（专利、商标和外观设计）建立一个综合系统，为客户提供快速、灵活、高质量的服务；按照计划，专利、商标和外观设计将分别于2024 年、2025 年和 2026 年加入 One IPO 系统。

英国政府的一系列举措，为企业尤其是中小企业带来了创新的动力和发展的活力。这些措施将有助于鼓励企业进行创新，同时让它们对未来充满信心。

第四节　在英国申请专利时的费用节省策略

为了帮助中国申请人节省专利申请费用、提高申请效率，本节将介绍一些向英国申请专利过程中需要注意的方面。

一、合理选择英国申请还是欧洲申请

英国专利申请，从申请到授权产生的基本官费（主要是申请费、检索费、审查费）为 310～422.5❸英镑（合人民币 2831.9～3859.7 元），官费项目简单，没有权利要求、说明书等附加费，远低于欧洲专利申请所产生的官费；同时，英国律师办理英国申请和欧洲专利申请的小时率是相同的。因此，如果中国企业的目标国家只有英国，或者

❶ GOV. UK. Red tape cut for small businesses with intellectual property disputes ［EB/OL］. （2023 – 05 – 21）［2024 – 07 – 10］. https：//www. gov. uk/government/news/red – tape – cut – for – small – businesses – with – intellectual – property – disputes.

❷ Intellectual Property Office. One IPO Transformation Prospectus ［EB/OL］. （2022 – 04 – 21）［2024 – 07 – 10］. https：//www. gov. uk/government/publications/one – ipo – transformation – prospectus/one – ipo – transformation – prospectus.

❸ GOV. UK. Apply for a patent ［EB/OL］. ［2024 – 07 – 10］. https：//www. gov. uk/patent – your – invention/apply – for – a – patent.

少于等于 3 个欧洲国家，建议直接向英国和其他国家的专利局提交申请，以节省费用。

二、善用各种加快审查程序❶

在全球专利改革中，英国处于领先地位。UKIPO 致力于消除专利案件积压，并且完成了 90% 的案件在 4 个月内作出检索报告的目标。UKIPO 还为要求加快审理其案件的申请人开辟"绿色通道"，主要针对"绿色"技术以及环保类技术。UKIPO 的"绿色通道"制度已被包括美国、日本和韩国在内的很多国家所引进。

除了"绿色通道"，UKIPO 还可以提供多种途径来加速专利审查，包括 PCT 快速通道、PPH。

1. 绿色通道

专利申请的绿色通道于 2009 年 5 月 12 日开始实施。如果专利申请有益于环境，那么申请人可以提出加速处理该专利申请的绿色通道请求。绿色通道的服务是免费的。

在请求绿色通道时，需要提交书面请求，说明以下事项：①该申请如何对环境有益；②哪些操作需要加快，包括检索、审查、合并检索和审查和/或专利申请公布。

2. PCT（UK）快速通道

PCT（UK）快速通道于 2010 年 5 月正式开通。PCT（UK）快速通道的服务针对进入国家阶段的国际专利申请，该国际专利申请的权利要求的可专利性需要在国际初步审查报告或国际检索单位的书面意见中被认可。PCT（UK）快速通道的服务是免费的。

申请 PCT（UK）快速通道时，需要在 UKIPO 开始实质审查之前以书面方式提出请求。进入 PCT（UK）快速通道的专利申请需要与被国际初步审查报告或国际检索单位认可的国际专利申请一致，特别是其权利要求的保护范围应当与已被认可的国际专利申请权利要求的范围一致或更窄。在进入 PCT（UK）快速通道获得批准之后，通常会在 2 个月内作出实质审查报告。

3. PPH

根据 PPH 协议，如果专利申请的权利要求在第一个知识产权局被发现可接受，那么申请人可以在第二个知识产权局请求相应专利申请的加快审查。PPH 可以使在后审查的知识产权局有效利用由其他知识产权局已经进行的相关审查工作，提高在后审查的知识产权局的审查效率和质量，加快专利授权。本书将开设 PPH 专章进行详细介绍。

2014 年 7 月 1 日，中英双边 PPH 试点项目开始。自 2016 年 7 月 1 日起，该试点项目已被无限期延长。此外，英国与巴西和乌拉圭均签署了双边 PPH 协议。英国也是全球 PPH 项目（Global PPH program）的缔约方。英国的 PPH 服务是免费的。由于英国的审查速度较快，中国申请人可以考虑利用英国的审查结果，通过 Global PPH program 或英国与其他国家的双边 PPH 协议，加快同族专利在其他目标国的授权，从而综合节约海外布局成本。

---

❶ GOV. UK. Patents：accelerated processing［EB/OL］.（2019 – 12 – 18）［2024 – 07 – 10］. https：//www. gov. uk/guidance/patents – accelerated – processing.

第七章

德 国

德国是全球第四大经济体和欧洲最大的经济体。根据德国联邦统计局的数据，2022 年中德双边贸易额达 2980 亿欧元，同比增长 21%，中国连续七年成为德国最重要的贸易伙伴。可见，一旦我国企业准备进入欧洲市场，德国通常是首选之地。

德国一直是全球知识产权保护和创新活动的重要国家，专利申请数量通常位居全球前五名之列。2023 年，德国专利商标局（DPMA）共受理 58656 件发明专利申请，较 2022 年增加了 2.5%。其中，国内申请人提交了 38469 件，增加了 3.4%；国外申请人提交了 20187 件发明专利申请，较 2022 年略有增加。2023 年，DPMA 共受理 9709 份实用新型专利申请，较 2022 年增长了 2.5%。增长原因是来自中国的申请数量大幅上升。❶ 海外申请主要来自中国（1558 件）、印度（511 件）、美国（352 件）。

为了方便中国申请人在德国进行科学的专利布局，在此介绍一下德国专利申请的基本程序以及相关费用。

第一节　德国专利申请程序

一、专利进入德国的途径

目前，中国申请人在德国申请专利的途径主要有《巴黎公约》途径和 PCT 途径两种，每一种又细分为两种途径，即《巴黎公约》- 德国专利途径、《巴黎公约》- 欧洲专利途径、PCT - 德国专利途径、PCT - 欧洲专利途径。可见，中国申请人通常有 4 种途径向德国申请专利。

---

❶ DPMA. Jahresstatistik 2023：Zahl der Patentanmeldungen beim Deutschen Patent - und Markenamt gestiegen - DPMA - Präsidentin：Ermutigendes Zeichen in wirtschaftlich schwieriger Zeit - Boom bei einigen Digitaltechnologien und Elektromobilität - Auch Markenanmeldungen steigen wieder ［EB/OL］. （2024 - 03 - 05）［2024 - 06 - 24］. https：// www. dpma. de/service/presse/pressemitteilungen/05032024/index. html.

1.《巴黎公约》途径

申请人可以基于在先提交的专利申请自优先权日起 12 个月内向 DPMA 提交相应的专利申请(《巴黎公约》– 德国专利途径),依据德国国内法获得德国专利;或者申请人基于在先提交的专利申请自优先权日起 12 个月内向 DPMA 提交欧洲专利申请(《巴黎公约》– 欧洲专利途径),依据 EPC 获得欧洲专利授权,然后指定德国作为欧洲专利的生效国。后者获得的指定德国的欧洲专利和直接在德国申请的德国专利在效力上完全一致。

当然,在经过保密审查之后,申请人也可以直接向 DPMA 或者 EPO 提交专利申请,但是这种做法由于放弃了 12 个月的优先权考虑与准备时间,导致专利撰写成本等大幅上升,在当前专利实践中较少为申请人所采用。

2. PCT 途径

经 PCT 途径在德国获得专利授权细分为两种途径,申请人可以直接在完成 PCT 国际申请后进入德国国家阶段,通过 DPMA 授予德国专利(PCT – 德国专利途径),或者直接在完成 PCT 国际申请后向 EPO 提交专利申请,通过 EPO 授予欧洲专利,然后指定德国为生效国家(PCT – 欧洲专利途径)。

PCT 阶段的所有程序都可以由有权被选择为专利接受部门的国家或地区专利局的代理人来执行。如果申请人不是缔约国的国民或者侨民,那么除了登记以外的涉及专利局的程序,都必须由欧洲专利律师来代理。各国国家专利局的确认程序必须由该国家专利局授权的代理人来执行。

图 7-1 直观地说明了申请人在德国获得专利保护的各种途径。

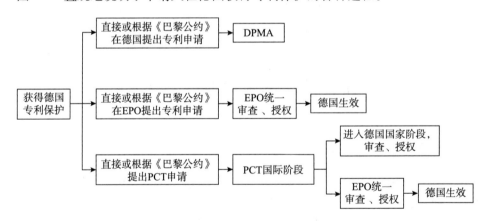

图 7-1　专利申请进入德国的途径

二、德国专利申请程序简介❶

图 7-2 展示了德国专利申请的主要流程。

---

❶ DPMA. Patents [EB/OL]. (2022 – 03 – 02) [2024 – 06 – 24]. https://www.dpma.de/english/services/forms/patents/index.html.

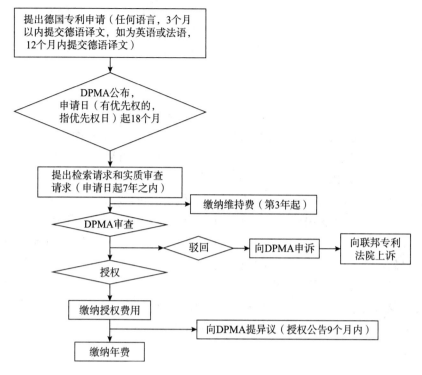

图7-2　德国专利申请流程

1. 提出申请❶

申请人可以任意语言向 DPMA 提出申请，如果提出申请的语言是英文或者法文，那么可以在申请日起 12 个月内但不晚于优先权日起 15 个月内提交经过律师（lawyer）、专利律师（patent attorney）或者官方授权的译者证明的德语译文。如果提出申请的语言是中文或其他语言，那么可以在申请日起 3 个月内提交上述德语译文。如果没有如期提交德语译文，所交申请会被视为未提交。所提交的申请文件包括请求书、说明书、权利要求、摘要，以及必要时的附图等。❷

2. 公布专利申请

DPMA 将于自申请日（有优先权的，指优先权日）起 18 个月内公布专利申请。

3. 提出检索请求和实质审查请求

检索请求只能由申请人提起。请求应当以书面形式提起。

申请人可以在提出实质审查请求之前提出单独的检索请求，DPMA 将会告诉申请人哪些文献将会与评价可专利性相关。

实质审查请求可由申请人或者任何第三人在申请日起 7 年内提出，但第三人不参

---

❶ DPMA. Richtlinien für die Prüfungvon Patentanmeldungen［EB/OL］.（2022 - 03 - 07）［2024 - 07 - 10］. https：//www. dpma. de/docs/formulare/patent/p2796. pdf.

❷ DPMA. Erfindung deutlich und präzise darstellen［EB/OL］.（2024 - 01 - 09）［2024 - 07 - 10］. https：//www. dpma. de/patente/anmeldung/index. html.

与审查程序。根据德国专利费用法，审查费用的支付期限可延至到期支付日起 3 个月内。但在提实审期限届满时，该支付期限也届满。

检索请求可以先于实质审查请求提出，也可以同时提出。分开提出的，检索官费为 300 欧元，审查官费为 150 欧元；同时提出检索和审查的，合计官费为 350 欧元。[1]

4. 实质审查程序

通常在提出实质审查后 1～3 年内，申请人会收到 DPMA 的审查意见。在答复审查意见时，申请人通常是针对审查员的意见进行辩驳或修改申请文件，还有机会参加在 DPMA 举行的会晤程序。当申请被驳回时，申请人有权向 DPMA 进行申诉。

5. 德国专利授权以及授权后的程序

当审查通过后，DPMA 将发出授权通知书，任何人可以在德国专利授权公告 9 个月之内提异议。[2] 在异议程序中，异议申请人可以阐述专利不符合专利法规定的原因（比如缺乏新颖性、创造性、要求获得保护的范围超出了原始申请所披露的范围等），DP-MA 在了解异议申请人和专利权人的观点之后，会作出维持或（全部或部分）撤销专利的决定。当然，对异议程序的结果不满意的话，异议申请人或专利权人还可以上诉到德国联邦专利法院。如果没有异议，那么所公布的专利在异议期届满时有效。

此外，专利权人任何时候都可以申请限制或撤销专利。限制和撤销的最终决定由 DPMA 作出。

即使在 9 个月的提交异议期限结束之后，任何人仍然可以向德国联邦专利法院提起专利无效诉讼程序，德国联邦专利法院在了解无效起诉人和专利权人的观点之后，会判定维持专利或撤销专利（全部或部分）。但在德国联邦专利法院的无效诉讼程序的费用一般会比在 DPMA 的异议程序的费用高得多。

6. 年费

从申请递交的第 3 年开始，每年必须缴纳年费来维持权利的有效性。随着时间往后推移，年费也逐步增加。目前，德国专利的官方年费为从第 3 年的 70 欧元逐步增长到第 20 年的 2030 欧元。[3]

三、德国专利申请特色程序

1. 国内优先权制度[4]

从表 7-1 可以看出：在不改变申请类别的情况下，所提出的在后申请如果要求享有在先申请的优先权，在先申请将视为撤回；在改变申请类别的情况下，所提出的在后申请如果要求享有在先申请的优先权，在先申请不视为撤回。也就是说，申请人不

[1] DPMA. Patent fees [EB/OL]. (2024 - 07 - 02) [2024 - 07 - 10]. https：//www. dpma. de/english/services/fees/patents/index. html.

[2] DPMA. Einspruch und Nichtigkeit [EB/OL]. (2023 - 02 - 08) [2024 - 06 - 24]. https：//www. dpma. de/patente/einspruch_nichtigkeit/index. html.

[3] DPMA. Kostenmerkblatt [EB/OL]. (2022 - 07 - 01) [2024 - 06 - 24]. https：//www. dpma. de/docs/formulare/allgemein/a9510. pdf.

[4] 李洁. 德国实用新型保护制度的新发展 [J]. 知识产权，1993 (1)：44 - 47.

仅可以享受与《巴黎公约》优先权效力相同的国内优先权，而且可以通过这一制度，实现对发明专利申请和实用新型专利申请的互相转换。申请人还可以利用实用新型登记制简便、迅速和经济的特点，就相同主题的申请，首先获得实用新型保护权，从而加强对自身的保护。

表 7 - 1　在德国提出国内优先权要求时在后申请对在先申请的影响

项目	情况一	情况二	情况三	情况四
在先申请	发明专利申请	实用新型申请	发明专利申请	实用新型申请
在后申请	发明专利申请	实用新型申请	实用新型申请	发明专利申请
在后申请对在先申请的影响	视为撤回	视为撤回	不视为撤回	不视为撤回

2. 实用新型制度❶

（1）分支实用新型专利申请制度❷

德国实用新型制度的亮点是"分支实用新型专利申请"制度。分支实用新型专利申请制度规定，自发明专利申请的申请日起至发明专利申请结案（或异议程序结束）后的 2 个月内但最长不得超过自发明专利申请的申请日起 10 年，发明专利申请人均可就相同主题提出一个实用新型专利申请，该实用新型专利申请享受在先发明专利申请的申请日。这里所述的发明专利申请结案，是指发明专利申请在申请日后，被驳回、已撤回或已授权。因为规定中的实用新型专利申请实际上是从一个在先的主题相同的发明专利申请中分支出来，所以德国专利界将其称为"分支实用新型专利申请"。

（2）实用新型专利请求检索制度❸

德国对实用新型专利申请实行登记制，即对申请人提出的实用新型专利申请不进行检索和"新颖性、创造性和实用性"审查，只要符合形式要求，并属于实用新型专利保护范围，即予以登记和公告。

为了弥补登记制对实用新型专利申请专利不作实质审查的不足和提高实用新型专利保护权的法律稳定性，1986 年德国立法者在修订实用新型法时，增加了请求检索条款，规定实用新型专利申请人和第三人均可向 DPMA 提出对实用新型专利申请和已登记的实用新型请求检索。对检索未规定期限，即在提出实用新型申请时、登记程序中或登记程序后均可提出检索请求。

当申请人在递交实用新型专利申请的同时提出请求检索时，实用新型登记程序并不因此而中止。如果申请人希望在登记前先获得检索结果，以便在获得检索结果后决

---

❶　DPMA. Gebrauchsmuster［EB/OL］.（2019 - 09 - 03）［2024 - 07 - 10］. https：//www. dpma. de/gebrauchsmuster/index. html.

❷　DPMA. Abzweigung eines Gebrauchsmusters aus einer Patentanmeldung［EB/OL］.（2021 - 03 - 05）［2024 - 07 - 10］. https：//www. dpma. de/gebrauchsmuster/anmeldung/abzweigung/index. html.

❸　DPMA. Richtlinien für die Durchführung der Recherche nach § 7 GebrMG［EB/OL］.（2015 - 03 - 31）［2024 - 07 - 10］. https：//www. dpma. de/docs/formulare/gebrauchsmuster/g6183. pdf.

定是否继续登记程序，可以请求中止登记程序。登记程序的中止时间不得超过自申请日起 15 个月。

请求检索制度对申请人的好处在于：①申请人可以在提出实用新型专利申请时，提出请求检索，在获得检索报告后，再决定是否进行登记，以避免花费精力登记"表面权利"；②在实用新型专利登记后，申请人可通过请求检索，以判断其实用新型专利保护权的法律稳定性，从而在许可贸易谈判或侵权纠纷中，做到心中有数，采取主动对策。

3. 延期授权制度

依申请人的请求，DPMA 可以推迟 15 个月发出授权决定，该期限自递交申请之日起算，要求优先权的，自优先权日起算。

第二节　德国专利申请费用

一、德国专利申请官费❶

结合德国专利申请的程序，德国发明专利申请的各主要阶段涉及的官费如表 7 - 2 所示；德国实用新型专利申请的官费如表 7 - 3 所示。其中人民币数额按照 2024 年 6 月 6 日中国银行折算价 1 欧元 = 7.7664 元人民币换算。

表 7 - 2　德国发明专利申请官费一览表

阶段	费用名称（对发明而言）	金额	
		欧元	人民币
新申请阶段	专利申请费（电子提交，权利要求不超过 10 项）	40	310.66
	专利申请费（纸件提交，权利要求不超过 10 项）	60	465.98
	权利要求附加费（超过 10 个，电子）	20/项	155.33/项
	权利要求附加费（超过 10 个，纸件）	30/项	232.99/项
申请提交后	发明专利转为实用新型专利申请费用	30	232.99
	审查阶段		
	检索费	300	2329.92
	实质审查费（已提检索请求）	150	1164.96
	实质审查费（未提检索请求）	350	2718.24

---

❶ DPMA. Patent fees［EB/OL］.（2024 - 07 - 02）［2024 - 07 - 10］. https：//www.dpma.de/english/services/fees/patents/index.html.

续表

阶段	费用名称（对发明而言）	金额	
		欧元	人民币
缴纳维持费或年费阶段	第 3 年年费	70	543.65
	第 4 年年费	70	543.65
	第 5 年年费	100	776.64
	第 6 年年费	150	1164.96
	第 7 年年费	210	1630.94
	第 8 年年费	280	2174.59
	第 9 年年费	350	2718.24
	第 10 年年费	430	3339.55
	第 11 年年费	540	4193.86
	第 12 年年费	680	5281.15
	第 13 年年费	830	6446.11
	第 14 年年费	980	7611.07
	第 15 年年费	1130	8776.03
	第 16 年年费	1310	10173.98
	第 17 年年费	1490	11571.94
	第 18 年年费	1670	12969.89
	第 19 年年费	1840	14290.18
	第 20 年年费	2030	15765.79
	补充保护证书申请	300	2329.92
	第 1 年的补充保护证书维持费	2920	22677.89
	第 2 年的补充保护证书维持费	3240	25163.14
	第 3 年的补充保护证书维持费	3620	28114.37
	第 4 年的补充保护证书维持费	4020	31220.93
	第 5 年的补充保护证书维持费	4540	35259.46
	第 6 年的补充保护证书维持费	4980	38676.67
	年费滞纳金	50	388.32

表7-3　德国实用新型专利申请官费一览表

阶段	费用名称（对实用新型而言）	金额	
		欧元	人民币
申请阶段	实用新型专利申请费（电子提交）	30	232.99
	实用新型专利申请费（纸件提交）	40	310.66
	检索费	250	1941.60
缴纳维持费或年费阶段	第4~6年的年费	210	1630.94
	第7~8年的年费	350	2718.24
	第9~10年的年费	530	4116.19
	年费滞纳金	50	388.32
	继续处理费	100	776.64
	撤销实用新型专利申请的基本费用	300	2329.92

二、德国代理机构收费

1. 德国代理机构收费统计

根据德国代理机构的标准报价，并结合机械、电子、化学3个领域随机抽取的专利申请案件的账单，德国代理机构的收费情况见表7-4。

表7-4　德国代理机构收费统计

申请阶段	代理费项目	金额				
		最低	最高	中位数	平均	
		欧元	欧元	欧元	欧元	人民币
新申请阶段	准备和提交新申请	1330	6598	2250	2912	24528.94
	请求审查	85	220	165	178	1499.37
	本阶段总费用（不含杂费）	1415	6818	2415	3089	26019.88
实质审查阶段	转达、准备和答复审查意见或口审（如发生）	340	3222	1106	1363	11481.09
	本阶段总费用（假定发生两轮）	680	6444	2212	2725	22953.77
授权阶段	转达授权通知、转达专利证书	130	300	290	242	2038.46

2. 德国代理机构人员小时费率

表7-5是针对上述德国专利申请案件的账单统计作出的德国代理机构人员小时率统计。

表7-5　德国代理机构人员小时率参考数值

申请阶段	人员	小时费率			
		范围		平均	
		欧元	人民币	欧元	人民币
新申请阶段、实质审查阶段、授权阶段	合伙人	380~420	3200~3538	400	3369.36
	代理人/专利律师	340~380	2864~3200	360	3032.42
	助理	320~360	2695~3032	340	2863.96

需要说明的是，这里的合伙人、代理人/专利律师以及助理的小时费率范围比较大，这是因为小时费率与事务所的规模、所涉及人员的工作经验、所掌握的技能、所涉及案件的性质与复杂程度等相关。

第三节　德国专利申请的费用优惠

一、年费减免

根据《德国专利法》第23条，如果专利申请人或者在DPMA登记的专利权人以书面方式向DPMA声明，将允许任何人在支付合理补偿的情况下使用其发明的，在DPMA收到该声明后，应当减半收取应到期的年费。该宣告需登记并公告在专利公报中。

另外，根据《德国专利法》第16a条的规定，德国专利在20年保护期限届满后可要求延长保护期限，在此期间需要缴纳补充保护证书维持费，该补充维持费同样在符合第23条规定的情况下费用减半。

可见，如果专利权人提交了前述允许任何人在支付合理补偿的情况下使用其发明的声明之后，所有的年费以及补充保护证书维持费也将减半。

二、政府的扶助政策

根据《德国专利法》第129条的规定，在DPMA、德国专利法院和德国联邦最高法院的各项程序中，依据该法第130~138条的规定，当事人可以获得费用减免。

1. 《德国专利法》的相关规定

第130条

（1）在专利授权程序中，有充分的授权前景的，申请人参照民事诉讼法第114~116条的规定提出申请的，可以获得费用减免。申请人或者专利权人可根据第17条的规定申请年费减免。

（2）获得费用减免的，则不发生因未缴纳该项费用而导致的法律后果。此外，参照适用民事诉讼法第122条第（1）款的规定。

（3）数人共同申请专利的，只有所有申请人均符合第（1）款规定的条件，才可以获得费用减免。

（4）申请人不是发明人或者其权利继受人的，只有发明人也符合第（1）款规定的条件，申请人才可以获得费用减免。

（5）为了排除民事诉讼法第115条第（4）款❶关于限制给予费用减免的规定的适用，费用减免的请求可以要求减免必要年份的年费。专利授权程序费用，包括指派一名代理人所产生的费用，被已经支付的分期付款所覆盖的，该分期付款的款项可以抵销年费。只要年费因分期付款而可视为已支付的，参照适用专利费用法第5（2）条的规定。

（6）第三人证明自己有需要保护的利益而提出费用减免申请的，第（1）~（3）款的规定参照适用于专利法第44条规定的情况。

第131条

在限制或撤销专利权的程序（第64条）中，参照适用第130条第（1）款、第（2）款和第（5）款的规定。

第132条

（1）在异议程序（第59~62条）中，参照民事诉讼法第114~116条、第130条第（1）款第二句、第（2）款、第（4）款和第（5）款的规定，专利权人可以申请获得费用减免。就此不需要考虑法律抗辩是否有足够的获胜前景。

（2）若证明自己有值得保护的利益，第（1）款第一句的规定适用于异议人、依据第59条第（2）款的规定参加程序的第三人、专利无效宣告程序和强制许可程序的当事人（第81条、第85条和第85a条）。

第133条

若委托代理人对程序顺利进行是必要的或者对方当事人委托了专利代理人、专利律师或者授权代理人，依据第130~132条获得费用减免的当事人可以申请指派由其选定的专利代理人、专利律师代表其出庭，或者直接要求其授权的代理人出庭。参照适用民事诉讼法第121条第（4）款和第（5）款的规定。

第134条

在缴纳费用的法定期限届满前依据第130~132条的规定申请费用减免的，在依申请作出的裁定送达后1个月内，该期限中断。

第135条

（1）应当以书面形式向DPMA、专利法院或者德国联邦最高法院提出费用减免申请。在第110条和第122条规定的程序中，可以在德国联邦最高法院书记处留存笔录的方式提出申请。第125a条参照适用。❷

（2）对费用减免申请，由有权的机关作出决定。

---

❶ 参见：https：//www. gesetze－im－internet. de/patg/__130. html。

❷ 参见：https：//www. gesetze－im－internet. de/patg/__135. html。

（3）除专利部门作出拒绝费用减免或者依据第 133 条作出拒绝指派代理人的裁定外，对依据第 130～133 条作出的决定不得提出上诉；也不得向德国联邦最高法院提起法律上诉。民事诉讼法第 127 条第（3）款的规定参照适用于专利法院的诉讼程序。

第 136 条

适用民事诉讼法第 117 条第（2）～（4）款、第 118 条第（2）～（3）款、第 119 条、第 120 条第（1）款和第（3）款、第 120a 条第（1）～（2）款和第（4）款以及第 124 条和第 127 条第（1）～（2）款的规定。在适用第 127 条第（2）款时，申诉程序的提起与诉讼标的的价值无关。异议程序、宣告专利权无效程序或者强制许可程序（第 81 条、第 85 条和第 85a 条），也适用民事诉讼法第 117 条第（1）款第二句、第 118 条第（1）款、第 122 条第（2）款、第 123 条、第 125 条和第 126 条的规定。❶

第 137 条

以转让、使用、许可或者以其他方式对已经给予费用减免的申请保护或者授予专利的发明进行经济上的利用，从中获取的收益改变了批准费用减免所依据的情况，使得当事人有能力缴纳程序费用的，可以停止给予费用减免；在民事诉讼法第 124 条第（1）款第 3 项规定的期限届满后，也适用该规定。获得费用减免的当事人有义务向批准费用减免的机关通报该发明进行经济利用的情况。

第 138 条

（1）法律上诉（第 100 条）程序中，依当事人申请，可以参照适用民事诉讼法第 114～116 条的规定下，批准费用减免。

（2）当事人应当向德国联邦最高法院递交书面的费用减免申请书，也可以在德国联邦最高法院书记处留存笔录的方式提出申请，由德国联邦最高法院对申请作出决定。

（3）此外，参照适用第 130 条第（2）款、第（3）款、第（5）款和第（6）款，以及第 133 条、第 134 条、第 136 条和第 137 条的规定，但获得费用减免的当事人，仅能在一名可在德国联邦最高法院出庭的律师代理下进行诉讼。

2. 政府扶助的获得与撤销

总结第 130～138 条的内容可知，如果申请人的相关申请有充足的获得授权的希望，该申请人能够证明其个人以其经济条件妨碍其支付申请费，那么该申请人可以在请求的情况下获得法律援助。如果是多个申请人的话，每个申请人都应该满足上述条件。

根据请求，法律援助也能够包括支付年费。法律援助也能够适用于 DPMA 和德国法院中的其他程序。

法律援助在专利的商业性开发或者可用收入增加后的某些情况下可以撤销。

获得法律援助的申请人可以在请求的前提下被分派一位其选择好的准备代理其专

---

❶ 参见：https：//www. gesetze－im－internet. de/patg/__136. html。

利的律师或者代理人或者代理证书持有者，后者需要申请人说明这种分派对于适当处理授权程序是必须的，即申请人必须对必要性作出解释。申请人也可考虑请求 DPMA 提供信息及帮助。如果申请人无法自行选择合适的代理人，那么在申请人请求的前提下，DPMA 会指派一位代理人。

总体说来，德国关于官费的减免与向 DPMA 展示请求人的经济困难是息息相关的。在实际操作中，只有很少的费减请求被批准。

第四节　德国申请专利的费用节省策略

与欧洲专利申请相比而言，德国专利申请期间的官费相对较低，并设有专门针对个人、中小企业以及科研院所的费用减免措施。

一、从程序入手节省费用

1. 综合考虑提出检索请求和实质审查请求的时机

综合考虑提出检索请求和实质审查请求的时机可以分为两种情况：第一种情况，申请人根据已有的检索结果，在对自己申请的专利有信心的情况下，可以同时提出检索请求和实质审查请求，这样能够适当节省相应的官费和代理费用；第二种情况，申请人想要先判定所提交的专利申请在德国是否有授权前景，那么可以仅仅提出检索请求，视检索报告的结果对专利性的影响而决定是否提出实质审查请求。如果根据检索结果而对所提申请的专利性没有信心，那么可以不提出实质审查请求，从而能够节省提出实质审查请求的费用。

2. 善用年费减免政策

德国专利年费随着保护年限的增加而逐步增加，例如到第 20 年的时候维持费可达2030 欧元（约合人民币 15765.80 元❶）。根据申请人自己的专利保护策略，对于某些专利申请，专利权人可以在申请或者登记过程中书面向 DPMA 宣称任何人都可以在支付合理补偿费的情况下使用其所拥有的专利，在这种情况下年费将会减半，从而相应地缩减费用。

3. PCT - 德国专利途径

针对经 PCT - 德国专利途径进入德国国家阶段的专利申请，如果以 DPMA 为 PCT 国际申请受理局的话，将不需要支付申请费。此外，如果已经作出国际检索报告，实质审查费也会相应地减少（减少 200 欧元，约合人民币 1553.28 元）。

二、实体方面的费用节省策略

1. 权利要求项数

在撰写权利要求书时，由于权利要求超过 10 项会产生授权权利要求附加费，可以

---

❶ 按照 2024 年 6 月 6 日中国银行折算价 1 欧元 =7.7664 元人民币换算，下同。

限制权利要求的数量小于等于 10 项，德国专利法允许多项从属权利要求引用多项从属权利要求，提交专利申请前，可以适配权利要求的引用关系，以充分利用这一许可。

2. 分支实用新型专利申请

如前面介绍的那样，根据德国的"分支实用新型专利申请"制度，在德国可以将发明专利申请变更为实用新型专利申请，且德国对实用新型专利申请实行登记制，即对申请人提出的实用新型申请不进行检索和"新颖性、创造性及实用性"审查，因此，在收到针对发明专利申请的驳回决定后，申请人在认为该发明专利申请的授权前景渺茫，或者即使授权，其保护范围也非常狭窄时，可以考虑在规定期限内将发明专利申请变更为实用新型专利申请，以便获得实用新型专利授权。

第八章

法　国

法国是世界上最早建立知识产权制度的国家之一，其第一部专利法诞生于法国大革命时期的 1791 年，第二部专利法在 1884 年产生，法国在 1968 年通过的第三部专利法确定了现代专利体系。法国在 20 世纪 90 年代制定了《法国知识产权法典》。为应对 21 世纪的现实和挑战，法国在 2019 年 5 月 22 日颁布了《企业发展与转型法》（PACTE 法案），对《法国知识产权法典》进行了修订，其中包括在知识产权领域对专利进行的多方面改革。PACTE 法案为法国专利法带来了实质性的变化，如增加了对专利申请的创造性审查、修改异议程序、临时申请、实用证书保护期等。

1964 年，法国成为第一个同新中国正式建交的西方大国。目前，法国是中国在欧盟第三大贸易伙伴，中国则是法国在全球的第四大贸易伙伴。2023 年，中法双边贸易额为 789 亿美元，其中，中国对法国出口 416 亿美元，自法国进口 373 亿美元，同比增长 5.5%。据商务部统计，截至 2023 年底，法国累计对中国直接投资 216.4 亿美元，在欧盟成员国中规模次于德国和荷兰。当前，法国对中国投资主要聚焦化妆品、农食品、氢能以及航空航天等领域。截至 2023 年底，中国对法国直接投资存量为 48.4 亿美元，主要领域包括制造业、信息技术、交通运输、银行、酒店、旅游等。近年来中国企业在新能源领域积极与法国开展合作，参与法国"欧洲电池谷"建设。❶ 根据 WIPO 最新的统计数据，2019 年中国申请人在法国提交专利申请 113 件，2020 年专利申请量为 114 件，2021 年专利申请量为 122 件。❷

在中国政府鼓励创新与专利申请并加快实施"走出去"战略的推动下，中国企业加快了在全球的专利布局。为了方便中国申请人在法国进行科学的专利布局，本章针对法国申请专利的基本程序、相关费用、法国政府的扶助措施以及如何节约成本进行探讨。

---

❶ 佚名. 法国成为我国在欧盟第三大贸易伙伴 ［EB/OL］. （2024 - 05 - 10）［2024 - 07 - 11］. http：//chinawto. mofcom. gov. cn/article/e/r/202405/20240503508642. shtml.

❷ 参见：https：//www3. wipo. int/ipstats/ips - search/search - result?type = IPS&selectedTab = patent&indicator = 21&reportType = 15&fromYear = 1980&toYear = 2022&ipsOffSelValues = FR&ipsOriSelValues = CN&ipsTechSelValues = 。

第一节 法国专利申请程序

一、专利申请进入法国的途径

目前，除了直接向法国或 EPO 递交专利申请，中国申请人在法国申请专利的常用途径主要有《巴黎公约》途径和 PCT 途径这两种，其中前者又细分为《巴黎公约》-法国专利途径、《巴黎公约》-欧洲专利途径。与德国等其他欧洲国家不同，法国（此外还有比利时、塞浦路斯、希腊、爱尔兰、立陶宛、拉脱维亚、摩纳哥、马耳他、荷兰、斯洛文尼亚以及圣马力诺）❶ 采用了 PCT 第 45（2）条的规定，所以在 PCT 申请中即使指定了法国，PCT 国际申请也不可以直接进入法国国家阶段，而是必须指定欧洲，待 EPO 审查授权后，才能选择在法国生效。因此，本章将具体在考虑申请的程序、费用、时间、代理和翻译等因素的情况下对以上申请途径进行比较和分析，尝试为中国申请人在法国申请专利提供可行性建议。

1.《巴黎公约》途径

申请人可以基于在先提交的专利申请自优先权日起 12 个月内向法国国家工业产权局（FR INPI）提交相应的专利申请（《巴黎公约》-法国专利途径），依据法国国内法获得法国专利；或者申请人基于在先提交的专利申请自优先权日起 12 个月内向 FR INPI 提交欧洲专利申请（《巴黎公约》-欧洲专利途径），依据 EPC 获得欧洲专利授权，然后指定法国作为欧洲专利的生效国。后者获得的指定法国的欧洲专利和直接在法国申请的法国专利在效力上完全一致。

当然，在经过保密审查之后，申请人也可以直接向 FR INPI 或者 EPO 提交专利申请，但是这种做法由于放弃了 12 个月的优先权考虑与准备时间，导致专利撰写成本等大幅上升，在当前专利实践中较少为申请人所采用。

2. PCT 途径

如前所述，经 PCT 途径在法国获得专利授权只有一种途径，也就是说，申请人只能在完成 PCT 国际申请后向 EPO 提交专利申请，通过 EPO 授予欧洲专利，然后在法国注册生效（PCT-欧洲专利途径）。

以下通过图 8-1 来直观地说明申请人在法国获得专利保护的各种途径。

二、法国专利申请程序简介

不同于欧洲专利制度以及德国专利制度，法国的专利审查有自身的特点，这主要体现在：2019 年 PACTE 法案颁布以前，对于创造性和实用性不作审查，仅对明显不属于发明创造的客体、明显不属于可授予专利的发明创造或明显缺乏新颖性的发明予以

---

❶ 意大利已不在该范围，申请日在 2020 年 7 月 1 日及以后的 PCT 申请，已经可以直接进入意大利国家阶段。

驳回。因为不存在严格的实质审查,在法国获得专利的授权是比较容易的。PACTE 法案颁布之后,开始对创造性进行审查。图 8-2 具体结合程序进行说明如何获得法国发明专利。

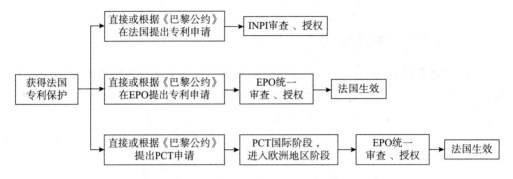

图 8-1 专利申请进入法国的途径

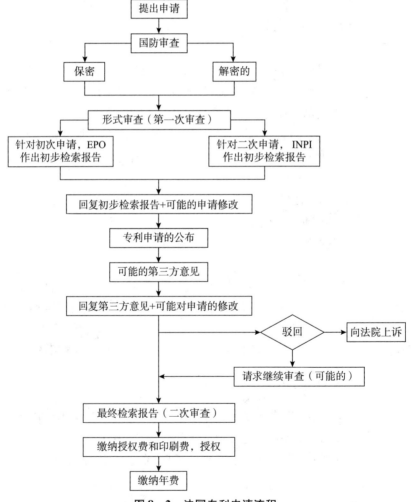

图 8-2 法国专利申请流程

1. 提出申请

申请人可以任意语言向 FR INPI 提出申请。当使用法语之外的语言提出申请时，必须在提出申请后 2 个月内提交法语译文。如果通过注册的法国专利代理人申请，无须提供委托书。

审查以该译文为原始文本。即使是没有权利要求的专利说明书或者仅仅提供在先申请的信息就可以确保专利申请日，后者中的在先申请的信息包括申请人在任何其他国家提交的在先申请的申请日、申请号、所提交申请的专利局名称以及 1 份写明由在先申请代替法国申请文本的声明。此时，针对没有权利要求的专利说明书就可以确保专利申请日的情况，自申请日起 2 个月内需要提交权利要求书；针对仅仅提供在先申请的信息就可以确保专利申请日的情况，自申请日起 2 个月内需要提交优先权证明文件副本以及在先申请的法文译文。

2. 形式审查

在开始检索程序之前，FR INPI 对专利申请进行形式审查。除了审查申请文本整套文件是否存在遗漏，还审查申请的发明是否符合形式要求，例如是否是可以授予专利权的发明创造、是否仅包含一项发明、权利要求书是否得到了说明书的足够支持，而且要确定权利要求书是否是清楚的。《法国知识产权法典》给出的可授予专利权的保护客体的定义与 EPC 给出的定义一致，尤其是，计算机程序本身及商业方法是不被授予专利权的。

3. 检索程序

检索费必须在提交申请时或者申请日起 1 个月内缴纳。也可以自收到 FR INPI 的官方通知起 2 个月内缴纳，同时需要缴纳滞纳金。

检索结果写入含有书面意见书的"初步检索报告"中，该"初步检索报告"有与 EPO 或者 PCT 检索报告相同的结构。

如果所提交的专利申请是首次申请，即没有要求优先权，那么 EPO 将以分包人的身份为 FR INPI 进行检索，并且初步检索报告通常自申请日起 9 个月内送给申请人。

如果所提交的专利申请要求了优先权，那么检索程序将会分为以下两个步骤：

步骤一：现有技术的信息。

在优先权日起 2 年左右，FR INPI 通知申请人提供要求相同优先权的其他国家申请的引用文献的相关信息。申请人必须于 2 个月内答复 FR INPI 的通知，而且申请人只能进行为期 2 个月的一次延期。虽然答复是强制性的，但是与美国的 IDS 程序不同的是，如果申请人没有提交相关的现有技术文献并不会受到处罚。实施这一步骤是为了给 FR INPI 进行检索提供指导。在答复 FR INPI 的这一通知的同时，申请人可以提交修改的权利要求书。

步骤二：初步检索报告。

考虑到申请人在步骤一中所提供的信息，检索由 FR INPI 完成并且发出含有书面意见书的初步检索报告。

4. 申请公开

FR INPI 将于自申请日（有优先权的，指优先权日）起 18 个月内公开专利申请。

申请人可以要求提前公开。

5. 第三方意见

第三方可以在初步检索报告公开日起 3 个月内提交意见。匿名的第三方意见是不予接受的。

6. 对扩展的初步检索报告（带有书面意见的初步检索报告）的答复

如果初步检索报告中所引用的文献是相关类别的（主要是"X"类或者"Y"类文献），那么对初步检索报告进行答复是强制性的，期限为 3 个月且可延期，延期期限也为 3 个月。

PACTE 法案相关条款生效前，FR INPI 仅审查新颖性，缺乏创造性并不会造成专利申请被驳回。该法案生效后，对于创造性意见，根据专利申请的申请日，分为以下两种情况：

① 2020 年 5 月 22 日前提交的专利申请。

对于此类申请，FR INPI 驳回理由不包括缺乏创造性。但对于在此日期之前授权的法国专利，仍可以缺乏创造性为由质疑其可专利性。

② 2020 年 5 月 22 日及以后提交的专利申请。

FR INPI 能以缺乏创造性驳回申请。这也适用于申请日（即母案申请日）早于 2020 年 5 月 22 日，但实际上是在该日期或以后提交的分案申请。

7. 实质审查

FR INPI 基于在初步检索报告中的现有技术文献、可能的第三方意见和申请人对初步检索报告的答复来进行实质审查，审查员基于此作出最终检索报告，同时发出授权或驳回通知。但对于 2020 年 5 月 22 日前提交的专利申请，虽然审查员不能因缺乏创造性发出驳回通知书，但可以将用于评价创造性的现有技术记载于最终检索报告中。换言之，在最终检索报告书中记载有可用于评价创造性的现有技术时，与这些现有技术相关的权利要求的有效性在法院异议阶段可能会被质疑。

在法国，只有法官才可以判断授权后的专利部分或者全部有效。法官作出判断的时候，不受审查员最终检索报告书记载的约束。

8. 专利授权

在最终检索报告完成后，申请人会收到缴纳授权和印刷费的通知。在 PACTE 法案相关条款生效之前，在法国专利授权阶段没有异议程序，在法国想要无效专利的唯一途径是向法院提起无效诉讼。但根据 PACTE 法案增设了作为行政救济程序的异议程序，规定任何人在自专利授权公告之日起 9 个月内都可以直接向 FR INPI 提出撤销或修改授予的专利。异议程序于 2020 年实施，适用于 2020 年 4 月 1 日或以后授予的任何法国专利（即包括未经过创造性审查的专利），而不适用于在法国生效的授权欧洲专利。

9. 缴纳年费

在授权之后，专利权人每年需要缴纳年费。

三、法国专利申请特色程序

1. 实用证书

法国的实用证书专利申请是法国专利申请较有特色的一个程序。不同于中国的实用新型专利能够获得 10 年的保护期限，早期法国的实用证书专利的保护期限最长为 6 年，PACTE 法案生效后改为 10 年。同样，法国的实用证书专利申请的保护主题也与中国的实用新型专利不同，中国的实用新型专利只保护产品，而实用证书专利的保护主题可以是产品或方法。

申请法国实用证书专利所需要的文件与申请法国发明专利申请相同，而且无须缴纳检索费。形式审查的内容与法国发明专利申请一致。

所有的法国实用证书专利申请自申请日（有优先权的，指优先权日）起 18 个月内公开。申请人可以要求提前公开。针对 2020 年 1 月 11 日起提交的实用证书专利申请，可以要求将实用证书专利申请转化为发明专利申请。转换申请必须在申请或优先权之后的 18 个月内提出，而且无论如何必须在实用证书专利申请的公布技术准备工作开始之前提出。❶

在初步检索报告公开日起 3 个月内第三方可以提交意见。与法国发明专利申请的第三方意见相似，匿名的第三方意见是不予接受的。在上述期限到期后无第三方意见的，申请人会被通知缴纳授权及印刷费。

如果法国实用证书专利与法国发明专利保护同一发明（同一专利权人、同一申请日或优先权日、近似的保护范围）的，当发明专利授权时，实用证书专利失去保护效力。

2. 临时申请制度❷

与美国的临时申请本身就是一种申请不同，法国的临时申请仅是一种申请状态。在提交法国专利申请时，申请人表明该申请为临时（provisional）。基于这种状态，申请人有 12 个月的时间来完成申请：提交权利要求书、专利摘要，以及缴纳官方检索费。在提交临时申请后的一个月内，唯一需要缴纳的官费只有一笔 26 欧元的申请费（小型实体 13 欧元）。在 12 个月结束时，如果没有走完申请程序，那么临时申请将作废，永远不会发布。相反，如果在提交临时申请后的 12 个月内，申请人以书面形式提出审查申请，并完成上述申请程序，则该临时申请将成为发明专利申请。除此之外，申请人也可要求将临时申请转换为实用证书专利申请。

---

❶ MAGNIN - FEYSORT I. PACTE law：2020 evolutions ［EB/OL］. （2020 - 02 - 19）［2024 - 07 - 11］. https：//www. plass. com/en/news/pacte - law - 2020 - evolutions.
❷ 2020 年 1 月 8 日第 2020 - 15 号法令：关于创建临时专利申请和将实用证书申请转化为发明专利申请 ［EB/OL］. ［2024 - 07 - 11］. https：//www. wipo. int/wipolex/zh/legislation/details/21524.

第二节　法国专利申请费用

一、法国专利申请官费

结合法国专利、实用证书专利申请的程序，将各阶段可能发生的主要官方费用简要说明如下，费用明细见表 8 - 1。其中人民币数额按照 2024 年 6 月 6 日中国银行折算价 1 欧元 = 7.7664 元人民币换算。

表 8 - 1　法国专利申请、实用新型证书专利申请官费一览表

阶段	项目名称		官费		减免后的官费	
			欧元	人民币	欧元	人民币
新申请阶段	申请费（电子），适用于专利和实用证书专利		26	201.93	13	100.96
	权利要求附加费（超过 10 个）		42/项	326.19/项	21/项	163.09/项
审查阶段	检索费		520	4038.53	260	2019.26
	申请提交后请求修正错误		52	403.85	—	—
	延迟缴纳检索费的滞纳金		260	2019.26	130	1009.63
	附加检索费		520	4038.53	260	2019.26
授权阶段	授权费、专利或者实用证书专利印刷费及传送费		90	698.98	45	349.49
缴纳维持费或年费阶段（对于实用证书而言是前 10 年）	维持费/年费	第 3～5 年（每年）	38	295.12	19	147.56
		第 6 年	76	590.25	57	442.68
		第 7 年	96	745.57	72	559.18
		第 8 年	136	1056.23	—	—
		第 9 年	180	1397.95	—	—
		第 10 年	220	1708.61	—	—
		第 11 年	260	2019.26	—	—
		第 12 年	300	2329.92	—	—
		第 13 年	350	2718.24	—	—
		第 14 年	400	3106.56	—	—

续表

阶段	项目名称		官费		减免后的官费	
			欧元	人民币	欧元	人民币
缴纳维持费或年费阶段（对于实用证书而言是前10年）	维持费/年费	第15年	460	3572.54	—	—
		第16年	520	4038.53	—	—
		第17年	580	4504.51	—	—
		第18年	650	5048.16	—	—
		第19年	730	5669.47	—	—
		第20年	800	6213.12	—	—

注：需要指出的是，第8年之后的年费不会减半。

二、法国代理机构收费

1. 法国代理机构收费统计

根据法国代理机构的标准报价，并结合机械、电子、化学3个领域随机抽取的法国专利申请案件的账单，法国代理机构的收费情况如表8-2所示。

表8-2　法国代理机构收费统计

申请阶段	代理费项目	金额				
		最低	最高	中位数	平均	
		欧元	欧元	欧元	欧元	人民币
新申请阶段审查阶段	准备和提交新申请（不含翻译费）	903.00	1560.00	1200.00	1182.60	9184.55
	转达、准备和答复检索报告或其他通知（每次）	1080.00	2127.00	1868.50	1768.24	13732.82
授权阶段	转达授权通知、转达专利证书印刷费	340.00	390.00	353.00	355.60288	2761.73

注：考虑到不同申请的文本字数对新申请提交阶段费用情况影响较大，表中统计中先排除了英译法翻译费，从以往经验来看，英译法翻译费在0.23~0.30欧元/英文单词。

2. 法国代理机构人员小时费率

表8-3是针对法国专利申请案件的账单统计作出的法国代理机构人员小时费率统计。

表 8 – 3　法国代理机构人员小时费率参考数值

申请阶段	人员	小时费率		平均
		范围		
		欧元	人民币	人民币
新申请阶段、实质审查阶段、授权阶段	合伙人	300～350	2527～2948	2738
	代理人/专利律师	150～300	1264～2527	1264
	助理	220～260	1853～2190	2022

需要说明的是，这里的合伙人、代理人/专利律师以及助理的小时费率范围比较大，这是因为小时费率与事务所的规模、所涉及人员的工作经验、所掌握的技能、所涉及案件的性质与复杂程度等相关。

第三节　法国专利申请的费用优惠

一、FR INPI 的优惠政策

为鼓励技术创新和支持专利申请，法国政府对于满足以下条件的专利申请人免除一半的专利申请费用：自然人、非营利性研究机构以及部分中小型企业，其中雇员 1000 人以下并且少于 25% 的股份由非中小型企业持有的企业可以认定为符合条件的中小型企业。作为自然人的申请人无须提交任何文件即可享有 50% 的费用免除，非营利性研究机构则应提交主体资格证明，企业申请人应提出减免申请并且在 1 个月内提交满足上述条件的书面声明即可。上述专利申请费用的优惠政策无条件适用于来自《巴黎公约》缔约方和 WTO 成员方的申请主体（包括自然人、法人和其他组织）。❶

关于企业规模的定义包括中小型企业、大型企业和中型企业，具体如下。

1. 中小型企业（SME）❷❸

按照欧盟有关国家扶持的法规规定：

中型企业须满足以下所有条件：员工人数少于 250 名、年销售额 5000 万欧元以内或资产负债表总额低于 4300 万欧元、不存在任何大公司对该企业的控股（25% 以上投票权）。

小型企业须满足以下所有条件：员工人数少于 50 人、年销售额或资产负债表总额低

---

❶ FR INPI. Comprendre ［EB/OL］.［2024 – 07 – 11］. https：//www. inpi. fr/comprendre – la – propriete – intellectuelle/le – brevet.

❷ European commission. SME definition ［EB/OL］.［2024 – 07 – 11］. https：//single – market – economy. ec. europa. eu/smes/sme – definition_en.

❸ SUN WM. Doing business in France ［EB/OL］.［2024 – 07 – 11］. http：//www. sun – avocat. com/welcome/publications/doing – business – in – france/.

于 1000 万欧元，且独立于任何大企业。计算员工人数、销售收入和资产负债表必须考虑企业所有业务，包括直接投资，或间接投资控股比例超过 25% 的部分。如果企业连续 2 年员工人数或财产情况超过小企业限额，企业将失去小企业身份，成为中型企业。

2. 大型企业

欧盟有关国家扶持的法规规定，大型企业是不符合上述中小型企业标准的大型公司。

3. 中型企业（ETI）

中小型企业与大型企业的定义也适用于法国。除此之外，法国专门对中型企业还有一个定义。

根据 2008 年 8 月 4 日的《法国经济现代化法》，中型企业是对法国企业的法律分类。

中型企业的标准：250 ~ 5000 名员工、资产负债表总额不足 20 亿欧元、营业额保持低于 15 亿欧元。

根据欧盟对国家扶持的法规，中型企业适用与大型企业相同的规定，但可享受各国法律的针对性措施。

二、法国国家投资银行的资助政策

除了上述 FR INPI 给予某些申请人的直接优惠政策，法国政府成立了由多个机构构成的专门的资助性机构，即法国国家投资银行（Bpifrance），以帮助法国中小型企业的创新，以下对该机构的构成、主要工作模式以及资助政策中与知识产权相关的政策进行介绍。

1. 法国国家银行的构成

法国国家投资银行从 2013 年 7 月 12 日起取代原有的资助性机构法国创新署（OSEO Innovation）。目前，法国国家投资银行由法国创新署、法国信托局企业部门（CDC Enterprises）、法国战略投资基金（FSI）以及地方战略投资基金（FSI Régions）组成，主要目的在于扶持法国中小型企业。❶

2. 主要工作模式

法国国家投资银行的主要工作模式在于：根据不同企业、不同项目提供各种补助、减息贷款，扶助涉及的范围很广，该范围涵盖了企业创立、创新、发展、国际化以及企业相关项目从可行性研究、设备材料、人员招聘等到知识产权策略、工业上实施等各个方面。

（1）对研发创新项目的扶助

企业被法国国家投资银行分为：PME E1、PME E2、PME E3 以及大型企业 4 类，研发创新项目（R&D&I）被法国国家投资银行分为 P1 ~ P4 4 类。

1）对企业的分类

PME E1：运营超过 5 年且需要满足以下条件中的至少一项的中小型企业：在某个

---

❶ Bpifrance. Qur mission [EB/OL]. [2024 – 07 – 11]. https：//www.bpifrance.com/our – mission/.

领域超过 1 年时间内具有稳定的财政结构；营业额稳步增长；获得令人满意的盈利和经常取得积极的成果；稳固的竞争地位以及多样化的客户群体；有效的管理才能和专业性。

PME E2：运营超过 5 年以上但并不存在困难的中小型企业，需要满足以下条件中的至少一项：失去平衡的不稳定的财政结构；业务和盈利不规律以及短期内无实质发展；竞争地位不稳定或者对客户或供应商有较强依赖性；管理缺乏经验并且专业化程度有待提高；特别需要警示管理层、股东和业务部门。

PME E3：需要满足下列条件中至少一项的中小型企业：运营时间少于 5 年的企业；尚未达到盈亏平衡点；现有数据无法证明其潜力或者无法达到其预定的目标。

大型企业：不满足欧盟对中小型企业的定义的其他企业。

2）对项目的分类

P1：运营时技术经济风险很小，在流程和组织方面的创新项目，与信息通信技术的使用和运营相关的体系创新。

P2：有技术经济风险的研发项目，特点在于相对于现有技术，对产品、流程或者服务的改良。

P3：较大技术经济风险的研发项目，特点在于存在创新突破、丰富的多元化或创新型企业的创建。

P4：合作性研发项目，尤其是来自产业聚集的项目。

3）针对不同类项目与知识产权相关的扶持

① 对 P1 类项目的扶持范围

与专利有关的费用包括：合同研究、技术认知、专利购买或者来自外部以市场价格获得许可资格的花费，仅与研究活动有关的咨询服务和等同的服务。

② 对 P2、P3、P4 类项目的扶持范围

仅针对中小型企业，来源于研发项目的专利申报能得到支持。许可的花费如下：

在初次管辖（première juridiction）期间授权以前的所有费用，包括专利形成、申请、跟进审查进程以及授权以前对申请修改的费用；

翻译费用以及在其他管辖阶段与获得权利或者确认权利相关的花费；

伴随着申请或者可能的异议程序的状况下维护权利有效性的花费，即使这些花费在授权以后。

③ 对 P1~P4 类项目的扶持力度

对项目的扶持主要通过需偿还的贷款来实施，首先引入贷款率这一概念，表示贷款总额与扶持（包括花费）的基数总额之比。此贷款率由法国国家投资银行根据两个参数来确定：最大率和推荐率。

a. 最大率

贷款率根据扶持项目的类别不能超过下列额度：

对于 P1 项目的流程和组织的创新上限是 25%；

对于 P2、P3、P4 项目的实验性开发活动的上限是 40%；

对于 P2、P3、P4 项目的工业研究活动的上限是 60%。

对于中型企业在上述费率基础上增加 10 个百分点，对于小型企业在上述费率基础上增加 20 个百分点。

b. 推荐率

上述最大率实际上无法完全达到，因此法国国家投资银行采用推荐率来确定相应的费率。推荐率不能超过上述最大率。推荐率取决于企业和项目类型，旨在更大地支持最脆弱的企业和最有风险的项目。表 8 - 4 列出了研发创新项目和企业类型的推荐率。可以说明：法国国家投资银行更大地支持最脆弱的企业和最有风险的项目。PME E3 是最脆弱的企业，P4 是风险最大的项目，它们获得的资助最多。

表 8 - 4　依据研发创新项目和企业类型的推荐率

项目类型	PME E1	PME E2	PME E3	大型企业
P1	30%	30%	40%	25%
P2	40%	50%	50%	40%
P3	40% ~ 50%	50%	50%	40% ~ 50%
P4	60%	60%	60%	60%

④ 贷款偿还

实际的偿还金额需要考虑项目在商业和技术上的成功程度。项目完成后需要通过法国国家投资银行定义的指南作为基础以作出成功或者失败的评价。下列 3 种情况会被考虑到。

第一，如果项目成功，企业必须偿还无息贷款。如果企业存在财务困难，法国国家投资银行可以接受重新分期偿还欠款。延长偿还期限根据先前合同需支付每月 0.7% 的延迟利息（每年 8.4%），根据法国官方的政策，此为惩罚的市场利息。此延长因此不包括额外的国家补助。

第二，如果项目部分成功，则还款金额取决于项目结果的技术和商业实现程度。

第三，如果项目失败，则企业需按合同进行承包偿还。

承包偿还是指：法国国家投资银行对项目在完全失败时所采用的偿还方式。它只有在企业还没有开始还款之前突然遭遇了经营失败时生效。承包偿还的程度依相关贷款总额的百分比计。表 8 - 5 列出了相应的承包偿还。

表 8 - 5　依据研发创新项目和企业类型的承包偿还

项目类型	PME E1	PME E2	PME E3	大型企业
P1	40% ~ 50%	30% ~ 40%	30% ~ 40%	40% ~ 50%
P2	30% ~ 40%	20% ~ 30%	20% ~ 30%	30% ~ 40%
P3	20% ~ 30%	20% ~ 30%	10% ~ 20%	30% ~ 40%
P4	20% ~ 30%ˈ	20% ~ 30%	10% ~ 20%	30% ~ 40%

（2）技术扶助措施（PTR）

技术扶助措施是补贴上限为 5000 欧元，仅限于中小型企业实施可行性研究或专利申请的辅助性措施。

此措施对可行性研究的扶助涵盖预先的工业研究活动或者实验的进展。扶助力度对于初次扶助申请达到 60%，对于二次扶助申请可达 50%。扶助范围只包括外部的花费，受益企业内部的花费完全由企业自身负责。

此措施对专利申请的扶助范围包括与申请准备、随后的与证书有关的内部费用，以及与专业的咨询和翻译有关的外部的费用。扶助力度与上述第 1）项中对研发创新项目扶助措施的扶助力度相同。

3. 其他资助措施

法国政府还提供了很多其他扶助性措施帮助各种类型的企业创新，以下给出其中与知识产权相关的两种扶助措施。

（1）技术转让

如果公共研究机构（例如大学或者学院）将相关技术转让给企业，则企业为受扶持对象，实验室则以分包的形式起作用。

这样做的目的是：鼓励实验室以研究成果为基础开发工业应用；确保研究机构与企业之间技术转让的可行性；使得中小企业能够通过获得公共实验室的先进技术来创新。

法国国家投资银行提供的扶持是准备转让过程的实验室花费，包括测试模型、知识产权策略、市场研究、潜在的应用研究、寻找工业伙伴等花费。

此时，法国国家投资银行提供多达总额 40% 的扶持资金，资金的上限为 5 万欧元。

（2）对于发明在工业和商业推广之前发展和实现的财政帮助

该措施扶助对象是中小型企业中员工少于 2000 名的企业。其目的在于：帮助工业企业进行工业研究或者实验性发展项目；开发创新的技术产品、流程或者服务，实现其工业和/或商业愿景；资助参与欧洲或者法国中项目创新的技术合作。

该措施所帮扶的范围包括：项目概念和定义、技术经济可行性研究、研发人员调整、外部咨询和服务、模型和样机的实现、专利的申报和延长、设备购买或者磨损、技术认识的获得、工业推销的准备等。

三、税收抵免政策[1]

生产、贸易和农业企业投入研发资金可获税收抵免，抵扣其企业所得税。如果由于未盈利而未缴纳任何税收，它们将在 3 年后获得以现金退税形式支付的研发税收抵免（CIR）。中小型企业、创新型新企业（JEI）、创业企业和面临财务困难的企业有资格获得研发税即时退税。

要获得研发税抵免，研发开支应为基础研究、应用研究（产品、运营或方法的测

---

[1] 参见：http://www.sun-avocat.com/welcome/publications/doing-business-in-france/。

试模型）或实验性开发（使用原型或试验设备）。

对于 2011 年 1 月 1 日后产生的研发开支，研发税抵免金额为年度研发活动总支出（最高额度为 1 亿欧元）的 30%，超过该金额的部分为 5%。对于首次申请研发税抵免的申请人或前五年未享受研发税抵免的企业，第一年和第二年的抵免金额从 30% 分别上调至 40% 和 35%。同样，这些提高的税率仅针对至少 25% 股份并非由前五年在企业持股 25%，且在相同期间不再从事研发税抵免的合作伙伴持有的企业。

符合要求的研发开支包括多项，其中与知识产权相关的项目包括：申请、维持和保护专利和植物新品种权（COV）所产生的费用；专利保险合同相关的奖金和报酬（封顶每年 6 万欧元）；为研究目的购买的专利的折旧。

法国企业在国外（尤其在欧盟或欧洲经济区成员国）产生的开支，或外国企业通过其常驻机构在法国产生的开支可计入研发税抵免基数。此外，专利保护和技术监测的费用不论在何处产生，均符合研发税抵免的条件，包括在欧盟或欧洲经济区以外。

法国的研发税抵免是一项激励企业研发活动的政府政策，采用退税或从企业的税负中抵扣的形式。

由此研发税抵免能显著减少企业的税负，有助于提高法国作为投资目的地的吸引力。根据经济合作与发展组织的一项研究，法国的研发税抵免是全世界最具吸引力的税收激励措施之一。

第四节　法国申请专利的费用节省策略

与欧洲专利申请和德国专利申请相比，法国专利申请期间的官费相对较低，并且有专门针对自然人、非营利性研究机构、中小型企业的费用减免措施，申请人可以多加利用。

一、从程序入手节省费用

根据法国法律的相关规定，申请人一定要按时缴纳检索费，即在提交申请时或者自申请日起 1 个月内缴纳上述费用，否则会产生数额为检索费 50% 的滞纳金。申请人也需按时缴纳年费，否则会产生数额为年费 50% 的滞纳金。如此高比例的滞纳金在各国费用构成中还是较为少见的，需要申请人多加注意。

二、生效策略的选择

由于通过 PCT 方式进入欧洲地区阶段后，在法国有两种生效方式，即传统生效和单一专利生效，两种生效方式的费用不同，申请人可根据计划生效国家的数量来具体选择，如果仅仅希望在包括法国在内的 1~2 个国家生效，可以选择传统方式，而一旦目标国家超过 3 个，则建议选择单一专利方式。

三、实体方面的费用节省策略

1. 注意与专利文本相关的收费项目

通过研究法国专利官费的收费标准可以看出，在撰写权利要求书时，由于权利要求超过 10 项要缴纳授权权利要求附加费，因此为节省费用的考虑，申请人可以限制权利要求的数量小于等于 10 项。法国专利法允许多项从属权利要求引用多项从属权利要求，因此在提交申请前，可以通过适配权利要求的引用关系，以充分利用这一条款节省相关费用。此外，虽然 FR INPI 并未就超长说明书进行收费，但是仍然要保持说明书篇幅合理，以避免产生昂贵的翻译费用。

2. 避免加急费用的产生

国外事务所加急费用高昂，例如，有些律所如果在答复到期之前的 10 天内才收到答复指示的话，要加收 25% 的加急费，国内申请人要争取提前于届满期限 10 天以上给予答复指示，以避免昂贵的加急费用。

四、政府的政策方面

法国政府从多方面给予不同类型的企业以不同类型的扶助措施，尤其是对于在法国有投资且有研发的企业给予很优惠的贷款以及税收减免政策。中国企业如果在立足于本国市场的前提下，通过在法国设立研发机构和生产部门等方式拓展法国市场，能够在享受法国的优惠政策的同时增强中国企业自身的竞争力。

第九章

日 本

随着国务院颁布的《国家知识产权战略纲要》的实施，中国申请人在国外申请的专利数量显著增加。例如，2015 年中国申请人在日本的发明专利申请量是 2840 件，到了 2022 年，这一数据已经上升到 9842 件；相对于外国人在日本的发明专利申请总量，其占比也从 2015 年的 5% 增加到了 2022 年的 14%。另外，2015 年中国人在日本仅获得 1535 件发明专利权，而到了 2022 年，这一数据已经增长到 6465 件；相对于外国人在日本获得的发明专利权总量，其占比也从 2015 年的 4% 猛增到 2022 年的 14%。❶ 上述数据表明，近年来，中国申请人在日本的申请量和授权量大幅增加。

众所周知，专利申请除了技术方案本身，费用也是申请人需要考量的一个重要因素。为了便于中国申请人综合判断在日本提交专利申请以及维持专利权的收益与支出，本章着重介绍在日本申请专利时所需的费用以及费用的减免措施，并对在日本提交专利申请时如何节约费用提供一些建议。

第一节 日本专利申请程序

一、专利申请进入日本的途径

整体而言，中国申请人想要在日本获得专利权，一般有下述 3 种途径：

（1）通过 PCT 途径进入日本国家阶段；

（2）通过《巴黎公约》，要求优先权提交日本申请；

（3）直接向日本特许厅（JPO）提交专利申请。

---

❶ 日本特許庁. 特許行政年次報告書 2016 年版 [EB/OL]. [2024 - 08 - 28]. https：//www. jpo. go. jp/resources/report/nenji/2016/index. html；日本特許庁. 特許行政年次報告書 2023 年版 [EB/OL]. [2024 - 08 - 28]. https：//www. jpo. go. jp/resources/report/nenji/2023/document/index/all. pdf；JPO. JPO Status Report 2024 [EB/OL]. [2024 - 08 - 28]. https：//www. jpo. go. jp/resources/report/statusreport/2024/document/index/all. pdf.

二、日本专利申请程序简介

图 9 - 1❶ 是在日本获得发明专利权的大致流程图。

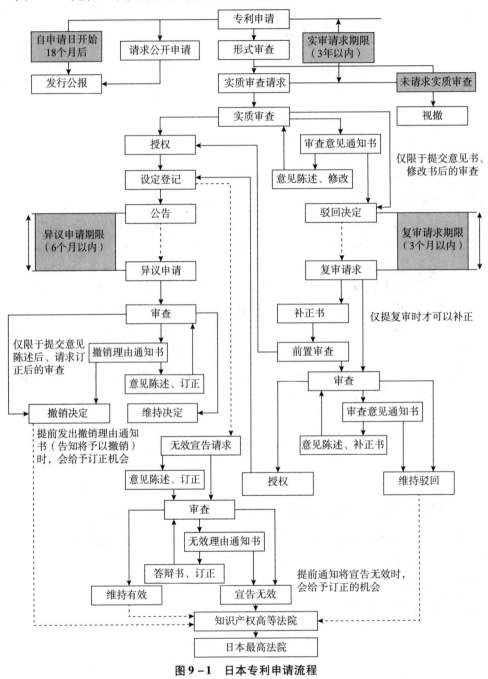

图 9 - 1 日本专利申请流程

---

❶ JPO. Examination, Appeals, Trials, and Opposition Flow Chart［EB/OL］// JPO. JPO Status Report 2024：142［2024 - 08 - 28］. https：//www. jpo. go. jp/resources/report/statusreport/2024/document/index/all. pdf.

1. 提交申请

申请人在申请时需要向 JPO 提交必要的申请文件，包括但不限于请求书、说明书、权利要求书、摘要，以及必要时的附图。

一般而言，申请时提交的说明书、权利要求书、摘要，以及必要时的附图必须用日文撰写。但是，根据《日本特许法》第 36 条之二❶的规定，在申请时也可以直接提交外文（例如中文或英文）说明书、权利要求书、摘要，以及必要时的附图，但在申请日（有优先权的，自最早的优先权日）起 16 个月内必须补交全部文件的日文译文。期满未提交译文的，JPO 会发出通知书，要求申请人在 2 个月内补交。申请人 2 个月内未补交的，该申请视为撤回。

2. 形式审查

在申请人提交专利申请后，JPO 会对申请文件进行形式审查。如果审查员发现申请文件中存在形式缺陷，将会发出补正通知书。申请人应当在指定期间内进行补正；未按照补正通知书进行补正的，JPO 将驳回该申请❷。

3. 申请公开

申请日（有优先权的，自优先权日）起 18 个月，发明的内容将被公开。申请人也可以要求提前公开发明的内容，以尽快进入收取补偿金❸的期间。

4. 实质审查请求

申请日（有优先权的，自优先权日）起 3 年内，任何人（申请人或第三人）可就该申请提出实质审查请求。期满未提出的，该申请视为撤回。

5. 实质审查

依照申请人提出的实质审查请求，JPO 对发明专利申请的可专利性进行实质审查。JPO 认为该申请具有可专利性时，将直接授予专利权；认为该申请存在不能授权的缺陷时，将发出驳回理由通知（相当于中国的审查意见通知书）。针对该驳回理由通知，申请人可以进行答辩和/或修改。

答复驳回理由通知的时间每次一般为 3 个月。此外，该答复期间还可以最多延期 3 个月。

JPO 认为申请人提交的答辩和/或修改克服了驳回理由通知且不存在其他驳回理由时，将发出授权通知书。JPO 认为申请人提交的答辩和/或修改仍然没有克服驳回理由通知的，将发出驳回决定。

6. 复审

针对上述驳回决定，申请人可以在收到驳回决定之日起 3 个月内向审判部（相当

---

❶ 《日本特许法》第 36 条之二"是介于《日本特许法》第 36 条和 37 条之间的一个单独法条，并不是第 36 条第二款。

❷ 此处的"驳回申请"与实质审查阶段的"驳回申请"不同。前者是因为申请文件存在形式问题且不按照要求补正而被"驳回"，在日语中用"却下する"；后者是因为申请文件存在实质缺陷而被"驳回"，在日语中用"拒绝する"。

❸ 在专利获得授权后，专利权人可以向申请公开后至授权前实施该发明的人要求支付补偿金。

于中国的专利局复审和无效审理部）提出复审请求。在提交复审请求时，申请人必须对权利要求进行修改，哪怕是非常微小的、不涉及实质内容的形式修改。

基于申请人的复审请求，审判部在前置审查意见的基础上再次审理该申请，依据不同情况将有如下 3 种处理方式：

（1）认为驳回决定中的理由正确时，作出维持驳回决定的复审决定。

（2）认为驳回决定中的理由不正确且没有其他驳回理由时，直接发出授权通知书。

（3）认为驳回决定中的理由不正确，但还存在其他驳回理由时，发出驳回理由通知，要求申请人进行答辩和/或修改。申请人的答辩和/或修改不能克服上述驳回理由时，发出维持驳回决定的复审决定；申请人的答辩和/或修改克服了上述驳回理由时，发出授权通知书。

7. 行政诉讼

申请人在不服审判部作出的不利于自己的复审决定时，可以向东京高等法院特设的知识产权高等法院提起行政诉讼，要求撤销上述复审决定，授予专利权。对于东京高等法院作出的不利于自己的判决，可以向日本最高法院提起上诉。

三、日本专利申请特色程序

1. 早期审查制度

根据《日本特许法》，在满足下述条件（1）~（6）任一的情况下，收到申请人的请求后，与通常的申请相比，JPO 提前对该申请进行审理：

（1）申请人是中小企业、个人、大学、公设试验研究机构或者受到承认或认定的技术转让机关；

（2）申请人或被实施许可人正在实施其发明，或者自早期审查请求日起 2 年内预定实施其发明（例如实际正在制造、销售产品的情况）；

（3）向 JPO 以外的其他国家专利局或政府间机构也提出了申请，或者提交了国际申请的专利申请；

（4）与环境相关技术的专利申请；

（5）地震受灾者提交的专利申请；

（6）与《亚洲据点化推进法》相关的申请❶。

根据 2022 年 JPO 年报统计，2022 年普通申请由提交实质审查请求到收到第一次审查意见平均需要 10.1 个月，而提出早期审查的申请平均在 2.3 个月时就可以收到第一次审查意见。❷ 显然，与普通申请相比，利用了该制度的申请的审查时间大幅缩短。

中国申请人的发明专利申请一般不会仅在日本提交，从而很容易满足上述条件

---

❶ 与《亚洲据点化推进法》相关的申请是指申请人的全部或一部分是按照基于《亚洲据点化推进法》认定的计划进行研究开发事业而设立了特定多国籍企业的日本国内相关公司，且所提交的专利申请是与该研究开发事业的 成果相关的发明专利申请。

❷ JPO. JPO Status Report 2023：Chapter 1 ［EB/OL］. ［2024 - 08 - 28］. https：//www.jpo.go.jp/e/resources/report/statusreport/2023/document/index/0201.pdf.

（3）。因此，中国申请人的申请一般均可利用该制度。

2. 超早期审查制度

在适用早期审查制度的申请中，对于重要性更高的申请，JPO 可以比普通的早期审查更快地进行审查。

这里的"重要性更高的申请"是指同时满足下述条件（1）和条件（2）的申请。

（1）同时满足上述"早期审查"条件中的（2）和（3）的申请（正在实施或2年内预定实施且在日本以外也提交的申请）；

（2）申请超早期审查前的4周以后的所有手续均通过电子方式进行的申请。

根据 2022 年 JPO 年报统计，提出超早期审查请求的申请平均 0.6 个月内就可以收到第一次审查意见。❶ 显然，与利用早期审查制度的申请相比，审查时间又获得进一步大幅缩短。

3. 发明专利申请与实用新型申请的互相变更

（1）将发明专利申请变更为实用新型专利申请

根据《日本实用新型法》第 10 条的规定，发明专利申请人在收到首次驳回决定之日起 3 个月内，或者自申请日起 9 年 6 个月内，可以将其发明专利申请变更为实用新型专利申请。变更后实用新型专利申请的说明书、权利要求书以及附图记载的内容不能超出原发明专利申请说明书、权利要求书和附图记载的范围。另外，变更后，原发明专利申请被视为撤回。

（2）将实用新型专利申请变更为发明专利申请

根据《日本特许法》第 46 条的规定，实用新型专利申请人可以在申请日起 3 年内将实用新型专利申请变更为发明专利申请。变更后发明专利申请的说明书、权利要求书以及附图记载的内容不能超出原实用新型专利说明书、权利要求书和附图记载的范围。另外，变更后，原实用新型专利申请被视为撤回。

第二节　日本专利申请费用

为了获得专利权，除了必须向 JPO 提交规定的文件，还必须缴纳其规定的费用（以下简称"官费"❷）。此外，根据日本特许法第 8（1）条的规定，中国申请人在日本申请专利时，大多委托代理人进行处理。也就是说，在申请的过程中，申请人还需要承担日本代理人的费用（以下简称"代理费"）。下面基于第一节介绍的申请程序，简单介绍在日本获得专利权时所需的主要费用。下文中人民币数额按照 2024 年 6 月 6 日中国银行折算价 1 日元 = 0.045896 元人民币换算。

---

❶　参见：https：//www.jpo.go.jp/e/resources/report/statusreport/2023/document/index/0201.pdf，JPO Status Report，Chapter 1，p50。

❷　本文所涉及的官费费率均来源于日本特许厅网站：https：//www.jpo.go.jp/e/system/process/tesuryo/hyou.html（访问日期为 2024 年 8 月 20 日）。

一、申请流程各个环节的官费和代理费

1. 提交申请

（1）官费

在本章第一节中已经介绍 JPO 提交发明专利申请有 3 种途径。无论采用这 3 种途径中的哪一种途径，提交申请时的官费均为 14000 日元（约合人民币 642.54 元）。另外，如果用外文（例如中文或英文）文本直接提交，其申请时的官费为 22000 日元（约合人民币 1009.71 元）。

（2）代理费

在日本，代理人协会曾经公布过代理人收费标准，但是该标准在 2003 年被废除。目前，日本代理人的费用一般按有效工作时间收费。因此，从代理费的角度来看，就某一具体案件，有时存在非常大的差异。就中国申请人而言，在申请阶段，从费用以及语言沟通等方面考虑，不建议直接委托日本代理人进行撰写，最好在中国国内完成申请文件的撰写工作。

如果申请文件的撰写在中国国内完成，则日方的代理费主要包括基本代理费和翻译费。根据日本代理机构的标准报价，并结合机械、电子、化学三个领域随机抽取的大量专利申请代理案的账单，日本代理机构新申请提交阶段的收费情况如表 9-1 所示。

表 9-1　日本代理机构新申请阶段收费统计

代理费项目	金额							
	最低		最高		中位数		平均	
	日元	人民币	日元	人民币	日元	人民币	日元	人民币
准备和提交新申请（不含翻译费）	43380	1990.97	401340	18419.90	148700	6824.74	159290.18	7310.78

说明：考虑到不同申请的文本字数对新申请提交阶段费用情况影响较大，表中统计中未包含英译日翻译费。从以往经验来看，英译日翻译费一般为每一英文单词 30~40 日元（约合人民币 1.38~1.84 元）。

2. 形式审查

在该阶段一般没有官费。但是，如果出现补正通知书，日方代理人为了答复该通知书，一般会收取代理费。虽然该代理费不会太高，但是仍然建议尽量避免该部分费用。为此，建议申请人在给日方代理人指示信时，尽量提供准确、翔实的信息。

3. 申请公开

在该阶段一般没有官费。另外，如果申请人希望专利申请文件提前公开，日方代理人需要制作并提交请求书。该项工作的代理费一般约为 1 万日元（约合人民币

458.96 元)。

4. 提交实质审查请求

（1）官费

向 JPO 提交实质审查请求的官费与权利要求数和检索报告密切相关，具体有下述 4 种情形，如表 9 - 2 所示。

表 9 - 2　JPO 实质审查请求官费

情形	项目	金额	
		日元	人民币
普通申请提交实质审查请求	基本费	138000	6333.65
	每项权利要求的附加费	4000	183.58
如为 PCT 国际申请且国际检索报告是由 JPO 作出的	基本费	83000	3809.37
	每项权利要求的附加费	2400	110.15
如为 PCT 国际申请且国际检索报告是由 JPO 以外的国际检索单位作出的	基本费	124000	5691.10
	每项权利要求的附加费	3600	165.23
提交实质审查请求的同时提示了特定登记检索机关制作的检索报告的申请	基本费	110000	5048.56
	每项权利要求的附加费	3200	146.87

（2）代理费

该阶段日方代理人的工作比较简单，通常提交相关文件即可，部分情况会涉及主动修改。结合随机抽取的案件来看，日本代理机构提交实质审查请求的收费情况如表 9 - 3 所示。

表 9 - 3　日本代理机构实质审查阶段收费统计

代理费项目	金额							
	最低		最高		中位数		平均	
	日元	人民币	日元	人民币	日元	人民币	日元	人民币
提交实质审查请求	10000	458.96	135400	6214.32	18000	826.13	30577.37	1403.37

5. 实质审查

提交实质审查请求之后，如果没有发生延期，或者 OA 答复过程中增加权利要求的情形，一般没有官费。

在收到审查意见通知书后，日方代理人一般会准备该通知书的英文译文和针对该通知书的答复建议。每个日语字符翻译成英文的费用一般为 15 ~ 20 日元（约合 0.69 ~ 0.92 元人民币）。日方代理人提供建议一般按照有效工作时间进行计费，费率一般为每小时 2 万日元（约合 917.92 元人民币）。如果申请人不需要审查意见的英文译文和/或日方代理人的建议，最好在审查意见发出前明确通知日方代理人。在收到申请人的指示后，日方代理人会准备并提交意见陈述书和申请文件的修改文本（如有）。结合随机抽取的案件来看，日本代理机构答复一次审查意见通知的收费情况如表9-4所示。

表9-4 日本代理机构答复审查意见通知的收费统计

代理费项目	金额							
	最低		最高		中位数		平均	
	日元	人民币	日元	人民币	日元	人民币	日元	人民币
转达并答复审查意见通知（一次）	35200	1615.54	464740	21329.71	129500	5943.53	129931.83	5963.35

6. 复审

（1）官费

复审的官费也与请求复审时的权利要求数密切相关，具体如表9-5所示。

表9-5 JPO复审官费

申请阶段	项目	金额	
		日元	人民币
复审	基本费	49500	2271.85
	每项权利要求的附加费	5500	252.43

（2）代理费

该阶段的代理费可参照实质审查阶段的代理费，但是由于案情比较疑难复杂，因此费用会相应增加。结合随机抽取的案件来看，日本代理机构提交复审请求并答复驳回决定的收费情况如表9-6所示。

表9-6 日本代理机构复审请求的收费统计

代理费项目	金额							
	最低		最高		中位数		平均	
	日元	人民币	日元	人民币	日元	人民币	日元	人民币
提交复审请求，答复驳回决定	100000	4589.6	360000	16522.56	216000	9913.54	200855.29	9218.45

此外，在复审过程中，可能还会发出其他的审查意见。针对这些审查意见，代理费可以参照实质审查阶段的代理费，但费率肯定会比实质审查阶段的稍高一些。

7. 年费

发明专利获得授权后，需要每年定期向 JPO 缴纳年费。JPO 的年费费率如表 9 - 7 所示。

表 9 - 7　日本专利年费官费一览表

期限	项目	金额	
		日元	人民币
第 1 ~ 3 年（每年）	基本费	4300	197. 35
	每项权利要求的附加费	300	13. 77
第 4 ~ 6 年（每年）	基本费	10300	472. 73
	每项权利要求的附加费	800	36. 72
第 7 ~ 9 年（每年）	基本费	24800	1138. 22
	每项权利要求的附加费	1900	87. 20
第 10 ~ 25 年❶（每年）	基本费	59400	2726. 22
	每项权利要求的附加费	4600	211. 12

8. 行政诉讼

对审判部的复审决定不服，在提出行政诉讼时，需要向法院缴纳 13000 日元或 26000 日元（约合人民币 596. 65 元或 1193. 30 元）的费用。律师的代理费同样一般采用按有效工作时间计费。根据诉讼内容的难易程度、对比文件的数目、与本发明的接近程度、律师和代理人的选用等情况，具体数额将会变动很大，一般为数百万日元。

9. 早期审查制度和超早期审查制度

在应用这两种制度时，JPO 不收取任何费用。但是日方代理人需要准备相关文件，特别是对于中国申请人而言，证明文件可能还需要翻译、公证、认证，手续相对比较烦琐，因此，代理费一般高于 2 万日元（约合人民币 917. 92 元）。

10. 发明专利申请和实用新型专利申请相互变更

（1）将发明专利申请变更为实用新型专利申请

这种变更本身没有任何官费，但是，申请人必须补缴该实用新型专利申请所需缴纳的全部官费。同时，代理费也基本按照实用新型专利新申请的代理费收取，一般为 25 万日元（约合人民币 11474 元）以上。

（2）将实用新型专利申请变更为发明专利申请

同样，这种变更本身没有任何官费，但是，申请人必须补缴该发明专利申请所需缴纳的全部官费。同时，代理费也基本按照发明专利新申请的代理费收取，一般为 50 万日元（约合人民币 22948 元）以上。

---

❶　根据《日本特许法》的规定，发明专利的保护期限是 20 年，但是对于涉及药品等的专利，经过审批最长可以获得 5 年的延长保护，因此，此处出现 25 年。

二、总体费用

与前述美国等国家一样,上面仅介绍了一般申请中大多会发生的费用。除此以外,每件申请还可能会发生诸如打字、复印、邮寄等杂费。另外,还可能会发生如对比文件的获取和翻译、转送各种官方文件、权利要求的主动修改、时限提醒等其他费用。

整体而言,申请费用的多少主要决定于案件的技术领域以及复杂程度。如果所需翻译文件多,或者属于撰写难度大、需多次实质性答复审查意见、修改权利要求、与审查员电话会晤等疑难复杂的案件,相关费用会大幅增加。因此,建议尽量委托对日本专利制度比较了解的国内事务所进行代理,这样尽量保证准备的申请文件完善、翻译质量高,在后续程序中减少答复和补正次数,如此费用会减少很多。

第三节　日本专利申请的费用优惠

由前面的内容可以看出,在日本提交发明专利申请时所需的费用不菲,对申请人,尤其是中小企业和个人申请人是不小的负担。为了真正实现特许法的立法本意,JPO 还设置了诸多费用返还和费用减免的措施。下面简要介绍这些措施的具体内容。

一、实质审查费用返还制度

发明专利申请在提交实质审查请求后,如果认为获得专利权的必要性低,或者认为该申请没有可专利性,在 JPO 着手进行审查以前,申请人可以撤回或者放弃该申请,在要求撤回或放弃该申请之日起 6 个月内可以提出请求,要求 JPO 返还一半已经缴纳的实质审查费用。

具体而言,申请人提出"撤回申请请求书"和"放弃申请请求书"的时间是前述"JPO 着手进行审查以前",即提交实质审查请求后,收到下述任一通知书之前:

(1) 审查意见通知书(《日本特许法》第 50 条);

(2) 授权通知书(《日本特许法》第 52 条第 2 款);

(3) 违反说明书中应公开现有技术文献义务的通知书(《日本特许法》第 48 条之七);

(4) 同日提交有相同专利申请的情况下的协商指令(《日本特许法》第 39 条第 6 款)。

对于中国申请人而言,如果需要,完全可以利用该项制度。

二、实质审查费用和专利费(第 1 年至第 10 年)的减免

JPO 建立了中小企业审查费减免和免除制度,以鼓励那些具有高潜力但因财政和人力资源限制而无法充分开展知识产权活动的企业申请发明专利。中小企业、个人、高校等,如果符合一定条件,即可减免审查请求费和专利费(第 1 年至第 10 年)。

2019 年,日本对实质审查费用的减免制度作了相应的制度更新。根据提交实质审

查请求的日期不同，减免制度中关于获得减免的条件和相关程序的规定也会有所差异。因此就个案而言，需要根据实质审查请求提交日期来确定是否可以适用相关的费用减免制度。2019 年 3 月 31 日及之前提出实质审查请求的案件适用旧减免制度，2019 年 4 月 1 日或之后提出实质审查请求的案件适用新减免制度。

根据实际执行情况，日本又相继出台了《不正当竞争防止法等部分修改法》（2023 年 6 月 14 日第 51 号法）、《关于准备执行部分修改不正当竞争防止法等相关内阁命令的内阁命令》（2023 年 11 月 29 日第 338 号内阁命令）、《关于部分修改特许法实施细则和有关工业产权的程序等特别规定的法律实施细则的省令》（2024 年 1 月 31 日经济产业省省令第 2 号）等规定。根据这些规定，JPO 于 2024 年 3 月 6 日发出《关于修订审查请求费减免制度的通知》，自 2024 年 4 月 1 日生效。根据新的修订内容，除初创公司、大学、研究机构外，符合审查费减免制度资格的申请人每年度（每年 4 月 1 日到翌年 3 月 31 日）可申请的减免专利申请件数为 180 件。注册费或专利费的减免不受指标限制。

根据日本的相关费用减免政策，部分条款适用于外国申请人，即中国申请人在符合相关条件的情况下，可享受到相应的费用减免。现就这些条款作一初步介绍。因日本相关法律法规的规定非常具体精细，因本书篇幅有限无法详尽释义，申请人可登录 JPO 网站进行进一步研究：https：//www. jpo. go. jp/system/process/tesuryo/genmen/genmen20190401/02_06. html。

1. 申请审查费减免的资格

JPO 详细规定了可以申请审查费减免资格的主体。其中，对于行业或产业的分类，可参考日本总务省网站上日本标准产业分类（最新版为第 14 版），并从分类项目名称、说明和内容示例中确认申请人适用哪种分类。如果中小企业的业务包含多个行业，则需要根据"主营业务"来进行分类。

（1）法人性质的中小企业

如果法人性质的中小企业满足表 9 - 8 中所示员工人数要求和资金要求，且不受大型公司（中小企业以外的公司）控制，则可申请实质审查费和专利费的减免。所谓不受大型公司控制，是指：（a）单个大公司的股份总数或总投资额不超过 1/2；（b）多家大公司的股份或投资不超过股份总数或投资总额的 2/3。

表 9 - 8 法人性质的中小企业需要满足的各项要求一览表

序号	行业	员工人数	资本金额或投资总额
A	制造业、建筑业、运输业和其他行业（不包括 B 至 G 所列行业）	300 人以下	3 亿日元以下
B	批发业	100 人以下	1 亿日元以下
C	服务业（不包括 F 及 G 所列行业）	100 人以下	5000 万日元以下
D	零售业	50 人以下	5000 万日元以下

序号	行业	员工人数	资本金额或投资总额
E	橡胶产品制造业(不包括汽车或飞机轮胎和内胎以及工业皮带的制造)	900 人以下	3 亿日元以下
F	软件行业或信息处理服务行业	300 人以下	3 亿日元以下
G	旅馆业	200 人以下	5000 万日元以下

该类型的申请人获批后可享受实质审查费 50% 的减免和专利费(第 1 年至第 10 年)50% 的减免。每年度同一申请人可享受 180 件减免指标。

(2)独资经营者性质的中小企业

如果独资经营者性质的中小企业满足表 9-9 中所示员工人数要求,则可申请实质审查费和专利费的减免。该类型的申请人获批后可享受实质审查费 50% 的减免和专利费(第 1 年至第 10 年)50% 的减免。每年度同一申请人可享受 180 件减免指标。

表 9-9 独资经营者性质的中小企业需要满足的各项要求一览表

	行业	员工人数
A	制造业、建筑业、运输业和其他行业(不包括 B 至 G 所列行业)	300 人以下
B	批发业	100 人以下
C	服务业(不包括 F 及 G 所列行业)	100 人以下
D	零售业	50 人以下
E	橡胶产品制造业(不包括汽车或飞机轮胎和内胎以及工业皮带的制造)	900 人以下
F	软件行业或信息处理服务行业	300 人以下
G	旅馆业	200 人以下

(3)行业协会与非营利组织性质的中小企业

该类型的申请人获批后可享受实质审查费 50% 的减免和专利费(第 1 年至第 10 年)50% 的减免。每年度同一申请人可享受 180 件减免指标。对于外国申请人而言,符合该项标准的主体资格必须具备法人资格,同时还需满足日本《外国法人设立法》《外国公司章程》《各合伙企业等成立之本法》《公司成立法》《促进特定非营利性活动法》等法律法规的要求。

(4)中小型创业公司(法人及独资经营者)

以下申请主体可申请实质审查费和专利费的减免:成立 10 年以内的独资经营者性质的中小型创业公司;或成立 10 年以内的法人性质的中小型创业公司,如该公司的资本金或总投资额在 3 亿日元以下,且不受大型公司控制(具体含义同"法人性质的中小企业"的同款内容)。该类型的申请人获批后实质审查费可降至 1/3,专利费(第 1

年至第 10 年）降至 1/3。该类型申请人无年度指标限制。

（5）小型企业（公司及独资经营者）

以下申请主体可申请实质审查费和专利费的减免：20 人以下的独资经营者性质的小型企业（如主营业务为批发和零售业或服务业的企业时为 5 人以下）；或 20 人以下的公司（如主营业务为批发和零售业或服务业的企业时为 5 人以下）且不受大型企业控制（具体含义同"法人性质的中小企业"的同款内容）。该类型的申请人获批后实质审查费可降至 1/3，专利费（第 1 年至第 10 年）降至 1/3。该类型申请人无年度指标限制。

（6）研发型中小企业（公司、独资经营者企业、行协会、非营利组织）

按照不同主体的不同性质细分为公司、独资经营者企业、行业协会和非营利组织。该类型的申请人获批后可享受实质审查费 50% 的减免和专利费（第 1 年至第 10 年）50% 的减免。每年度同一申请人可享受 180 件减免指标。

对于研发型独资经营者企业和公司而言，对员工人数和资金数额的要求与可以申请实质审查费及专利费（第 1 年至第 10 年）费用减免的中小企业是一致的，即要求符合表 9-8 和表 9-9 的相关要求。不同的是，中小企业要求不受大公司控制，而研发型中小企业则不存在控制关系的问题，取而代之的是寻求研发要求。

有关研发要求的具体内容，包括如下（a）~（f）共六个方面：

（a）在申请减免日所在年度的前一年（如申请减免日所在月份为 1 月至 3 月，则为两年前的整年），试验研究费等的占比（一年中试验研究费和开发费的总额占营业所得所涉及的总收入金额的比例）超过 3%（但在申请减免日，自开始营业之日起未满 27 个月，且无法计算试验研究费用等的占比的情况下，全职研究人员的人数为 2 人及以上，且该研究人员的人数占雇主和雇员总人数的比例为 10% 及以上）。

（b）在申请减免日所在会计年度的前一个会计年度（申请减免日在前一个会计年度结束后 2 个月内的情况下，则为两个会计年度），试验研究费等的占比［一个会计年度内试验研究费和开发费的总额占收入额（从收入总额中扣除固定资产或有价证券转让所产生收入金额后的金额）的比例］超过 3%（但在申请减免日，自成立之日起未满 26 个月，且无法计算试验研究费用比例的情况下，全职研究人员的人数为 2 人及以上，且该研究人员的人数占全职主管人员和雇员总数的比例为 10% 以上）。

（c）在该专利发明或发明涉及已获得《与科学技术·发明创造活跃化相关的法律》第 2 条第 16 款规定的指定补助金等的新技术研究开发项目的成果（仅限于自该项目终止之日起两年内提出申请）的情况下，该指定补助金等的获得者。

（d）在该专利发明或发明涉及针对按照中小企业等经营强化法第 15 条第 2 款规定的批准经营革新计划实施的经营革新的事业（仅限于涉及与技术有关的研究开发）的成果（仅限于自该批准经营革新计划终止之日起两年内提出申请），或涉及作为为了实施该成果所必需的，且遵循该批准经营革新计划而承袭的专利权或获得专利的权利的情况下，针对该经营革新的事业的实施者。

（e）在该专利发明或发明涉及按照修订前的中小企业等经营强化法第 17 条第 3 款

所规定的批准跨领域合作新业务领域开拓计划进行的跨领域合作新业务领域开拓的业务（仅限于涉及与技术有关的研究开发）的成果（仅限于自该批准跨领域合作新业务领域开拓计划终止之日起两年内提出申请），或涉及作为为了实施该成果所必需的，且遵循该批准跨领域合作新业务领域开拓计划而承袭的专利权或获得专利的权利的情况下，涉及该跨领域合作新业务领域开拓的业务的实施者。

（f）在该专利发明或发明涉及按照废止前的《与中小企业的制造基础技术高度化相关的法律》第5条第2款规定的批准计划进行的特定研究开发等的成果（仅限于自该批准计划终止之日起两年内提出申请），或涉及作为为了实施该成果所必需的，且遵循该批准计划而承袭的专利权或获得专利的权利的情况下，该特定研究开发的实施者。

日本国会第201届常会制定的《对〈为促进中小企业事业继承的中小企业经营继承顺畅化相关法律〉进行部分修改的法律》（也称《中小企业成长促进法》）删除了《日本特许法实施令》第10条第2款（e）项和（f）项。如果在实施日（2020年10月1日）的时间点符合研究开发要件的（e）项或（f）项，则可在实施日之后继续获得"审查费"和"专利费（1~10年）"的减免。不同类型的研发型中小企业对于上述6条研发要求有着不同的限定。研发型独资经营者企业需满足（a）、（c）~（f）中的任何一项；研发型中小公司、行协会和非盈利组织需要满足（b）~（f）项。

对研发型非营利组织而言，申请费用减免除满足相关研发要求外，还需要符合员工人数要求，如表9-10所示。

表9-10　研发型非营利组织需要满足的各项要件一览表

行业	经常使用的员工人数*
以下行业以外的行业（零售、批发和服务业）	300人以下
零售	50人以下
批发或服务业	100人以下

* 经营使用的员工是指根据《日本劳动基准法》第20条的规定："需要事先通知解雇的人"。

（7）免征法人税的中小企业（公司）

适用于2019年4月1日新减免制度的申请主体。按照不同主体的不同性质细分为公司、独资经营者企业、行业协会和非营利组织。该类型的申请人获批后可享受实质审查费50%的减免和专利费（第1年至第10年）50%的减免。每年度同一申请人可享受180件减免指标。

符合本条要求的外国申请人或专利权人必须满足如下要求：资本金或总投资额在3亿日元以下的的公司；无收入（营业收入总额减去营业费用总额）；不受任何其他法律实体控制，即申请人以外的单一公司拥有的股份总数或总出资额不超过1/2，申请人以外的多家公司拥有的股份或总出资额不超过2/3。

（8）自然人

当申请人为个人时，如果该个人为接受公共援助的人、免征市政居民税的人、免征所得税的人，或免征营业税的独资经营者，则可享受审查费用和专利费不同程度的减免。外国自然人申请人不符合"接受公共援助的人"的资格，但符合"免征市政居民税"、"免征所得税"和"免征营业税的独资经营者"条件的，也有资格享受费用减免。对外国申请人或专利权人的要求如下：

① 免征市政居民税的人：根据《日本所得税法》第 23 条至第 35 条和第 69 条的规定计算的各类收入（利息收入、股息收入、不动产收入、营业收入、工资收入、退休收入、林业收入、资本收益、临时收入和杂项收入）总额低于 150 万日元的人。

② 免征所得税的人：总收入低于 250 万日元的人。

③ 免征营业税的独资经营者：根据《日本所得税法》第 26 条和第 27 条的规定计算的不动产收入和营业收入总额低于 290 万日元的人。

需要注意的是，与其他主体提交费用减免申请的要求与程序不同，自然人申请减免时，需要额外提交费用减免申请书和证明文件。另外，免征所得税的自然人和免征营业税的独资经营者每年度同一申请人可享受 180 件减免指标。

不同类型的自然人享受不同幅度的减免政策，具体如表 9 - 11 所示。

表 9 - 11 不同类型的自然人享受的减免政策

自然人类型	专利			实用新型	
	审查请求费	专利费（第 1 年至第 3 年）	专利费（第 4 年至第 10 年）	技术评估的计费费用	注册费（第 1 年至第 3 年）
接受公共援助的人	免除	免除	50%	免除	免除
免征市政居民税的人	免除	免除	50%	免除	免除
免征所得税的人	50%	50%	50%	50%	3 年宽限期
免征营业税的独资经营者	50%	50%	50%	—	—

（9）学术研究者（大学研究员、大学等）（适用于 2019 年 4 月 1 日或之后申请的情况）

适用于 2019 年 4 月 1 日新减免制度的申请主体。该类型的申请人获批后可享受实质审查费 50% 的减免和专利费（第 1 年至第 10 年）50% 的减免。

符合该条费用减免政策的申请主体有：高校等机构的研究人员或工作人员、《学校教育法》第 1 条规定的技术学院内专门从事研究的工作人员、《国立大学法》第 2 条第 3 款规定的大学间研究所法人的负责人或专门从事其雇佣研究的人、建立大学（国立大学法人、公立大学法人、学校法人等）或技术学院（国立理工学院等）或大学间研究所法人的人。如果外国申请人符合如下要求之一，也可以享受该条所规定的费用减免：

- 在《学校教育法》第 1 条规定的相当于大学的学校（以下简称"大学"）专门

从事研究的人，如校长、副校长、院长、教授、副教授、助理教授、讲师、助理或其他工作人员。

● 《学校教育法》第 1 条规定的相当于技术学院的学校（以下简称"技术学院"）的校长、教授、副教授、助理教授、讲师、助理或其他工作人员，专门从事研究。

● 建立大学的人或建立技术学院的人。

（10）设立公共试验和研究机构的人士

"公共试验和研究机构"是指位于地方政府内进行研究和试验业务的实验室、研究机构和其他机构。该类型的申请人获批后可享受实质审查费 50% 的减免和专利费（第 1 年至第 10 年）50% 的减免。

（11）与测试方法相关的技术转移机构（TLO）

该类型的申请人获批后可享受实质审查费 50% 的减免和专利费（第 1 年至第 10 年）50% 的减免。该类型申请主体的含义是受让独立行政法人所拥有的与研究成果相关的专利权或者被授予专利权的权利，通过转让该专利权或者基于该被授予专利权而获得的专利权，设立独占许可或其他行为，针对试图运营该研究成果的民间运营者进行移转业务的人。

2. 部分申请主体的年度费用减免指标限制

如上所述，JPO 在 2024 年 3 月发布通知，对部分申请主体给予年度的费用减免指标限制，在上一主题中我们对被限制的申请主体进行了介绍。有关指标限制，补充说明如下：

（1）每个申请人每年最多可获得费用减免的专利申请为 180 件（每年 4 月 1 日至次年 3 月 31 日）。作为一般规则，每年获得费用减免的专利申请数量应由申请人自己管理。该制度适用于在生效日期（2024 年 4 月 1 日）或之后提交的申请。

（2）除了在请求审查时向 JPO 提交费用减免申请，通过修改程序和纠正误译（包括审判阶段的翻译）而增加权利要求时，也可提出审查费的减免或免除请求。这一费用减免请求也会被计入指标数据。但每件专利申请只计为一项。例如，如果在提出审查请求时已申请了费用减免或免除，则同一申请人因同一申请的程序性修改或误译而增加的减免和免除不会被重复计算。

（3）计算案件数目的顺序为正式审查后批准减免的顺序。因此，对于涉及费用减免请求的案件，不一定按费用减免请求提交顺序计算。

（4）如果申请人在同一年度已获得 180 次费用减免，JPO 将发布程序性修改令，规定其对第 181 个案件的减免申请进行正式审查时，必须全额支付。

（5）在联合申请的情况下，每名提出费用减免请求的申请人都将被计算一件申请。

（6）如果申请人在提交费用减免请求后因某种原因撤回申请并要求退回审查费用，则该案的计算份额也不会被删除。

（7）申请人或代理人可向 JPO 询问本年度剩余的指标。JPO 也会答复可确认范围内的案件数量。但因为该数据是动态更新的，因此答复只供参考。

第四节　在日本申请专利时的费用节省策略

一、可直接提交外文文本

如前所述，JPO 受理外文（例如中文或英文）文本的申请文件。因此，为了避免数额庞大的翻译加急费，尽管申请的官费稍有增加，但是在需要的情况下，也可以先向 JPO 提交外文（例如中文或英文）申请文件，然后在规定期限内补交日文译文。

二、尽可能减少权利要求数

如前节所述，在专利的整个审查和复审过程中，官费和代理费与权利要求数密切相关。

以申请日为 2019 年 4 月 1 日的日本国内发明专利申请或 PCT 国际发明专利申请的实质审查请求费用❶为例：

（1）国内申请实审请求：138000 日元 + 权利要求数 ×4000 日元；

（2）特许厅制作国际检索报告的国际发明专利申请：83000 日元 + 权利要求数 ×2400 日元；

（3）特许厅以外的机构制作国际检索报告的国际发明专利申请：124000 日元 + 权利要求数 ×3600 日元；

（4）提交特定登记检索机构交付的检索报告的国际发明专利申请：110000 日元 + 权利要求数 ×3200 日元。

与此相似，在复审、无效、订正审判、专利的异议程序中的费用和专利的年费都与权利要求的个数有密切的关联。

申请人可能会担心，减少权利要求数是否会影响授权后权利的稳定性。其实，根据日本特许法的规定，大可不必有这种担心。这是因为专利申请在日本授权后，申请人还有修改权利要求的机会，即通过"订正审判程序"可以修改授权后的权利要求。利用该"订正审判程序"，专利权人可以基于说明书记载的内容对权利要求进行缩减式修改，由此保障授权后专利权的稳定性。

三、对于没有授权前景的案件尽早放弃

据 2024 年 1 月 JPO 发表的《特许行政年次报告书 2023 年版》，到 2022 年末，专利的"确定授权所需时间"（标准审查期间）为 14.7 个月，"发出第一次审查意见通知书的时间"为 10 个月，目前日本的审查速度快于美国，但慢于中国和韩国。也就是说，在日本的申请进行实质审查时，该申请的同族申请在其他国家很可能已经有了审

---

❶ 参见：https：//www.jpo.go.jp/system/process/tesuryo/hyou.html#tokyoryou。

查意见或决定。根据这些审查意见或决定，申请人认为该日本申请的授权前景很小时，可以尽快放弃该日本申请。而且，如果主动提出放弃申请，还可以利用实质审查费用返还制度，要求返还 1/2 实质审查费。

四、考虑将发明专利申请变更为实用新型专利申请

如前节介绍，在日本可以将发明专利申请变更为实用新型专利申请，而且日本的实用新型专利申请采用无实质审查制度。因此，在收到针对发明专利申请的驳回决定后，申请人认为该发明专利申请的授权前景渺茫，或者即使授权，保护范围也非常狭窄时，可以考虑在规定期限内将其变更为实用新型专利申请，以便获得实用新型专利授权。

五、灵活运用与审查员的会晤，减少审查意见通知书的次数

JPO 的审查员比较愿意与申请人或代理人进行沟通，中国的申请人也可以充分利用会晤的机会向审查员解释发明的要点、难点，争取一次性解决申请中存在的新颖性、创造性的缺陷，减少审查意见通知书的次数和答复费用，早日授权。申请人在与审查员沟通的过程中如果发现申请没有授权的前景，可采用本节第三部分的方式主动提出放弃申请，并利用实质审查费用返还制度，要求返还 1/2 实质审查费。

第十章
韩 国

韩国于 2015 年加入"一带一路"倡议。从 2022 年 2 月 1 日起,《区域全面经济伙伴关系协定》正式对韩国生效。中韩两国在经贸往来、科技合作、供应链互补等方面已形成良好的合作关系并在未来具有较大的合作空间。根据韩国知识产权局（KIPO）的 2022 年专利数据统计,发明专利申请量为 237633 件,比 2018 年增长 13%;专利授权 135180 件,比 2018 年增长 13.6%。在韩国提交专利申请的外国申请人当中,美国、日本、中国的申请量分别位列第一至三位,并且中国的申请量在逐年增加,2022 年中国企业在韩国提交专利申请达到 6320 件。

鉴于在韩国提交专利申请的重要性,本章主要介绍在韩国申请专利时的成本。与前述各章节相同,本章先介绍韩国的发明专利审查程序、获得专利权所需费用、费用的返还和减免等内容,最后基于上述内容对中国申请人向韩国申请专利时在节省各项费用方面提出一些建议。

第一节　韩国专利申请程序

一、专利申请进入韩国的途径

一般而言,中国申请人在韩国获得专利权,一般有下述 3 种途径:
（1）通过 PCT 途径进入韩国国家阶段;
（2）通过《巴黎公约》途径,要求优先权提交韩国申请;
（3）直接向 KIPO 提交专利申请。

二、韩国专利申请程序简介

图 10 - 1 是在韩国获得发明专利权的基本流程图。

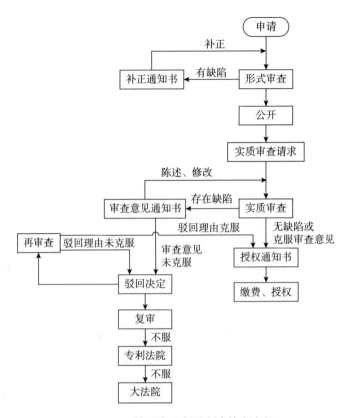

图 10 - 1　韩国发明专利申请基本流程

1. 提交申请

为了获得专利权，申请人需要向 KIPO 提交必要的申请文件，例如请求书、说明书、摘要以及附图等；如通过《巴黎公约》途径提交，还需提供优先权证明文件。在韩国，权利要求书并不是一个独立的申请文件，而仅是说明书的一部分。

在向 KIPO 提交上述文件时，需要注意以下 5 个问题：

（1）在 PCT 国际申请进入韩国国家阶段时，需要自优先权日起 31 个月内提交说明书等全部文件。如果进入日在优先权日起 30 ~ 31 个月之间，申请人可以在提交日起 1 个月内补交韩文译文。如果进入日在优先权日起 30 个月之前，则申请人在进入时必须同时提交韩文译文。

（2）在通过《巴黎公约》途径或直接向 KIPO 提交申请时，需要自优先权日起 12 个月内提交全部文件，韩文译文可以在优先权日起 14 个月内补交。

（3）对于申请文本，如果出现翻译错误，可通过"翻译错误订正书"（오역정정서）进行修改，但需要缴纳较多的官费，官费可达实质审查请求费的一半。因此，在翻译相关申请文件时，一定要谨慎、细心。

（4）在通过《巴黎公约》途径或直接向 KIPO 提交申请时，在申请日提交的申请文件中，可以不包括权利要求书部分。提交申请后，自申请日（要求优先权的，自最早的优先权日）起 14 个月，或者收到第三人已提出实质审查请求的通知书之日起 3 个月，二者中最早的期限届满前，申请人可以补交权利要求书。该期限届满前未提交权利要求书的，该申请将被视为撤回。

（5）在通过《巴黎公约》途径提交申请时，需要提供优先权证明文件或 DAS 码，补交期限为优先权日起 16 个月，逾期未交则视为未要求优先权。如果优先权为美国、欧洲、日本申请，则无须提供证明文件。

2. 形式审查

在申请人提交专利申请后，KIPO 会对申请文件进行形式审查。如果审查员发现申请文件存在形式缺陷，将会发出补正通知书。申请人应当在规定期间内，进行补正；期满未补正或者补正不合格的，该申请将不予受理。

3. 申请公开

申请日（要求优先权的，自优先权日）起 18 个月，相关申请文件将被公开。通过 PCT 途径进入韩国国家阶段的申请，一般已经在 PCT 国际阶段公开，因此将在进入韩国国家阶段后的短时间内在韩国公开。申请人提出申请的话，也可以提前公开发明的内容。

4. 实质审查请求

申请日起 3 年内，任何人（申请人或第三人）可对该申请提出实质审查请求。即使申请尚未公开，也可以提出实质审查请求。期满未提交实质审查请求的，视为撤回专利申请。

5. 实质审查

依照申请人提出的实质审查请求，KIPO 对发明专利申请的可专利性进行实质审查。KIPO 认为该申请具有可专利性时，将直接授予专利权。KIPO 认为该申请存在不能授权的缺陷时，将发出审查意见通知书。针对该审查意见通知书，申请人可以进行答辩和/或修改。

答复审查意见通知书的时间每次一般为 2 个月。此外，该答复时间最多还可以延长 4 次，最长延迟 4 个月。具体而言，可以一次申请延期 4 个月；也可以每次申请延期 1 个月，最多申请 4 次；还可以 1 次或多次申请，总计延长 4 个月。

KIPO 认为申请人提交的答辩和/或修改意见克服了审查意见通知书指出的缺陷且不存在其他缺陷时，将发出授权通知书。KIPO 认为申请人提交的答辩和/或修改意见仍然没有克服所指出的缺陷时，将发出驳回决定。

6. 再审查与复审

针对上述驳回决定，申请人可以在收到驳回决定之日起 3 个月（对于中国申请人而言，可以申请延期 60 天）内提出再审查请求或复审请求。但是，二者只能选择一个。

（1）再审查

再审查与目前中国或日本的前置审查类似。在提出再审查请求时，申请人必须对说明书、权利要求书或者附图等申请文件进行修改（此处的修改可以仅是形式修改，即并不修改实质内容），在修改后的申请文件的基础上由原审查员再次对该申请进行审查。再审查请求仅可提出一次，亦即仅可针对第一次驳回决定提出。

经过再审查，KIPO 认为以前的缺陷没有被克服的，将会立刻再次发出驳回决定；认为以前的缺陷被克服但又发现新的缺陷时，将会发出新的审查意见通知书；认为以前的缺陷被克服且无新的缺陷时，将会发出授权通知书。

（2）复审

针对 KIPO 发出的驳回决定（包括第一次驳回决定和再审查后的驳回决定），申请人可以向审判院（类似于中国的专利局复审和无效审理部）提出复审请求。在提交复审请求时，需要注意的是不能对说明书、附图等申请文件进行修改。

复审仅审查驳回决定的理由是否成立。经过复审，审判院认为驳回决定正确的，将发出维持驳回决定的复审决定；审判院认为驳回决定的理由不正确的，将撤销驳回决定，由原审查员继续进行审查。

7. 行政诉讼

申请人不服审判院作出的不利于自己的复审决定时，可以向专利法院提起诉讼（专属管辖），要求撤销上述复审决定。申请人对于专利法院作出的不利于自己的判决，可以向韩国大法院提起上诉。

三、韩国专利申请特色程序

1. 优先审查制度

据 2022 年 KIPO 年报统计❶，2021 年，对于发明专利申请而言，从实质审查请求日到发出第一次审查意见通知书的时间约为 12.2 个月，而通过韩国优先审查的案件大约是平均 2.5 个月。对于部分希望尽快进行审查的申请，《韩国发明专利法》❷ 第 61 条规定的优先审查制度是很好的程序选择。满足下述条件之一的申请可以优先进行审查，一般在申请优先审查后 2~3 个月内进行审查：

（1）公开后他人正在实施的申请；

（2）总统令规定的作为专利申请需要紧急处理的申请。

《韩国发明专利法施行条令》第 9 条对上述"总统令规定的作为专利申请需要紧急处理的申请"进行了进一步明确，其主要包括：

① 国防工业领域的申请。

② 与绿色环保技术直接相关的发明专利申请。

③ 与促进出口直接相关的发明专利申请。

④ 与国家或地方政府的公务相关的发明专利申请。

⑤ 被认定为创业企业的企业的发明专利申请。

⑥ 与国家新技术开发项目成果相关的发明专利申请。

⑦ 成为优先权基础的发明专利申请（必须基于该申请向国外提交了专利申请）。

---

❶ KIPO. Annual Report 2022 [EB/OL]. [2024 – 07 – 15]. https：//www.kipo.go.kr/upload/en/download/Annual_Report_2022.pdf.

❷ 韩国对于发明、实用新型以及外观设计是分别立法的，本书主要涉及《韩国发明专利法》。

⑧ 申请人正在实施或者正在准备实施的发明专利申请。

⑨ PPH 和 PCT – PPH 发明专利申请。

⑩ KIPO 局长已与任何外国专利局局长达成协议优先审查的发明专利申请。

⑪ 申请人为自然人，存在以下情形之一的发明专利申请：

（a）年龄在 65 岁以上；

（b）健康问题导致其无法等到审查程序结束，需要进行优先审查。

⑫ 根据《韩国传染病防治法》第 2 条第 21 款规定，与医疗、防疫用品直接相关的发明专利申请。

⑬ 根据《韩国灾害与安全管理基本法》第 73 – 4 条认证的与灾害安全产品直接相关的发明专利申请。

根据目前的实务操作，中国申请人至少对满足上述（1）以及（2）的②、③、⑧、⑨的申请可以请求优先审查。

2. 实质审查延期审查制度

与优先审查相反，申请人当希望推迟实质审查时间时，依据《韩国发明/实用新型专利申请审查事务规定》的规定，可以在请求实质审查时或审查请求日后 9 个月之内提交审查延期申请书。这样，可在申请人指定的希望审查时间点（实质审查请求日起 24 个月至申请日起 5 年内）起 12 个月内进行实质审查。延期审查请求在提交后 2 个月内可以变更或撤回。

3. 授权后的再审查请求制度

根据 2022 年 4 月修订后的《韩国发明专利法》，在发出授权通知后，专利注册之前，申请人可以请求撤回授权，重新审查，以修改明显错误或者清晰度问题。

4. 分离申请

根据 2022 年 4 月修订后的《韩国发明专利法》，当复审作出维持驳回决定的决定后，申请人可以在 30 天内，针对驳回决定中未被驳回的权利要求，提出分离申请。该制度在无法提出分案申请的节点，为申请人提供了灵活的选择，适用于 2022 年 4 月 20 日以后提出复审的申请。

如果驳回决定中，所有权利要求都被驳回，则不能提出分离申请，但是不能基于分离申请提出另一分案申请或者分离申请。

5. 补偿性专利保护期延长制度

该制度是针对申请的审查期间过长而对申请人造成的损失进行补偿的专利保护期延长制度。具体而言，申请日起 4 年或者提出实质审查请求日起 3 年，以二者中较晚的日期起算，专利审查期间进一步延迟，在获得授权后，依据申请人的请求，对于专利保护期，可以相应延长延迟的期间。

6. 实用新型专利制度

韩国的实用新型专利与发明专利一样，需经过实质审查后才能获得授权。申请日起 3 年内，任何人（申请人或第三人）可对该实用新型专利申请提出实质审查请求。

在实务中，实用新型专利的保护主题仅限于产品，其保护期限为自申请日起 10

年。除此以外，其他与发明专利几乎相同。

另外，根据《韩国实用新型法》第 10 条的规定，发明专利申请可以变更为实用新型专利申请。具体而言，在收到针对发明专利申请的驳回决定通知书之日起 3 个月内，可以将发明专利申请变更为实用新型专利申请。

同样，根据《韩国发明专利法》第 53 条的规定，实用新型专利申请也可以变更为发明专利申请。具体而言，在收到针对实用新型专利申请的驳回决定通知书之日起 3 个月内，可以将实用新型专利申请变更为发明专利申请。

7. 与审查员充分沟通制度（专利审查 3.0 制度）

在专利审查的全过程中，申请人可以通过会晤方式与审查员进行沟通，加速审查进程，提高审结效率。例如，在审查意见发出前通过会晤的方式，双方讨论技术方案及修改建议，用以尽快达到授权要求；在收到驳回通知后，申请人可以通过和审查员会晤，就补正方案交换意见，从而更有针对性地克服缺陷。

另外，如果中国申请人可以证明发明专利申请"正在实施或者正在准备实施"，则可以利用批量审查制度。申请人希望审查员在某一指定时间启动对一个产品组（包括服务）或同一业务相关的两项或多项申请进行批量审查时，可以提出申请，向审查员全面解释专利、商标、外观设计等相关信息，并协商期望开始批量审查和结束审查的时间。这样，通过对多个知识产权进行整套保护，促进申请人研发成果的商品化和技术转让的活跃化。

第二节　韩国专利申请费用

为了在韩国获得专利权，除了必须向 KIPO 提交规定的申请文件，还必须缴纳 KIPO 规定的费用（以下简称"官费"）。此外，根据《韩国发明专利法》第 5 条的规定，中国申请人在韩国申请专利时，必须委托韩国专利代理人代为处理相关事宜。因此，在申请的过程中，申请人还需要承担韩国专利代理人的费用（以下简称"代理费"）。下面基于第一节介绍的审查程序，简单介绍在韩国获得专利权时所需的主要费用。下文中人民币数额按照 2024 年 6 月 6 日中国银行折算价 1 韩元 =0. 005238 元人民币换算。

1. 提交申请

（1）官费

① 专利申请费

根据 KIPO 的规定，提交申请时需要缴纳申请费，具体如表 10 - 1 所示。

表 10 - 1　韩国发明专利申请提交阶段费用一览表

专利申请费	金额	
	韩元	人民币
电子申请	46000	240. 95

续表

专利申请费	金额	
	韩元	人民币
纸件申请		
a. 基本费	66000	345.71
b. 说明书、附图和摘要总计超过 20 页时每页的附加费	1000	5.24

② 优先权费

根据 KIPO 的规定，在申请时要求优先权的，还需要缴纳优先权费，具体如表 10 - 2 所示。

表 10 - 2　韩国发明专利申请优先权费用一览表

优先权费用	金额	
	韩元	人民币
电子申请		
a. 基本费	18000	94.28
b. 优先权超过 1 个时每增加 1 个优先权的附加费	18000	94.28
纸件申请		
a. 基本费	20000	104.76
b. 优先权超过 1 个时每增加 1 个优先权的附加费	20000	104.76

（2）代理费

如果申请文件的撰写在中国国内完成，则韩方的代理费主要包括基本代理费、翻译费和制作符合 KIPO 格式要求的交局文件等费用。根据韩国代理机构的标准报价，并结合机械、电子、化学三个领域随机抽取的专利申请案账单，韩国代理机构新申请提交阶段的收费情况如表 10 - 3 所示。

表 10 - 3　韩国代理机构新申请阶段收费统计

代理费项目	金额							
	最低		最高		中位数		平均	
	美元	人民币	美元	人民币	美元	人民币	美元	人民币
准备和提交新申请（不含翻译费）	665.00	4728.68	2729.00	19405.37	1255.45	8927.23	1260.34	8962.04

说明：考虑到不同申请的文本字数对新申请提交阶段费用情况影响较大，表中统计中未包含英译韩翻译费。从以往经验来看，英译韩翻译费一般每百英文词为 20～26 美元。

2. 形式审查

在该阶段一般没有官费发生。但是，如果出现补正通知书，并请韩方代理人答复该通知书，一般会发生官费和代理费。例如，向 KIPO 补交委托书需要缴纳 4000 韩元（约合人民币 20.95 元）的官费和约 90 美元的代理费。

3. 申请公开

在该阶段一般没有官费发生。另外，如果申请人希望专利申请文件提前公开，韩方代理人需要制作并提交请求书。该项工作的代理费一般约为 100 美元。

4. 提交实质审查请求

（1）官费

向 KIPO 提交实质审查请求的官费与权利要求数密切相关，具体如下计算：

① 对于 2023 年 8 月 1 日起提交或基于 2023 年 8 月 1 日起提交的 PCT 国际申请的韩国申请：166000 韩元 + 权利要求项数 ×51000 韩元

（约合人民币：868.3 元 + 权利要求项数 ×267.2 元）

② 对于 2023 年 8 月 1 日之前提交或基于 2023 年 8 月 1 日之前提交的 PCT 国际申请的韩国申请案件：143000 韩元 + 权利要求项数 ×44000 韩元

（约合人民币：749 元 + 权利要求项数 ×230.5 元）

（2）代理费

该阶段韩方代理人的工作主要为提交实质审查请求文件。结合随机抽取的案件来看，韩国代理机构提交实质审查请求的收费情况如表 10 - 4 所示。

表 10 - 4　韩国代理机构提交实质审查请求收费统计

代理费项目	金额							
	最低		最高		中位数		平均	
	美元	人民币	美元	人民币	美元	人民币	美元	人民币
提交实质审查请求文件	100.00	711.08	968.50	6886.81	247.50	1759.92	306.85	2181.98

5. 主动修改

根据《韩国发明专利法》的规定，在收到第一次审查意见通知书之前的任何时候或答复第一次审查意见通知书时均可以进行主动修改。实务上，常见于申请人在提交实质审查请求的同时进行主动修改，此阶段需要韩方代理人制作修改页，一般会发生官费和代理费。例如，在以电子形式提交时，申请人需缴纳 4000 韩元（约合人民币 20.95 元）的官费；在以纸件提交时，需缴纳 14000 韩元（约合人民币 73.33 元）的官费。

6. 实质审查

（1）官费

在该阶段，如果答复审查意见通知书，申请人对权利要求进行了修改，则可能会发生两部分官费。

① 提交补正书的费用

在以电子形式提交时，申请人需缴纳 4000 韩元（约合人民币 20.95 元）的官费；在以纸件提交时，需缴纳 14000 韩元（约合人民币 73.33 元）的官费。

② 权利要求数增加的费用

申请人修改后的权利要求书中的权利要求数超过了原权利要求数，新增加的每项权利要求需要缴纳 51000 韩元❶（约合人民币 267.14 元）/44000 韩元❷（约合人民币 230.5 元）的官费。

（2）代理费

该阶段的代理费一般按照有效工作时间计费，因而差异较大。结合随机抽取的案件来看，韩国代理机构答复一次审查意见通知书的收费情况如表 10 - 5 所示。

表 10 - 5　韩国代理机构答复审查意见通知书的收费统计

代理费项目	金额							
	最低		最高		中位数		平均	
	美元	人民币	美元	人民币	美元	人民币	美元	人民币
转达并答复审查意见通知书（一次）	210.00	1493.27	4513.89	32097.37	1044.19	7425.03	1105.43	7860.47

另外，申请人在答复期间可以提出延期请求。在程序部分已经介绍了申请人最多可以要求 4 次延期，其官费分别为 1 次 20000 韩元（约合人民币 104.76 元）、2 次 30000 韩元（约合人民币 157.14 元）、3 次 60000 韩元（约合人民币 314.28 元）、4 次 120000 韩元（约合人民币 628.56 元）。每次延期请求的代理费大约为 100 美元（非固定数额，具体视韩国事务所收费标准而定）。

7. 年费

在收到授权通知书后，申请人需要一次性缴纳第 1～3 年的年费，此后需要每年缴纳年费。

（1）官费

韩国发明专利年费如表 10 - 6 所示。

---

❶ 该官费适用于 2023 年 8 月 1 日起提交或基于 2023 年 8 月 1 日起提交的 PCT 国际申请的韩国申请案件。
❷ 该官费适用于 2023 年 8 月 1 日之前提交或基于 2023 年 8 月 1 日之前提交的 PCT 国际申请的韩国申请案件。

表10-6 韩国发明专利年费官费一览表

期限	项目	金额	
		韩元	人民币
第1~3年（每年）	基本费	13000	68.09
	每项权利要求的附加费	12000	62.86
第4~6年（每年）	基本费	36000	188.57
	每项权利要求的附加费	20000	104.76
第7~9年（每年）	基本费	90000	471.42
	每项权利要求的附加费	34000	178.09
第10~12年（每年）	基本费	216000	1131.41
	每项权利要求的附加费	49000	256.66
第13~25年（每年）	基本费	324000	1697.11
	每项权利要求的附加费	49000	256.66

（2）代理费

结合随机抽取的案件来看，韩国代理机构办理授权登记手续的收费情况如表10-7所示。

表10-7 韩国代理机构办理授权登记手续的收费统计

代理费项目	金额							
	最低		最高		中位数		平均	
	美元	人民币	美元	人民币	美元	人民币	美元	人民币
办理授权登记手续	100.00	711.08	555.00	3946.49	170.00	1208.84	100.00	711.08

8. 再审查和复审

（1）官费

再审查与复审的官费均与请求复审时的权利要求数密切相关。具体计算方法分别如下。

① 再审查

100000韩元+（权利要求项数×10000韩元）

（约合人民币523.80元+权利要求数×52.38元）

② 复审

150000韩元+（权利要求项数×15000韩元）

（约合人民币785.70元+权利要求数×78.57元）

（2）代理费

该阶段的代理费可参照实质审查阶段的代理费。但是由于案情比较疑难、复杂，因此费用会相应增加。例如，前述中等规模的事务所，再审查阶段的代理费一般为1800～2800美元，而复审阶段的代理费一般为2400～2900美元。当然，随着权利要求数增加，或者对比文件数增加，该数额还可能会增加。

9. 行政诉讼

在诉讼的相关整体费用中，法院的手续费占比不太高，大致为几百美元，而律师和专利代理人的费用则占了较大部分。关于代理费，目前有风险代理、按工作时间计费以及风险代理与按工作时间计费结合3种计费方式。对于中国申请人而言，多采用按工作时间计费的方式。具体的费用因案件的不同差异很大，一般为9000美元以上。

10. 优先审查

申请优先审查的官费为200000韩元（约合人民币1047.60元）。

11. 实质审查延期审查

申请实质审查延期审查不需要缴纳官费，仅提交申请即可。提交该申请的代理费为约100美元（非固定数额，具体视韩国事务所收费标准而定）。

12. 发明专利和实用新型相互变更

（1）根据《韩国实用新型法》第10条的规定，将发明专利申请变更为实用新型专利申请时，需要向KIPO缴纳变更费20000韩元（约合人民币104.76元），同时补缴该实用新型专利新申请所需缴纳的全部官费。相应地，代理费也基本按照实用新型专利新申请的代理费（与发明专利申请几乎相同）收取。

（2）根据《韩国发明专利法》第53条的规定，将实用新型专利申请变更为发明专利申请时，需要向KIPO缴纳变更费46000韩元（约合人民币240.95元），同时补缴该发明专利新申请所需缴纳的全部官费。相应地，代理费也基本按照发明专利新申请的代理费收取。

第三节　韩国专利申请的费用优惠

为了真正实现《韩国发明专利法》的立法本意，促进科学技术发展，KIPO还设置了诸多费用减免的措施。下面简单介绍这些措施的具体内容。

一、《韩国发明专利法》第83条的规定

《韩国发明专利法》第83条规定了官费的减免，具体规定如下：

（1）尽管有发明专利法第79条和第82条的规定，但在以下情况下KIPO局长可以免除官费：

① 属于国家的专利申请或专利权的官费；或

② 根据发明专利法第133条第1款，第134条第1款、第2款或第137条第1

款，由审查员提出的无效判决申请程序的费用。

（2）尽管有发明专利法第 79 条和第 82 条的规定，但是对于符合以下任一情况的申请人，KIPO 局长可以减免《产业通商资源部条例》规定的费用：

① 根据《国家基本生活保障法》享受医疗福利的人；

② 居住或主要办公地点位于《灾害与安全管理基本法》第 36 条规定的灾区或根据该法第 60 条被宣布为特别灾区的地区，并符合《产业通商资源部条例》规定的条件的人；

③《产业通商资源部条例》规定的其他人。

（3）利用第 2 款规定的官费减免的人应当向 KIPO 局长提交《产业通商资源部条例》规定的文件。

二、《专利费用等的征收规则》第 7 条的规定

在《专利费用等的征收规则》中，第 7 条对上述减免措施进行了更具体、明确的规定，具体如下。另外，需要提醒的是，以下减免政策的大部分内容主要适用于韩国国籍的申请人。对于中国申请人而言，是否符合减免条件，建议在委托具体案件的时候与韩国代理人等相关方进行详细确认。

1. 可减免 100% 的专利费用的情形

（1）可减免 100% 的申请费、审查请求费、最初 3 年的专利年费的情形：

①《韩国国民基本生活保障法》第 12 条第 3 款规定的医疗补助领取人；

②《韩国对国家有功者礼遇和支援的法律》第 4 条和第 5 条规定的对国家有功的人、其遗属及其家属；《韩国对 5·18 民主有功者礼遇的法律》第 4 条和第 5 条规定的对"5·18"民主有功的人、其遗属及其家属；依据《韩国对枯叶剂后遗症患者支援等的法律》第 4 条及第 7 条登记的枯叶剂后遗症患者、枯叶剂后遗症疑似患者以及枯叶剂后遗症 2 代患者；《韩国对执行特殊任务的人支援以及设立团体的法律》第 3 条和第 4 条规定的执行特殊任务的人及其遗属；独立有功者、其遗属及其家属；参战有功者；有资格获得支助的人、其遗属及其家属；有资格领取退伍军人抚恤金的残疾人、其遗属及其家属；

③ 依据《韩国残疾人保障法》第 32 条第 1 款登记的残疾人（需提交证明其资格的文件）；

④《韩国初等、中等教育法》第 2 条以及《韩国高等教育法》第 2 条规定的在校学生（在校研究生除外）；

⑤ 6 岁以上未满 19 岁的人；

⑥《韩国兵役法》第 5 条第 1 款第 1 项和第 3 项规定的士兵、作为公共利益勤务人员进行服务或者执行转化服务的人。

（2）可减免 100% 的转让登记费、质押设立登记费、第 4 年至期满后的专利年费的情形：

《韩国发明促进法》第 32-3 条第 1 款规定的专门机构及同一条第 3 款规定的专门

机构，包括根据《购买及使用有担保工业产权项目运作指南》执行项目的机构。

（3）可减免100%的申请人变更报告费、权利转让登记费的情形：

根据《韩国促进技术转让和商业化法》第11条第1项设立的专门组织，由国家和公立学校所有的教职员工发明、设计或创造并为国家或地方政府所有的权利等转让的情形。

2. 可减免85%的专利费用的情形

申请人为自然人，年龄在19周岁未满30周岁，以及65周岁以上者，可减免85%的申请费、审查请求费、最初3年的专利年费。

3. 可减免70%的专利费用的情形

除上述所列人员外的个人以及符合《韩国中小企业基本法》第2条第1款规定的中小企业，可减免70%的申请费、审查请求费、最初3年的专利年费。

4. 可减免50%的专利费用的情形

（1）《韩国中小企业基本法》第2条规定的小企业（以下简称"小企业"），或者该条规定的中企业（以下简称"中企业"）和该条规定的不是中小企业的企业（以下简称"大企业"）依据合同进行共同研究，在对研究成果依据《韩国发明专利法》或《韩国实用新型法》共同进行申请或审查请求时，可减免50%的申请费、审查请求费、最初3年的专利年费。

（2）《韩国促进技术转让和商业化法》第2条第6项规定的公共研究机关，或者第11条第1款规定的承担组织，可减免50%的申请费、审查请求费、最初3年的专利年费。

（3）《韩国地方自治法》规定的地方自治体，可减免50%的申请费、审查请求费、最初3年的专利年费。

5. 可减免30%的专利费用的情形

（1）《韩国促进中型企业增长和提高竞争力特别法》规定的中型企业，可减免30%的申请费、审查请求费、最初3年的专利年费，同时可减免第4～9年的专利年费的30%。

（2）对于符合以下任一条件的中型企业，最多可减免第4～9年专利年费的50%（付款截止日：2026年2月28日）：

① 根据《韩国发明促进法》第11-2条被评选为员工发明报酬优秀企业的企业；

② 根据《韩国发明促进法》第24-2条获得知识产权管理认证的企业。

6. 特殊情况下的减免

在宣布为特别灾区等情况下的减免对象，如果实施减免或豁免，将在KIPO官网的"公告"中另行公布。实施减免或豁免的，减征或者免征期限为自宣布灾害或者特殊灾区之日起1年。根据《韩国灾害及安全管理基本法》第36条规定，在灾害情况下或根据该法第60条宣布为特别灾区的个人和法人（法人以本部为单位），以及针对在宣布灾害或特别灾区之日有地址的个人和企业：

（1）当满足下述任一情形的，可免除相应规定的申请费、审查请求费、最初3年的专利年费：

① 年龄在 19 岁以上未满 30 岁之间的人，以及 65 岁以上的人，可免除 90% 的申请费、审查请求费、最初 3 年的专利年费；

② 除上述所列人员外的个人、符合《韩国中小企业基本法》第 2 条第 1 款规定的中小企业，可免除 80% 的申请费、审查请求费、最初 3 年的专利年费；

③《韩国促进技术转让和商业化法》第 2 条第 6 项规定的公共研究机关、第 11 条第 1 款规定的承担组织、中小企业联合研究成果申请、《韩国地方自治法》第 2 条第 1 款规定的地方自治体，可免除 70% 的申请费、审查请求费、最初 3 年的专利年费；

④《韩国促进中型企业增长和提高竞争力特别法》规定下的中型企业，可免除 50% 的申请费、审查请求费、最初 3 年的专利年费；

⑤ 除上述所列出的减免的情形，可免除 30% 的申请费、审查请求费、最初 3 年的专利年费。

（2）当满足下述任一情形的，可免除相应规定比例的从第 4 年起的专利年费：

① 个人，符合《韩国中小企业基本法》第 2 条第 1 款规定的中小企业，《韩国促进技术转让和商业化法》第 2 条第 6 项规定的公共研究机关、第 11 条第 1 款规定的承担组织、第 35 条第 2 款第 6 项规定的技术信托管理机构，《韩国地方自治法》规定的地方自治体，可免除 70% 的专利年费；

②《韩国促进中型企业增长和提高竞争力特别法》规定的中型企业，可免除 50% 的第 4~9 年专利年费；

③ 根据《韩国发明促进法》第 11-2 条规定，被评选为职业发明报酬优秀企业之中小企业，依《韩国发明促进法》第 24-2 条规定获得知识产权管理认证之中小企业，可免除第 4~9 年专利年费的 80%；

④ 根据《韩国发明促进法》第 11-2 条，被评选为职业发明报酬优秀企业的中型企业，以及根据《韩国发明促进法》第 24-2 条规定获得知识产权管理认证之中型企业，可免除第 4~9 年专利年费的 70%；

⑤ 根据《韩国银行法》第 2 条第 2 款的银行，限于 2024 年 12 月 31 日前转让权利的案件，可免除 70% 的专利年费；

⑥ 除上述所列出的减免的情形，可免除 30% 的专利年费。

7. 限期享受减免专利费的情形（仅限于专利申请）

（1）根据《韩国先进医疗联合体培育特别法》第 26 条提出的专利申请，先进医疗联合体中的常驻医疗研发机构提出的与医疗研发相关的专利申请优先审查申请（截至 2024 年 12 月 31 日，每年限 2 件）：

① 年龄在 19 岁以上未满 30 岁的人，以及 65 岁以上的人，可免除 85% 的申请费、审查请求费、最初 3 年的专利年费；

② 除上述所列人员外的个人、以及符合《韩国中小企业基本法》第 2 条第 1 款规定的中小企业，可免除 70% 的申请费、审查请求费、最初 3 年的专利年费；

③《韩国促进技术转让和商业化法》第 2 条第 6 项规定的公共研究机关、第 11 条

第 1 款规定的承担组织，可免除 50% 的专利年费；

④《韩国促进中型企业增长和提高竞争力特别法》规定下的中型企业，可免除 30% 的申请费、审查请求费、最初 3 年的专利年费。

（2）根据《韩国企业创业支援法施行令》第 3 条规定，符合《韩国中小企业基本法》第 2 条第 1 款规定的中小企业，自开业之日起 3 年内提出的专利申请优先审查申请（截至 2026 年 12 月 31 日，每年限 10 件）。可免除 70% 的申请费、审查请求费、最初 3 年的专利年费，自开始营业之日起是指公司注册日期或个人营业开始日。

三、《专利费用等的征收规则》第 10 条的规定

《专利费用等的征收规则》第 10 条对 PCT 国际申请进入韩国国家阶段时的费用减免进行了如下规定：

（1）提交审查请求的同时，提交了外国专利局制作的国际检索报告时，审查请求费减免 10%；

（2）提交审查请求的同时，提交了 KIPO 制作的国际检索报告和国际初步审查意见时，审查请求费减免 70%。

第四节　在韩国申请专利时的费用节省策略

一、合理安排翻译

韩语是小语种，翻译一般均需委托韩方代理人完成。基于提供文本的不同，韩方代理人的翻译费也不同。比较而言，基于日文的翻译费相对最便宜，其次是英文，而中文则最高。因此，建议申请文件的英文文本最好在中国国内完成，然后由韩方代理人基于英文文本进行翻译。当然，如果能够给韩方代理人提供日文文本，则更为上策。

二、适当删减权利要求数

韩国专利申请中的部分官费是由基本费和每项权利要求附加费组成的，而且每项权利要求附加费不低。因此，如果可以通过删减或者合并权项数量，则可以节省不少申请费用。在实践中，申请人一般在提出实质审查请求的同时进行主动修改。

第十一章

澳大利亚

澳大利亚具有活跃而成熟的知识产权市场。澳大利亚早在 1903 年就正式建立了联邦专利制度。作为英联邦国家，澳大利亚专利法沿袭英国的法律体系。1904 年澳大利亚专利局（APO）成立，负责专利的注册，1933 年起接管商标和外观设计。1998 年，澳大利亚知识产权局（IPA）成立，取代 APO。IPA 负责专利、商标、外观设计和植物新品种的申请、注册和授权的管理。在澳大利亚加入 PCT 后，IPA 也负责 PCT 国际检索和国际初步审查。

作为成熟的消费型西方市场经济国家，拥有 2600 万人口的澳大利亚，2023 年的 GDP 排名世界第 13 位。世界各大企业在澳大利亚市场竞争活跃，而在竞争中积极采用知识产权保护策略则是各国企业的共识。据统计，澳大利亚 90% 的专利被海外的申请人所拥有。LG 电子、IBM、华为技术、广东 OPPO 移动通信、雀巢公司和苹果公司等，都是在澳大利亚申请排名前几位的海外申请人。近年来，中国企业非常重视在澳大利亚的知识产权保护，申请量增长迅猛。根据统计数据，2015～2020 年，来自中国的专利申请年均增长率为 25.3%，自 2021 年起增长势头明显放缓，但在 2023 年，来自中国申请人的申请量仍达到 2459 件，中国成为在澳大利亚专利申请的第二海外来源国家。华为技术、广东 OPPO 移动通信在海外申请人中排名前列，已能媲美其他跨国公司。

本章将就澳大利亚专利保护制度和中国申请人在澳大利亚申请专利可采取的降低成本的策略作一探讨。

第一节　澳大利亚的专利保护类型和专利申请程序

澳大利亚现行的专利制度依据的是 1990 年专利法及其配套的 1991 年专利法实施细则。该法律经过多次修改，目前保护标准专利（Standard Patent），而中国申请人所熟悉的革新专利（Innovation Patent，又译作"创新专利"）已经自 2021 年 8 月 26 日起不再受理❶。此外，1906 年澳大利亚颁布了第一部外观设计法，对外观设计申请采取登记制。目前的外观设计法是 2003 年制定、2021 年修改并自 2022 年 3 月 10 日起生效的。根据该法律，澳大利亚外观设计采用注册后审查的制度。

在澳大利亚寻求发明专利保护的途径，包括直接申请、《巴黎公约》途径和 PCT 途径。

一、澳大利亚的专利保护类型

根据《澳大利亚专利法》，澳大利亚专利保护类型为发明专利，发明专利分为标准专利和革新专利两种类型。与中国不同，澳大利亚专利法不保护实用新型，对于中国申请人而言，澳大利亚革新专利与中国实用新型有一定的相似性。任何具有新颖性、创造性和工业实用性的设备、物品、方法或程序的发明均可申请标准专利进行保护。虽然自 2021 年 8 月 26 日起，澳大利亚不再接受革新专利的新申请，但是如果一件标准专利的申请日早于 2021 年 8 月 26 日，那么该专利申请仍然可以转为革新专利申请，或是以分案的形式申请革新专利。

二、澳大利亚专利申请程序简介

澳大利亚标准专利保护期为提交完整说明书之日起 20 年，采用早期公开、延迟审查制。其基本流程如图 11 – 1 所示，与其他各国的发明专利申请流程相似。

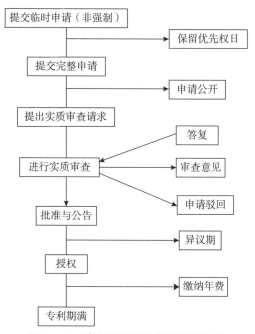

图 11 – 1　澳大利亚标准专利申请流程

---

❶　IPA. Intellectual Property Laws Amendment（Productivity Commission Response Part 2 and Other Messures）Act and Regulations 2018［EB/OL］.［2024 – 08 – 30］. https：//consultation. ipaustralia. gov. au/policy/pc – bill – 2 – 2018/.

按照整体流程，澳大利亚专利申请程序大致可分为提交申请阶段、实质审查阶段、接受与异议阶段和授权及颁证阶段。

1. 提交申请阶段

与其他各国申请流程类似，在澳大利亚，申请人可以根据《巴黎公约》途径提交国家申请，也可以通过 PCT 途径进入国家阶段的方式向 IPA 提交 PCT 国家阶段申请。需要向 IPA 提交的文件包括：英文说明书、权利要求书、摘要和附图以及申请人权属声明。如果是按照《巴黎公约》递交的申请，则还需要提供优先权信息，包括优先权号、优先权国家、申请人名称和地址、发明人姓名和申请日期。

在 IPA 提交专利申请，需要使用英文。在提交阶段，IPA 的审查员会对申请进行形式审查和公开，但 PCT 国际申请在进入澳大利亚国家阶段后不再重新公开。IPA 接受优先权的恢复。

2. 实质审查阶段

大多数情况下，审查员会发出提出实质审查通知（Direction to Request Examination），要求申请人自该通知之日起 2 个月内提出实质审查请求。在没有接到该通知的情况下，申请人则应该在申请日起 5 年内提出实质审查请求，否则，专利申请将被视为自动撤回。澳大利亚允许在提交申请同时请求实质审查。澳大利亚有加速审查程序，请求加速审查之后，可在 2 个月内得到审查报告。如果加紧答复审查意见，可望 1 年内获得专利权。

实质审查要求审查员对专利申请进行全面的实质检索和审查。在收到审查意见之前和答复期间，申请人都可以在任何时间对文本进行修改，以确保其符合澳大利亚专利法规的要求。

当申请人提出实质审查请求后，通常会在 1 年左右的时间收到 IPA 发出的实质审查意见通知书。申请人要在该通知发文之日起 12 个月内对通知书进行答复，并克服不能授予专利权的理由。不论有几次审查意见，该期限不能延期。若 12 个月内仍不能克服不能授权的理由，申请人可以分案的形式再提申请。

3. 接受与异议阶段

在申请人克服了驳回意见指出的不能授权的理由后，IPA 会发出接受通知（Notice of Acceptance），此处的"接受通知"的含义与其他各专利局的受理通知含义不同，相当于某些国家或地区专利局发出的"拟授权通知"。在该通知书里会告知在澳大利亚官方专利公报（Official Journal of Patents）上公布的具体日期。

从该公布日起 3 个月是授权前的异议期。3 个月异议期届满，如未收到异议，申请人缴纳相关费用后则进入授权阶段。如果申请人希望就某申请提出分案申请，也必在前述 3 个月异议期届满前提出。需要指出的是，即使进入拟授权状态，申请人还可以对权利要求进行修改，但是保护范围只能缩小。

4. 授权及颁证阶段

异议期届满后，则进入授权及颁证阶段。通常情况下，一件澳大利亚标准专利申请从提交至授权需要 2.5～3 年的时间。请求加速审查后，有望 12 个月内获得授权。年费从申请日算起（通过 PCT 途径进入澳大利亚国家阶段的申请为从国际申请日算起）第 4 年开始缴纳，不论专利申请是否已经授权。

三、澳大利亚专利申请特色程序

1. 临时申请

临时申请是先期确定和保护申请日的一种方式，即在申请人的发明创造处于早期构思阶段或相关申请文件还未达到正规申请要求的情况下，为了获得更早的申请日，申请人可以提交电子或纸质的简要文本，向 IPA 提出临时专利申请。临时专利申请的要求较为宽松，并不要求提交权利要求书，而仅要求提供说明书和附图。对于临时专利申请，申请人须在 12 个月内将其转化为正式申请。临时专利申请与正式专利申请相同，都可以作为优先权，并可通过 PTC 途径或《巴黎公约》途径向其他国家申请专利。

2. 增补专利申请❶

申请人可在提交专利申请的过程中，在原申请（主发明）的基础上修改或进一步改进形成增补专利申请，增补专利申请从属于主发明专利申请。在申请人未对主专利申请提出实质审查请求之前，IPA 将不会对增补专利申请进行实质审查；同样，在主发明专利申请获得授权之前，IPA 也不会对增补专利申请进行授权。如果主发明专利被撤回，则增补专利无法被接受或授权，但可转化为标准专利。增补专利仅适用于标准专利，即无论该在先标准专利处于申请阶段或已被授权，还是申请人对该标准专利进行了改进或修改，申请人均可考虑提交增补专利申请。增补专利保护期限的截止日期与主发明专利相同。即使当增补专利申请转化为标准专利后，其专利保护期限不能超出主发明专利的剩余期限。但是，针对涉及制药或医学方法的常规专利申请，即使主发明专利不能申请延长保护期限，权利人也可针对增补专利提出延长保护期限的请求。

第二节　澳大利亚专利申请费用

一件标准专利申请的费用大概在 6000 美元（包括官费和外方代理费）。

1. 澳大利亚标准专利官费

表 11 - 1 所示为澳大利亚标准专利的官费。下文中人民币数额按照 2024 年 6 月 6 日中国银行折算价 1 澳大利亚元 = 4. 7598 元人民币换算。

---

❶ IPA. Divisional Applications and Patent of Addition ［EB/OL］. ［2024 - 08 - 30］. https：//www. ipaustralia. gov. au/patents/how - to - apply - for - a - standard - patent/divisional - applications - and - patent - of - addition.

表 11-1　澳大利亚标准专利官费收费一览表

申请阶段	官费内容		金额	
			澳大利亚元	人民币
新申请阶段	申请费（电子提交）		370.00	1761.13
	申请费（纸件提交）		570.00	2713.09
	申请费（PCT 国际申请进入澳大利亚国家阶段时）		370.00	1761.13
实质审查阶段	实质审查请求		490.00	2332.30
	主动修改（提实质审查请求之前或同时）		250.00	1189.95
接受阶段	受理费	权利要求不超过 20 项	250.00	1189.95
		权利要求超 20 项，但不超过 30 项	250.00 + 125.00 × 超出 20 项的权利要求数	1189.95 + 594.98 × 超出 20 项的权利要求数
		权利要求超 30 项	1500 + 250.00 × 超出 30 项的权利要求数	7139.70 + 1189.95 × 超出 30 项的权利要求数
年费（自国际申请日第 4 年起）	第 5 年		300.00	1427.94
	第 6 年		315.00	1499.34
	第 7 年		335.00	1594.53
	第 8 年		360.00	1713.53
	第 9 年		390.00	1856.32
	第 10 年		425.00	2022.92
	第 11 年		490.00	2332.30
	第 12 年		585.00	2784.48
	第 13 年		710.00	3379.46
	第 14 年		865.00	4117.23
	第 15 年		1050.00	4997.79
	第 16 年		1280.00	6092.54
	第 17 年		1555.00	7401.49
	第 18 年		1875.00	8924.63
	第 19 年		2240.00	10661.95
	第 20 年		2650.00	12613.47

注：上表所列年费标准适用于使用 Online Services leServices（eService）或 Business to Business（B2B）的缴费方式，如使用银行汇款等方式，数额会有所不同。

2. 澳大利亚标准专利代理费

表 11 - 2 所示为澳大利亚标准专利的代理费用统计表。

表 11 - 2　澳大利亚标准专利代理机构收费统计　　　　单位：美元

申请阶段	代理费内容	金额			
		最低	最高	中位数	平均
新申请阶段	准备和提交新申请、优先权声明、转达受理通知	528.00	1607.25	646.80	877.58
实质审查阶段	实质审查请求	297.00	906.19	371.70	418.00
	转达审查通知（一次）	145.20	1086.00	300.00	442.60
	准备和提交审查通知答复（一次）	270.00	2080.00	1273.80	1097.89
授权阶段	转达接受和异议通知、转达专利证书、缴纳批印费等	330.00	1220.00	600.00	602.30
合计（以答复一次审查意见计，且不包含维持费）		1570.20 ~ 6899.44			

3. 澳大利亚标准专利费用合计

澳大利亚标准专利的费用涉及两方面，假设在权利要求不超过 20 项且缴纳第 4 ~ 5 年维持费的情况下，国外税后官费约为 10000 元人民币，国外代理费税后约为 33000 元人民币（以答复一次审查意见计）。

第三节　澳大利亚专利申请的费用优惠及费用节省策略

如前文所述，澳大利亚 90% 的专利申请为国外企业的专利申请。澳大利亚没有设置任何费用减免措施，包括官费减免、政府资助或奖励制度。申请人可以通过合理撰写文本，安排答复期限以达到控制费用的目的。

一、合理撰写文本

（1）将权利要求数量控制在 20 个以内可以避免产生超权费用；

（2）将申请文本依照美国、欧洲等同族的申请文本进行修改，并且适用于澳大利亚实践，以减少收到审查意见的次数，尽快获得授权。

二、合理安排答复期限

澳大利亚标准专利必须在第一次审查意见发出后 12 个月内满足授权条件，因此，申请人应尽早安排答复审查意见，以避免收到代理机构的提醒，节省流程费用。

第十二章

俄罗斯与欧亚专利

俄罗斯专利制度的产生与发展大致可分为 3 个历史阶段：沙皇俄国时期、苏联时期、俄罗斯联邦至今。1812 年，沙皇俄国公告《艺术和手工业中的发明与发现特权》，规定了特权的内容和形式、授权程序、有效期、费用、撤销理由和法院审理程序，1896 年规定对申请案进行某种程度的新颖性审查。1917～1991 年进入俄罗斯专利制度的第二个时期——苏联时期。根据 1919 年颁布的《发明法》及后续陆续颁布的《发明专利法》等法律规定，苏联对发明采取两种保护形式，即颁发发明人证书和授予专利权，即通常所说的"双轨制"，但实际上主要以发明人证书的形式对发明进行法律保护。直到 1991 年 7 月 1 日生效的《苏联发明法》，再度改回单一形式的专利制度。

1991 年 12 月 26 日苏联解体。1992 年 10 月 14 日《俄罗斯联邦专利法》生效，对发明授予专利保护，并实行早期公开、延迟审查制；对工业品外观设计授予专利保护，实行实质审查制；而对实用新型授予注册证书保护（《俄罗斯联邦专利法》中统称"专利"），实行初步审查制。2008 年 1 月 1 日起，《俄罗斯联邦民法典》第四部分即"知识产权编"生效，原《俄罗斯联邦专利法》等一系列知识产权领域的单行法废除。2014 年、2020 年，俄罗斯对所述《俄罗斯联邦民法典》第四部分作了进一步修改。

俄罗斯是中国共建"一带一路"合作中最重要的战略协作伙伴之一，中国企业积极响应，加强在俄罗斯的投资，扩大贸易份额。中国申请人在俄罗斯的专利申请量也在稳定中保持较强的上涨势头。根据 WIPO 的统计数据，2009 年中国申请人在俄罗斯仅提交专利申请 176 件，2020 年中国申请人在俄罗斯的专利申请量为 1084 件，2021 年专利申请量为 1242 件，2022 年专利申请量为 1232 件。因此，有必要对俄罗斯的专利制度与成本策略进行研究，为中国申请人更好地进行专利布局提供参考。

第一节　俄罗斯的专利保护类型和专利申请程序

俄罗斯的专利保护类型包括发明专利（Invention）、实用新型专利（Utility Model）和工业品外观设计（Industrial Design）。

在俄罗斯寻求发明专利保护的途径，除直接申请外，还有《巴黎公约》途径、PCT 国际申请进入俄罗斯国家阶段途径和欧亚专利途径等几种类型。除欧亚专利途径较为特殊外，其余途径在流程上与其他各国类似。

一、俄罗斯发明专利申请程序

俄罗斯发明专利的保护客体是任何技术领域中的有关产品或方法的技术方案，请求保护的产品或方法需要是新的、有创造性的且在工业上具有实用性。发明专利的保护期是 20 年，关于医药、杀虫剂、农业化肥的发明专利可以延长 5 年。

基于直接申请、《巴黎公约》途径或 PCT 途径进入俄罗斯国家阶段的俄罗斯发明专利申请流程与其他各国的发明专利申请流程有相似之处，大致可分为提交阶段、形式审查阶段、实质审查阶段和授权与维护阶段。图 12-1 展示了俄罗斯发明专利申请的主要流程。

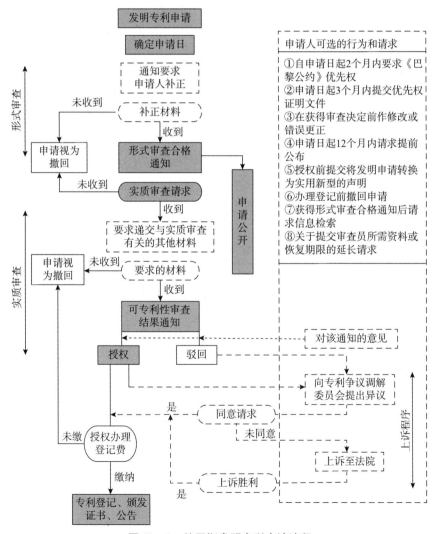

图 12-1　俄罗斯发明专利申请流程

1. 提交阶段

根据《俄罗斯联邦民法典》，为了获得申请号，必须提交最小限度的文件。

对于 PCT 国际申请进入俄罗斯国家阶段的申请，在提交时可以仅提供 PCT 国际申请的申请号。申请文件的俄文译文以及有关在先申请的申请号和申请日等信息可以在申请的进入日起 2 个月内提供。

对于通过《巴黎公约》途径提交的俄罗斯申请，最小限度的文件包括：要以俄文提交著录项目信息，如申请人和发明人的各项信息，内容类似于中国申请的请求书；说明书；必要的附图和其他材料。在提交新申请时，请求书必须以俄文提交，说明书、权利要求书（如果有的话）、必要的附图和其他材料等可以任何语言提交，但要在随后的 2 个月内补交俄文译文。同时，在先申请文件副本必须在优先权日起 16 个月内提供。

根据《俄罗斯联邦民法典》，权利要求书是可以补交的文件。如果一件俄罗斯专利申请没有权利要求和摘要，那么审查员会发出一份通知，要求申请人补交。申请人自收到该通知日起 2 个月之内办理补正，且没有补正的费用产生。当权利要求超过 10 项后，每项权利要求要额外支付 700 卢布（约合人民币 56. 35 元)❶。

2. 形式审查阶段

一件俄罗斯专利申请从全部译文提交之日起，如无其他形式缺陷，大概 2 个月完成形式审查。需要注意的是，除了审查文件是否齐备并且是否符合法律规定的要求，还会审查申请人对发明申请提供的补充材料是否改变了所申请发明的实质内容部分。如果发明申请不符合申请文件的要求，俄罗斯联邦知识产权局（ROSPATENT）会向申请人发出审查意见通知书，要求申请人自收到意见通知书之日起 3 个月内提交补正文件。如果申请人在规定期限内未提供所要求的文件，或者未提交有关延长这一期限的请求，则该申请视为撤回。这一期限可以由上述联邦机构延长，但不得超过 10 个月。

如果提交的发明申请违反了发明单一性要求，ROSPATENT 应要求申请人在收到相应通知之日起 3 个月内，告知应当审查所申请的哪一项发明，必要时可对申请文件进行修改。该申请中的其他发明可形成分案申请。如果申请人在规定期限内未答复，则对发明权利要求中第一项发明进行审查。

3. 公开

自俄罗斯申请日（有优先权的，指优先权日）起 18 个月，申请会被公开。自此，在公开的权利要求保护范围内，可以获得临时保护，但最终保护的范围不得超出授权后专利的保护范围。申请人可在申请日起 12 个月内请求提前公开。如果在申请日起 15 个月内申请被撤回或视为撤回，或获得授权，则不再公开申请。

4. 实质审查阶段

根据《俄罗斯联邦民法典》，申请人或任何第三方均可自申请日（PCT 国际申请日）起 3 年内提出实质审查请求。该期限可经请求延长 2 个月。如果期限届满仍未提出实质审查请求，那么申请将会被视为撤回。但是申请人在缴纳滞纳金和提供特殊情

---

❶ 按 2024 年 6 月 6 日中国银行折算价 1 卢布 = 0. 0805 元人民币，下同。

况证明的情况下，可以在 12 个月内提出恢复请求。俄罗斯实质审查阶段比较有特色的流程是允许第三方提出实质审查请求或检索请求，并允许第三方提供对可专利性评定有负面影响的对比文献。

通常情况下，从提出实质审查请求之日起 5 ~ 8 个月，申请人会收到第一次审查意见。当然时间的长短也与发明所属技术领域的复杂程度相关。例如，电子等领域常常被视为复杂领域，因此，审查意见发出的期限常常接近甚至超过 12 个月。

通常情况下，审查意见的答复期限为 3 个月，缴纳相应费用后最多可以延长至 10 个月。从现在的审查趋势来看，审查员偏向于参考同族美国或欧洲申请的审查结果，而且有小部分专利申请收到的第一次官方通知就是拟授权通知。

5. 授权与维护阶段

在实质审查阶段，申请人通过答复审查意见克服了所指出的缺陷后，ROSPATENT 会发出"拟授权通知"。申请人需要在该通知发文日起 2 个月内缴纳授权费及从申请日起第 3 年至当年的维持费。如果申请人对于申请文本有任何修改，就必须在缴费之前提出。

申请人缴纳授权费后 2 周左右的时间，ROSPATENT 会发出电子专利证书。如需纸件证书，需要单独提交请求。通常情况下，从递交俄罗斯发明专利申请到获得专利证书需要 2 ~ 3 年的时间。

二、俄罗斯实用新型专利申请程序

俄罗斯实用新型专利申请可以基于直接申请或《巴黎公约》途径提交。根据俄罗斯法律，实用新型专利的保护期限为 10 年。在该专利 10 年保护期届满之前，在 ROSPATENT 提交一份"延长保护期的请求"（Petition for Extension）后，可以将保护期限延长 3 年。俄罗斯实用新型专利的申请和审查程序与我国的最大区别在于，俄罗斯实用新型专利采用实质审查制。实用新型申请通过形式审查后，继续接受实质审查。与发明申请类似，经审查意见和答复后，ROSPATENT 发出授权通知或者驳回决定。通常情况下，从递交俄罗斯实用新型专利申请到获得专利证书需要 8 ~ 12 个月的时间。

另外，根据《俄罗斯联邦民法典》，实用新型专利申请在授权前任何时间可以依据请求转换为发明专利申请，发明专利申请可以在公布前转换为实用新型专利申请。

三、欧亚专利（EAPO Patent）

申请人可通过在欧亚专利组织（Eurasian Patent Organization，EAPO 或 EA）提交专利申请的方式获得欧亚专利，并最终在俄罗斯获得专利保护，即基于直接提交欧亚专利申请、通过《巴黎公约》途径或 PCT 途径取得欧亚专利。

EAPO 正式成立于 1996 年 1 月 1 日，总部设在莫斯科，审查工作由 ROSPATENT 进行，官方语言为俄语。EAPO 目前有 8 个成员国，即俄罗斯、亚美尼亚、阿塞拜疆、白俄罗斯、哈萨克斯坦、吉尔吉斯斯坦、塔吉克斯坦和土库曼斯坦。摩尔多瓦作为前成员国，于 2012 年申请退出，但是退出之前授权的欧亚专利依然在摩尔多瓦生效。

欧亚专利仅涵盖发明专利和外观设计两种类型，即实用新型专利不能通过欧亚专利途径获得保护。对于1项发明专利申请，如果申请人希望同时在数个EAPO成员国境内寻求专利保护，提出单一欧亚专利申请案往往较直接向各国家专利局分别提出申请更为方便有利，费用也更为低廉。申请欧亚专利的申请人只要用俄文向EAPO提交1份申请，并同时指定地区成员国，专利授权后便可在相应国家获得保护。除了只要进行1次提交与审查流程，能够节省官方费用及相应代理费用，提交欧亚专利申请只需提交俄文文本也可以节约大笔翻译费用。因为对于单一国家专利申请，根据各国法律的规定需要使用当地官方语言提交。例如，对于某一专利申请，要在上述8个国家获得专利保护，采用欧亚专利的方式只需提交1份俄文文本即可，但如果该申请以国家申请的方式分别向这8个国家提交，则需要使用共计4种语言提交申请文本。

欧亚发明专利的主流程跟一般发明专利申请类似，分别是提交申请、形式审查、实质审查、授权或驳回（拒绝签发专利证书）。整个流程需要半年至2年不等。在EAPO进行实质审查前，申请人可以对申请文本进行主动修改。当EAPO发出驳回通知后，如果申请人对此有异议，可以在收到该通知的3个月内提出上诉。EAPO在收到上诉的4个月内进行审查并作出决定。而具有特色的是，如果欧亚专利申请遭到驳回，申请人也可将欧亚专利申请转换为国家申请，其申请日和优先权日将予以保留。例如，自EAPO发出驳回通知之日起6个月内，申请人有权将欧亚地区专利申请转换成国家（例如俄罗斯）专利申请，同时享有优先权日。对于这种转换，申请人在EAPO要缴纳相应官费，而相应国家（例如ROSPATENT）的官费收费表中没有相关的收费项目。

与类似的地区性专利——欧洲专利不同的是，欧亚专利的授权生效阶段更为便利、迅捷。根据《欧亚专利公约》，当1件专利申请取得欧亚专利权后，专利权人无须分别向上述8国专利局进行登记。当申请获得授权时，申请人只须对各成员国加以考量，如果申请人希望该欧亚专利在某成员国取得法律效力，只要在规定期限内向EAPO缴纳该成员国第1年年费即可。欧亚专利的年费维护程序也较欧洲专利更为便捷。欧洲专利是每年向各生效国分别缴纳年费，而欧亚专利的专利权人则只需直接向EAPO缴纳相应年费，EAPO会随后向各相应生效国转缴年费，从而大大方便了专利权人，也节省了相关服务费用。

在俄罗斯，具有相同优先权的相同发明和/或实用新型专利不能有效并存，而具有相同优先权的欧亚发明专利和俄罗斯发明专利或实用新型专利可以并存，从而可以给申请人提供一定的灵活性。

第二节 俄罗斯与欧亚专利申请费用

一、俄罗斯专利申请费用

1. 俄罗斯专利申请官费

表12-1和表12-2分别列出了俄罗斯发明专利申请和实用新型专利申请的官费。

表 12 –1 俄罗斯发明专利申请官费一览表

申请阶段	费用名称	金额	
		卢布	人民币
新申请阶段	国家申请的申请费	3300 + 700 × 超出 10 项的权利要求数	265. 65 + 56. 35 × 超出 10 项的权利要求数
	PCT 国际申请进入国家阶段申请费（如国际阶段无检索报告）	3300 + 700 × 权利要求数	265. 65 + 56. 35 × 权利要求数
实质审查阶段	提交实质审查请求	12500	1006. 25
	独立权利要求超过 1 项，每超出 1 项	9200	740. 60
	提交实用新型申请/外观设计申请转为发明申请请求	1500	120. 75
授权阶段	授权与注册费（电子证书）	3000	241. 50
	第 3 ~ 4 年（每年）	1700	136. 85
	第 5 ~ 6 年（每年）	2500	201. 25
	第 7 ~ 8 年（每年）	3300	265. 65
	第 9 ~ 10 年（每年）	4900	394. 45
	第 11 ~ 12 年（每年）	7300	587. 65
	第 13 ~ 14 年（每年）	9800	788. 90
	第 15 ~ 18 年（每年）	12200	982. 10
	第 19 ~ 20 年（每年）	16200	1304. 10

表 12 –2 俄罗斯实用新型专利申请官费一览表

申请阶段	费用名称	金额	
		卢布	人民币
新申请阶段	国家申请的申请费	1400 + 700 × 超出 10 项的权利要求数	112. 70 + 56. 35 × 超出 10 项的权利要求数
	PCT 国际申请进入国家阶段申请费（国际阶段无检索报告）	1400 + 700 × 权利要求数	112. 70 + 56. 35 × 权利要求数
	从发明专利、外观设计专利转换为实用新型专利	1500	120. 75

申请阶段	费用名称	金额	
		卢布	人民币
实质审查阶段	实质审查请求	2500	201.25
授权阶段	授权与注册费	3000	241.50
	第1~2年（每年）	800	64.40
	第3~4年（每年）	1700	136.85
	第5~6年（每年）	2500	201.25
	第7~8年（每年）	3300	265.65
	第9~10年（每年）	4900	394.45

2. 俄罗斯代理机构费用

根据俄罗斯代理机构的标准报价，并结合机械、电子、化学三个领域随机抽取的专利申请案件的账单，俄罗斯代理机构的收费情况如表12-3所示。

表12-3　俄罗斯代理机构收费统计　　　　单位：美元

申请阶段	代理费项目	金额			
		最低	最高	中位数	平均
新申请阶段	准备和提交新申请（不含翻译费）	800.00	4853.25	802.88	1303.49
	转达形式审查合格通知书	58.22	322.00	100.00	112.12
实质审查阶段	提实质审查请求	132.10	455.00	380.00	394.04
	转达审查意见或其他通知（如发生，每次）	244.13	1512.00	770.95	814.70
	准备和答复审查意见或其他通知（如发生，每次）	262.50	1910.00	670.50	782.80
授权阶段	转达并翻译授权通知、核查权利要求、转达专利证书、缴纳批印费	565.36	1929.00	858.75	992.37

说明：考虑到不同申请的文本字数对新申请提交阶段费用情况影响较大，表中统计未包含英译俄翻译费。从以往经验来看，英译俄翻译费大约在0.22美元/英文单词。

综上，申请一件俄罗斯专利的国外代理费，以答复两次审查意见通知计算，税后约为人民币45000元（不包含翻译费）。

二、欧亚专利申请费用

表 12－4 为欧亚专利申请官费一览表。欧亚专利的外国代理费，与俄罗斯专利的代理费相似。

表 12－4　欧亚专利申请官费一览表（2024 年 1 月 1 日起最新费用）

费用名称		金额	
		卢布	人民币
新申请阶段	欧亚专利申请的申请费	50000	4025.00
	超过 5 项权利要求，每超出 1 项；	5500	442.75
	超过 20 项权利要求，每超出 1 项；	6000	483.00
	超过 50 项权利要求，每超出 1 项	7000	563.50
	迟交俄文翻译	5000	402.50
	迟交委托书	1200	96.60
	恢复优先权	20000	1610.00
	提前公开	2000	161.00
	形式审查完成前提交主动修改或者更正请求（每次）	5000	402.50
	形式审查完成后提交主动修改或者更正请求（每次）	13000	1046.50
实质审查阶段	提交实质审查请求（一项发明）	50000	4025
	提交实质审查请求（一组发明） 第一项独立权利要求	50000	4025
	提交实质审查请求（一组发明） 第二项独立权利要求	30000	2415
	提交实质审查请求（一组发明） 第三项独立权利要求起，每项	15000	1207.5
授权阶段	授权费	30000	2415
	授权文本（包括权利要求书、说明书、附图和摘要）超过 35 页时，每超出 1 页	250	20.125

第三节　俄罗斯与欧亚专利申请的费用优惠

一、俄罗斯专利申请的费用优惠❶

俄罗斯专利申请对于外国申请人没有任何费用减免措施。对于本国申请人，俄罗斯则采取了若干具有特色的减免措施，以鼓励其提交专利申请。例如，残疾人、养老金领取者、学生、研究人员、科学和教学工作者（或这些人组成的团队）只需支付标准官费的 10%；申请人与发明人是同一人的，支付官费的 25%；小企业或获得国家认证的教育组织、科学组织，则支付 35% 的官费。

根据 2007 年 7 月 24 日第 209 号联邦法律《俄罗斯联邦中小企业发展法》（2023 年 12 月 12 日修订）第 4 条的规定，针对将有限责任公司归属于中小企业范畴，企业股权结构上需满足下列条件：①俄罗斯联邦、俄罗斯联邦主体、地方行政机关、社会或宗教组织（协会）、慈善基金和其他基金（投资基金除外）合计拥有的有限责任公司股份不得超过 25%；②外国法人和（或）本国非中小企业法人合计拥有的有限责任公司股份不得超过 49%。除此之外，俄罗斯中小型企业的法律定义还有如下 3 个方面：

（1）公司的员工人数：员工人数在 101~250 人的是中型企业，员工人数不超过 100 人的为小型企业，员工人数在 15 人及以下的是微型企业。

（2）公司形式：合法登记的法人实体可以合作社和商业组织为形式，也可以是农业机构或个体经营。

（3）上一日历年所获收入限额：中型企业 20 亿卢布，小型企业 8 亿卢布，微型企业 1.2 亿卢布。

科学家申请专利时只需要支付 10% 的官费。为获得此项减免，申请人需要提供由科研机构或高等院校颁发的证明文件副本，以确定该申请人属于该组织，同时还要提供申请人的护照。

二、欧亚专利申请的费用优惠

对于欧亚专利，根据《欧亚专利条约实施细则》第 40 条，自然人的永久居住地或者法人的主要营业地属于年人均国民生产总值低于或等于 3000 美元的任何一个《巴黎公约》成员国，可以按照暂行费用减免标准缴纳官费。符合规定的申请人在提交适当的签署声明后，可以享受官费减免 80% 的优惠。享有折扣的法人申请人需提供资料，以证明递交申请日时公司未有外资参与及未有外资投资或控股，法人创始人是年人均国内生产总值水平低于或等于 3000 美元的《巴黎公约》成员国的居民。同时，对于

---

❶ ROSPATENT. Fees tables ［EB/OL］. ［2024-07-11］. https：//rospatent.gov.ru/en/activities/dues/tables.

PCT 国际申请进入欧亚地区的申请，在已有国际检索报告的情况下，新申请官费可享受 25% 的折扣。

第四节　在俄罗斯及欧亚专利组织申请专利时的费用节省策略

鉴于《俄罗斯联邦民法典》第四部分的特点，对于中国申请人在俄罗斯及 EAPO 进行专利申请和保护的成本策略研究，有以下 3 点建议。

一、关于申请的语言和译文

由于 ROSPATENT 在专利申请提交阶段接受任何语言的申请文本，而中国申请人经常在优先权或 PCT 国际申请进入国家阶段即将到期时才确定向外申请的国家，此时中国申请人手中一般只有经确定的中文文本或英文译文，因此不妨考虑使用中文文本或英文译文先向俄罗斯提交，而请俄方事务所在英文文本基础上准备俄文译文随后补交。这样既能最大限度地避免紧急翻译出现的错误给申请本身带来的不良影响，又能节省翻译的加急费用。

二、合理撰写申请文本，避免超权费和超页费

无论俄罗斯还是欧亚专利，都有超权费规定，因此通过控制权利要求项数和申请文件总页数可以有效节约申请费。

三、善于利用欧亚专利途径

当中国申请人的目标国不仅包括俄罗斯，而且可能包含其他 EAPO 成员国时，建议中国申请人考虑采取欧亚专利途径。如前文所述，与俄罗斯国家申请相比，欧亚专利申请具备"一次申请、多国获权"的优势，可大大减少费用支出。除此之外，选择欧亚专利申请从流程方面还有其他一些优势。一个优势是缩短审查时间。欧亚专利申请发出第一次审查意见的时间相对较短，一般从提出实质审查请求之日起 4~6 个月，而俄罗斯专利申请从提出实质审查请求日起 5~8 个月才会发出审查意见。另一个优势是欧亚专利申请在实质审查过程中不允许第三方提出异议，也不允许第三方提出实质审查或检索请求，以及提供对可专利性评定有负面影响的对比文献，从而对申请人更为有利。根据俄罗斯当地律师的建议，当申请人有意向 3 个以上 EAPO 成员国申请专利保护时，采用欧亚专利途径无疑是更为经济、便捷的。

第十三章

印 度

印度的知识产权制度建设起步较早。印度早在 1856 年就颁布了其第一部专利法，并于 1970 年颁布新的专利法，其后经多次修改，最新的修改于 2024 年 3 月 15 日实施。目前，印度已形成了颇具本国特色的知识产权法律体系。印度专利局（Indian Patent Office，IPO）隶属于印度商业和工业部工业政策和促进局下设的专利、外观设计及商标管理总局（Office of the Controller General of Patents，Designs and Trademarks，CGPDTM）。

IPO 按地理区域划分为 4 个辖区，分别为北部地区的新德里专利局、西部以及中央邦和查蒂斯加尔地区的孟买专利局、南部地区的钦奈专利局以及东部和其余地区的加尔各答专利局，其中加尔各答专利局是总局。IPO 负责专利申请的受理、审查、核准、续展，无效专利的恢复，强制许可证的发放及专利代理机构的登记等相关事务。各专利局负责管理各自辖区范围内的专利事务，均有权授予专利，且审查标准一致。❶

目前中国是印度第一大贸易伙伴，印度是中国在南亚最大的贸易伙伴。截至 2019 年底，中国企业对印度直接投资存量 36.1 亿美元。中国阿里巴巴、腾讯、小米、vivo、OPPO、复星医药、上海汽车、海尔、华为、特变电工、青山钢铁、三一重工等企业在印度投资较大，主要投资领域包括电子商务、手机、电信设备、家用电器、电力设备、钢铁、工程机械等领域。中国申请人在印度的申请量也逐年递增。2022 年，IPO 共收到 77068 件专利申请，其中 78% 来自国外申请人。

第一节　印度专利申请程序

一、专利申请进入印度的途径

外国申请人可利用 3 种途径在印度进行专利申请：

---

❶　中华人民共和国商务部. 国别环境：印度：专利保护 [EB/OL]. [2024 - 06 - 30]. http：//ipr. mofcom. gov. cn/hwwq_2/zn/Asia/Ind/Patent. html.

（1）通过《巴黎公约》途径，即在本国先提交一份在先申请，然后在 12 个月内在印度提交专利申请。

（2）通过 PCT 途径，先进行 PCT 国际申请，然后在 31 个月内进入印度国家阶段。

（3）直接在印度申请专利。使用本途径时，要注意符合申请人所在国家法律的其他规定。对于中国申请人而言，如果发明创造是在中国境内完成的，则首先要通过中国国家知识产权局的保密审查后方可直接向印度申请。

根据印度专利法，在直接向印度提交专利申请的这种途径中，申请人可以采用提交印度临时申请的方式，先提交"临时说明书"（Provisional Specification），随后在 12 个月内提交完整的说明书以将临时申请转为正式申请。印度的"临时申请"制度与美国的"临时申请"颇为相似。

另外，在专利授权后的有效期限内，申请人还可以基于已有专利在印度提交"增补专利申请"（Application for Patent Addition）。增补专利即 IPO 对已有专利的改进或修正所授予的专利。增补专利以主专利的有效存在为前提。在主专利被宣告无效时，专利权人可请求 IPO 将其增补专利变为独立的专利，继续享有主专利原应享有的保护期限的剩余保护期。

二、印度专利申请程序简介

如图 13 - 1 所示，印度专利申请的整体流程大致可分为提交阶段、公布阶段、实质审查阶段和授权与维护阶段。

1. 提交阶段

与其他各国的申请流程类似，申请人需要向 IPO 提交的文件包括：英文说明书、权利要求书、摘要、附图和申请人签署的转让书及委托书原件。如果专利申请是通过《巴黎公约》途径进行的，则还需提交优先权证明文件及其英文译文与译者声明。根据印度专利法，如果专利申请有外国同族申请，申请人还需提交同族申请状态信息表。在印度披露同族申请状态信息的节点包括：申请提交 6 个月内需首次披露；发出首次审查意见之日起 3 个月内要进行第二次披露，后续无须再提交更新信息。申请人提交首次同族申请状态后，审查员后续将通过公共数据库获取相关信息，如各国检索报告、审查意见、权利要求等，无须由申请人提供。如有需要，审查员可要求申请人提交最新同族申请状态及相关文件，但应基于合理理由发出书面官方通知。申请人需要在 2 个月内提交答复文件。

对于 PCT 国际申请，进入印度国家阶段的期限最长可推迟到最早优先权日起 31 个月。

2. 公布阶段

IPO 对于申请人提交的专利申请，除损害印度国家安全或因提交临时申请后未在 12 个月内提交完整申请说明书而放弃，或提交申请后在 15 个月内撤回等情形外，均自专利申请日或优先权日起满 18 个月在专利公报中予以公布。在专利申请公布之后，任何人都可在提交书面申请并缴纳相关费用后对说明书、附图、摘要等申请文件以及 IPO

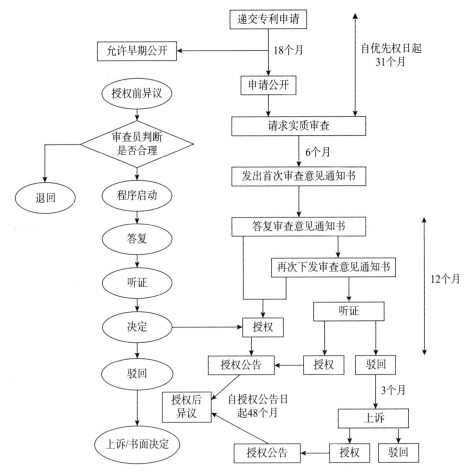

图 13-1　印度专利申请流程

与申请人之间的往来文件进行查阅。此外，专利申请还可进行早期公布。申请人在提出早期公布申请后，IPO 一般会在 1 个月内公布专利申请。自专利申请公布之日至专利授权日，申请人将获得临时保护权。

申请人如要撤回专利申请，可以在距专利申请公布日至少 3 个月之前办理，也可以在专利申请公布后至专利授权前的任何时候办理。在专利申请公布日之前撤回专利申请的，可以在专利申请未公开的前提下重新提交申请。此外，任何人都可以在专利申请公布后 6 个月内以书面形式对印度专利申请提出异议。该异议被称为授权前异议（Pre - Grant Opposition）。接到他人异议后，申请人需在 2 个月内答辩。

3. 实质审查阶段

自申请日或优先权日起 31 个月内，申请人或任何第三方都可以对专利申请提出实质审查请求。

第一次审查意见通知书（FER）将在提出实质审查请求或专利申请公布日（两者中取其较晚者）起 6 个月内发给申请人或其代理人。申请人应自 FER 日起 6 个月内对申请文件完成答复或修改以符合授权条件。该期限可以延长。

如果在该规定期限内，专利申请的缺陷未完全消除，将举行口头听证，以允许申请人处理尚未解决的异议，随后将发布相应决定。如果专利申请满足所有要求，将被授予专利权并在专利公报中进行公布。在作出对申请人不利决定的情况下，申请人有两种补救办法：一是请求 IPO 复审，二是向印度高等法院提出上诉。

4. 授权与维护阶段

专利授权后，任何人都可以在专利授权公布日起 1 年内提出异议。该异议被称为授权后异议（Post – Grant Opposition）。不论以临时说明书还是完整说明书的形式提交专利申请，专利权的保护期限都是自专利申请日起 20 年。

为保持专利有效性，专利权人须每年缴纳年费。

申请人需要向 IPO 定期提交专利实施声明。这是一项具有印度特色的制度。所述声明应每 3 个财政年度提供一次，自授权财政年度的次年开始起算，第三个财政年为首次提交年度。不按时提交该声明的行为本身不会造成专利权的丧失，但可能导致10000 卢比的罚金，甚至是 6 个月的监禁。如果在专利侵权程序中要求以临时禁令方式获得救济，则该专利必须处于实施状态。

印度专利法对于权利人不充分实施专利的行为作了严格的限制。在专利权授予 3 年后，任何人认为印度人对于专利发明的合理需求没有得到满足或公众无法以合理价格获得专利发明的，均可申请 IPO 给予强制许可。这一点也需要中国申请人给予特别关注。

第二节　印度专利申请费用

一、印度专利申请官费

表 13 – 1 列举了印度专利申请的各项主要官费。表中人民币数额按照 2024 年 6 月 6 日中国银行折算价 1 印度卢比 =0.086962 元人民币换算。

表 13 – 1　印度专利申请官费一览表

费用名称		金额			
		印度卢比		人民币	
		自然人、初创企业、小企业，或教育机构	标准实体	自然人、初创企业、小企业，或教育机构	标准实体
新申请阶段	国家申请的申请费（Form – 1）	1600	8000	139.14	695.70

续表

费用名称		金额			
		印度卢比		人民币	
		自然人、初创企业、小企业，或教育机构	标准实体	自然人、初创企业、小企业，或教育机构	标准实体
新申请阶段	优先权超过 1 个，每个优先权（Form-1）	1600	8000	139.14	695.70
	说明书超过 30 页，每页说明书（不含序列表）（Form-2）	160	800	13.91	69.57
	权利要求超过 10 个，每个权利要求（Form-2）	320	1600	27.83	139.14
	提交同族国外申请信息（Form-3）	0	0	0	0
	请求提前公开（Form-9）	2500	12500	217.41	1087.03
	延期请求，每个月（Form-4）	480	2400	41.74	208.71
实质审查阶段	实质审查请求——申请人提出时（Form-18）	4000	20000	347.85	1739.24
	实质审查请求——其他利害关系人提出时（Form-18）	5600	28000	486.99	2434.94
授权阶段	批印费	0	0	0	0
	商业应用声明（Form-27）	0	0	0	0

二、印度代理机构费用

表 13-2 是根据印度代理机构的报价，结合机械、电子、化学 3 个领域随机抽取的专利申请账单总结出的印度代理机构的收费情况。

表 13-2　印度代理机构收费统计　　　　　　　　　　　　　单位：美元

申请阶段	代理费项目	金额			
		最低	最高	中位数	平均
新申请阶段	准备和提交新申请	493.20	1181.20	666.00	654.71
	提交 Form-1 和委托书	85.00	340.00	170.00	174.17
	提交同族信息（一次）	85.00	225.00	130.00	149.35

申请阶段	代理费项目	金额			
		最低	最高	中位数	平均
新申请阶段	提交优先权译文	85.00	290.00	90.00	147.91
	转达公开通知	100.00	110.00	100.00	102.94
	本阶段总费用（不含杂费）	848.20	2146.20	1156.00	1229.08
实质审查阶段	实质审查请求	185.00	250.00	240.00	234.23
	转达审查意见通知（一次）	220.00	445.00	410.00	394.33
	提交同族信息（一次）	85.00	225.00	130.00	149.35
	提交审查意见通知答复（一次）	410.00	1100.00	550.00	610.45
	准备和参加听证	345.00	996.00	465.00	514.21
	本阶段总费用（不含杂费）	1245.00	3016.00	1795.00	1902.57
授权阶段	转达专利证书	120.00	185.00	180.00	175.18

综上，申请 1 件印度专利的国外律师费（以一次实质审查答复计）税后约为 25000 元人民币。

第三节　印度专利申请的费用优惠及费用节省策略

一、印度专利申请的费用优惠

印度对于自然人、初创企业和小企业给予官费 80% 的减免。[1] 根据印度相关规定，商品制造类企业的资本不多于 1 亿卢比（约 870 万元人民币），服务类企业资本不多于 5000 万卢比（约 435 万元人民币）的，为小企业。

被认定为小企业法人，申请人需提交 Form‐28，同时提供企业的登记证明或相关政府部门出具的证明文件；如文件为非英文，需提供英文译文；如果无法提供上述文件，申请人需签订一份声明。

二、在印度申请专利时的费用节省策略

1. 加快审查的方式

在印度可通过提前公开和加快答复的方式加快审查流程以尽早获得专利权。印度

---

[1]　CHADHA AND CHADHA. 印度实施《专利细则（第 2 次修正案）》以减轻小实体的官费［EB/OL］.（2020‐11‐18）［2024‐06‐30］. https：//mp. weixin. qq. com/s/LI14gGcrnNnCA7wGwQLECA.

法律规定在提交提前公开请求后，申请将在 1 个月内公开。

2. 及时提交同族专利申请的状态进程报告

如前所述，《印度专利法》规定，如果印度申请有国外同族专利申请，申请人有义务在规定期限向 IPO 提交国外同族专利申请的状态变化报告。如果未履行该义务，有可能导致印度申请被撤销。同时，在超过规定的提交期限后补交同族信息时，由于申请人需要向 IPO 提交请求书，故相应地也会出现额外的国外律师费用。

3. 授权后的专利实施声明

在专利授权后，每 3 个财政年度专利权人需要提交上一年度的专利实施声明。即使专利没有实施，该报告也要提交并同时需要说明理由。通常专利未实施的理由可以类似于：该发明专利在印度缺乏需求；在印度缺乏实施该发明专利的技术条件和基础；正在印度努力寻找许可对象；关于该发明专利在印度的实施正在与他方洽谈等。但必须提醒中国申请人注意的是，专利未实施很可能会引起第三方提出强制许可的请求。

4. 预缴多年年费

如果线上预付至少 4 年的年费，则可享受 10% 的官费减免。

5. 加快审查请求

《印度专利法细则》规定，满足如下条件之一的申请人才可以提出加快审查请求：①在国际申请中，印度是国际检索主管机构或印度被选为相关国际申请的国际初审机构；②申请人为初创企业；③申请人为小实体；④申请人为自然人，或者在共同申请时所有申请人均是自然人，而且，不管是单独申请还是共同申请，所有申请人中至少有一名申请人为女性；⑤申请人为政府部门；⑥申请人为依据中央、地区或州法设立的受政府控制的机构；⑦申请人为根据《印度公司法》（2013 年版第 18 号）第 2 条第 45 款界定的政府公司；⑧申请人为政府全资或部分资助的机构；⑨申请属于应中央政府部门主管请求，中央政府通知所属的相关申请，且在通知发出前已征求公众意见；或者⑩申请人为根据印度专利局和外国专利局之间的协议而有资格处理专利申请的申请人。

需要说明的是，上述"初创企业"的要求目前已经被印度工业政策和促进部修改。如果申请人希望被认定为"初创企业"，那么需要同时满足如下条件：①自公司成立之日起存续和经营期限不超过 10 年；②公司以私人有限公司、注册合伙公司或有限责任合伙公司形式注册成立；③自公司成立以来的任何一个财政年度，公司的年营业额均不超过 10 亿印度卢比；④不应通过拆分或重建现有业务来形成实体；⑤应致力于产品、流程或服务的开发或改进和/或具有可扩展的业务模型，并具有创造财富和就业的巨大潜力。

其次，加快审查请求只能通过电子方式提交。申请人需要缴纳规定的相关费用并提出加快专利审查请求。

需要注意的是，目前无法通过 PPH 项目加速审查。IPO 仅与 JPO 于 2019 年 12 月 5 日开始试行 PPH 项目，为期 3 年，已于 2022 年 11 月 20 日终止。❶

---

❶ JPO. PPH pilof program between the Japan Patent Office (JPO) and the Indian Patent Office (IPO) [EB/OL]. (2014 – 01 – 15) [2024 – 06 – 30]. https：//www.jpo.go.jp/e/system/patent/shinsa/soki/pph/japan _ india _ highway.html.

第十四章

巴 西

巴西是世界第五大国，也是目前成长最快的经济体之一，被称为"金砖五国"之一，虽然近年来经济发展速度放缓，但2023年GDP总值仍名列全世界第9位。在经济高速发展的同时，巴西非常重视知识产权制度的建设和发展。就专利而言，巴西是世界上早期建立专利制度的国家之一，同时也是《巴黎公约》中工业产权保护的创始会员国。

1971年，巴西政府出台了工业产权法。1978年巴西成为PCT缔约国，1995年加入了世界贸易组织。近年来，巴西不断修改和完善专利制度，为保护知识产权提供更有效的法律保障。1996年巴西修改了工业产权法并于次年5月15日生效。设在里约热内卢市，隶属于巴西发展、工业和外贸部的巴西工业产权局（BR INPI）负责审查和批准专利申请、登记注册商标、审批引进技术等工作。随着经济发展速度放缓，近年来巴西的专利申请量有所下降。2013年巴西共收到专利申请30884件，2022年共收到专利申请量24759件。巴西专利申请中80%来自国际申请人，其中来自美国、中国和德国的申请量排前三位。❶ 由于审查员数量与案量矛盾突出，巴西专利申请审查积压较为严重，因此BR INPI提供多种快速审查的途径供申请人选择。

巴西是全球首个与中国签订战略合作伙伴关系协议的国家。中国和巴西经贸往来频繁。2009年起，中国已经成为巴西最大的进出口伙伴之一。到2021年为止，已有超过200家中国企业进入巴西市场。巴西本国重视知识产权建设，但近年来外国企业对巴西知识产权制度了解不够，在巴西知识产权战略布局不足而遭遇侵权诉讼的情况时有发生。因此中国企业有必要深入了解和研究巴西知识产权制度，以便积极参与、应对激烈的市场竞争。

---

❶ VENTURINI A. Insights From The BRPTO's 2022 Annual Report：Patent Activity And Backlog In Brazil［EB/OL］.（2023－07－13）［2024－06－30］. https：//www. mondaq. com/brazil/patent/1341542/insights－from－the－brptos－2022－annual－report－patent－activity－and－backlog－in－brazil.

第一节　巴西的专利保护类型和专利申请程序

巴西专利申请分为发明专利和实用新型专利两种，其工业设计受工业产权法独立保护。发明专利保护期为申请之日起 20 年，实用新型专利则为申请之日起 15 年。工业设计的保护期为申请之日起 10 年，此外还可以连续 3 次申请延期，每次 5 年。为减少审查周期过长对保护期的影响，BR INPI 原有从授权日起算的弹性条款，但自 2021 年起，该弹性保护期限已被废除。

在巴西寻求发明专利保护的途径包括直接申请、《巴黎公约》途径和 PCT 途径。

一、巴西发明专利申请程序

巴西发明专利申请流程大致可分为提交阶段、实质审查阶段和授权与维护阶段。

1. 提交阶段

与其他各国申请流程类似，申请人需要向 BR INPI 提交的文件包括：请求书、葡萄牙语说明书、权利要求书、摘要、附图和申请人签署的委托书。如果是通过《巴黎公约》途径进行申请，则还需自申请日起 180 天内（工业设计申请为 90 天内）提交优先权证明文件及其简单译文。必要时，还需提交优先权转让书。所有的专利申请都必须翻译成官方语言葡萄牙语提交，也可以先以外文提交申请，但在 PCT 第 22 条或第 39 (1) 条规定的提交期限之前至少权利要求书、摘要和发明名称必须以葡萄牙语提交，申请文件的其他部分务必在 60 天内补齐葡萄牙语文本。

2. 实质审查阶段

巴西采用早期公开（自申请日或优先权日起 18 个月即公开）和延迟审查（在申请日起 3 年内申请人提出审查请求后再进行实质审查）制度。在提出实质审查请求前或者同时，申请人都可以提交主动修改。

申请公开后至审查终结前，任何第三方都可以提交文件来协助审查。审查员会对第三方提供的有关资料进行研究以辅助其审查工作的开展。

在收到实质审查意见通知书后，申请人需要在 90 天内进行答复，且通常不可延期。在审查终结前（指的是审查程序结束前、授权或驳回决定公开前 30 天，以后到期的为准），申请人可以提出分案申请。

在审查阶段，申请人需逐年缴纳维持费。

3. 授权与维护阶段

在实质审查阶段，申请人通过答复审查意见克服了所指出的缺陷后，BR INPI 会发出"授权通知"。申请人需要在该通知指定的日期内缴纳授权费。随后，BR INPI 会发出专利证书。授权后的年费会相对于授权前的维持费大幅上涨（官费部分）。专利保护期为申请之日起 20 年。

二、巴西实用新型专利申请程序

巴西实用新型专利保护的对象为任何具有实用性的物品或其一部分。同时，这些物品还须可付诸工业应用，表现新的形状或排列，在使用或制造中具有功能改进的发明效果。在巴西，实用新型专利申请也需要进行实质审查，具体程序与发明专利申请类似。实用新型专利的保护期为申请之日起 15 年。发明专利申请进入巴西国家阶段后，在专利授权决定公布以前的任何时候均可转换为实用新型专利申请。转换请求必须以书面形式提交，指出该国家申请号，附有一般程序请求表，同时必须缴纳一般手续费。

第二节　巴西专利申请费用

一、巴西专利申请官费

1. 发明官费

表 14 - 1 展示了巴西发明专利申请的各项主要官费。表中人民币数额按照 2024 年 6 月 6 日中国银行折算价 1 巴西雷亚尔 = 1.37 元人民币换算。

表 14 - 1　巴西发明专利申请官费一览表

申请阶段	费用名称	标准官费		优惠后费用	
		电子申请		电子申请	
		巴西雷亚尔	人民币	巴西雷亚尔	人民币
新申请阶段	申请费	175	239.75	70	95.9
	主动修改	90	123.3	36	49.32
实质审查阶段	维持费，每年	295	404.15	118	161.66
	提出实质审查请求（权利要求不超过 10 项）	590	808.3	236	323.32
	权利要求第 11～15 项，每项	100	137	40	54.8
	权利要求第 16～30 项，每项	200	274	80	109.6
	权利要求第 31 项及以上，每项	500	685	200	274
	答复审查意见通知	195	267.15	78	106.86
授权阶段	授权费	235	321.95	94	128.78
	第 3～6 年年费，每年	780	1068.6	312	427.44
	第 7～10 年年费，每年	1220	1671.4	488	668.56
	第 11～15 年年费，每年	1645	2253.65	658	901.46
	第 16～20 年年费，每年	2005	2746.85	802	1098.74

2. 实用新型官费

表 14 - 2 展示了巴西实用新型专利申请的各项主要官费，换算汇率同上表。

表 14 - 2　巴西实用新型专利申请官费一览表

申请阶段	费用名称	标准官费		四折优惠后费用	
		电子申请		电子申请	
		巴西雷亚尔	人民币	巴西雷亚尔	人民币
新申请阶段	申请费	175	239.75	70	95.9
实质审查阶段	维持费，每年	200	274	80	109.6
	提出实质审查请求	380	520.6	152	208.24
	答复审查意见通知	195	267.15	78	106.86
授权阶段	授权费	235	321.95	94	128.78
	第 3~6 年年费，每年	405	554.85	162	221.94
	第 7~10 年年费，每年	805	1102.85	322	441.14
	第 11~15 年年费，每年	1210	1657.7	484	663.08

二、巴西代理机构费用

根据巴西代理机构的标准报价，并结合机械、化学领域随机抽取的发明专利申请案件账单，对巴西代理机构的收费情况总结如表 14 - 3 所示。

表 14 - 3　巴西代理机构收费统计　　　　　　单位：美元

申请阶段	代理费项目	金额			
		最低	最高	中位数	平均
新申请阶段	准备和提交新申请、提交优先权声明及形式修改（不含翻译费）	780.00	3015.00	1225.00	1433.38
实质审查阶段	提出实质审查请求，主动修改	300.00	1700.00	655.00	777.08
	转达审查意见（一次）	160.00	1131.58	242.11	408.49
	准备和答复审查意见（一次）	561.24	2812.50	1400.74	1483.96
授权阶段	转达授权通知、核查权项、缴纳批印费、转达专利证书	300.00	1170.00	1070.00	973.00

注：考虑到不同申请的文本字数对新申请提交阶段费用情况影响较大，本表统计中未包含英语译葡萄牙语费用。从以往经验来看，该费用大约在 0.15 美元/英文单词。

第三节　巴西专利申请的费用优惠及费用节省策略

一、巴西专利申请的费用优惠

在巴西提交专利申请或通过 PCT 国际申请进入巴西国家阶段的，当申请人属于以下情况时，可享受 4 折优惠，即减免 60% 的官费：

（1）自然人（巴西本国国民及外国人，前提是不持有该专利申请所属领域经营的公司的任何股份）；

（2）个体经营者；

（3）巴西国内的小微企业；

（4）巴西国内的合作社（cooperative）；

（5）巴西国内的学术科研机构、非营利机构、公共研究机构。

营业地在巴西国外的中小企业是不能享受该减免政策的。因此，在多数情况下，费减适用的对象是自然人。值得注意的是，只有当正常缴费时，符合条件的申请人才能享受费减，而对于滞纳金是必须全额支付的。当自然人将申请权或专利权转让给了企业时，自转让之日起，后续官费需全额缴纳；反之，若企业申请者将申请权或专利权转让给了个人，自转让之日起，后续官费即减免 60%。

依据巴西 2006 年 12 月 14 日《第 123 号补充法》（Complementary Law No. 123）规定，小微企业包括商业公司、简单公司、个人有限责任公司和《巴西民法典》第 966 条定义的企业家。其中，年收入低于 36 万雷亚尔的属于微型企业，年收入高于 36 万雷亚尔且低于或等于 480 万雷亚尔的属于小型企业，合作社则是具有自己的法律形式和性质、以为成员提供服务为目的的人民团体。❶❷

巴西政府设立了针对技术创新研发的税收优惠政策。该政策旨在通过给予税务上的优惠待遇，推进企业的创新以及科技发展，包括以下内容：

（1）所有在研发中花费的费用都可用于抵扣企业的净利润；

（2）对为研发而购买的设备、机械、工具和零配件减免工业产品税（IPI）的 50%；

（3）加速折旧，以研发为目的而购买的新机械、设备、机器及工具，在计算企业所得税（IRPJ）以及社会贡献费（CSLL）时可在购买当年全额折旧；

（4）加速摊销，以研发为目的购买的无形资产，可在购买当期直接记为成本或费用；

---

❶　合作社的具体定义请参见 "Law No. 5，764 of December 16，1971"，网址为 https：//www. planalto. gov. br/ccivil_03/leis/l5764. htm。

❷　参见 "Complementary Law No. 123，of December 14，2006"，网址为 http：//www. planalto. gov. br/ccivil_03/leis/lcp/lcp123. htm。

（5）向境外支付的专利、品牌的注册和维持费用可免缴预提所得税。

二、在巴西申请专利时的费用节省策略与特别提醒

1. 语言的翻译

巴西的官方语言为葡萄牙语。中国申请人在向外申请时，多数情况下会准备 1 份英文文本，由当地律师转译为当地文字，而这就存在 3 种语言相互转换的过程，因此容易出现语义模糊甚至错失的情况。特别是对于巴西这种官方语言为小语种的国家而言，选择高质量、口碑一流的当地代理机构是获得可以有效行使的专利权的重要保证。

2. 加速审查程序的运用

根据巴西法律，申请人在某些情况下可以申请加速审查。中国申请人可以酌情充分利用这一便利以节省审查时间成本以及因审程过长带来的维持费成本。所述情况包括：

（1）PPH。这是在巴西专利加快审查的所有程序中，适用范围比较广且操作可行性比较高的加速方式。

（2）绿色专利。此途径能够加速以下领域中与"绿色"技术相关的专利申请的审查：

- 替代能源（例如生物燃料、风能、太阳能等）；
- 运输（例如电动汽车、混合动力汽车等）；
- 能量转化/节能（例如电能或热能存储、节约能源消耗等）；
- 废物管理（例如废物处理、废物处置等）；
- 可持续农业（例如重新造林技术、灌溉技术、替代杀虫剂等）。

（3）巴西已上市技术。如果专利申请全部或部分涵盖通过商业化、许可、进口或出口已在巴西市场上已上市的技术，则可以通过该途径加速专利申请的审查。

（4）潜在侵权。如果未经授权的第三方正在生产专利申请所要求保护的主题，则可根据该途径请求加速审查该申请。

（5）健康产品。该途径能够加速与用于诊断、预防和治疗艾滋病、癌症以及罕见或被忽视的疾病的健康领域的医药产品、工艺和材料相关的专利申请的审查。

（6）治疗 COVID-19 的技术。该途径旨在加速与涉及 COVID-19 的诊断、预防和治疗的健康领域中使用的药品、工艺和材料相关的专利申请的审查。

（7）如果申请人符合以下情况之一，也可以提出加快巴西专利申请审查的请求：

① 申请人年满 60 岁或以上；
② 申请人患有身体或精神残疾；
③ 申请人患有严重疾病；
④ 申请人是微型或小型公司或个人微型企业家；
⑤ 申请人是科学、技术和创新机构；
⑥ 申请人是初创公司。

3. 善用可获费用减免的方法，节约成本获得巴西专利权

由于在 PCT 国际申请进入巴西国家阶段申请人有可能获得一定幅度官费优惠，因

此中国申请人可根据个案的情况来确定是否通过 PCT 途径进入巴西以便最大限度地节约成本。同时，由于电子申请的官费要低于纸件申请（通常会低 30% 左右）且审查更为迅捷，也建议中国申请人在巴西采取电子申请的方式提交专利申请。

巴西专利申请，在提出实质审查请求时，当权利要求超过 10 项，会产生比较高额的权利要求附加费。例如权利要求从第 11 项起每项的附加费约在 137 元人民币，从第 16 项起每项的附加费约在 274 元人民币，从第 30 项起每项的附加费约在 685 元人民币。所以如果申请人想要减少实质审查官费的话，可以考虑修改权利要求书，减少权利要求个数。

此外，按照《巴西工业产权法》第 64 条和第 66 条的规定，若一件专利处于寻求许可（offer for license）的状态（非独占许可），在第一次要约期间和第一次授予许可期间，专利年费可以减少一半。

4. 特别提醒：强制许可问题与侵权诉讼

《巴西工业产权法》规定，如果自授权之日起 3 年内专利权人没有在巴西国内实施专利，或者终止实施在 1 年以上，或者虽然实施但不能满足市场需要的，则可以采取强制许可。若专利授权后 4 年不实施，或订有许可合同 5 年不实施，或中止实施 2 年以上，即可宣布专利权失效。如果外国人在巴西获得了专利权并且该项技术已在外国实施，则巴西有权进口专利产品而不必经过专利权人的同意。

同时，近些年来，巴西不断加强知识产权保护力度，外国公司在巴西遭遇侵权诉讼的案例屡见不鲜。中国申请人进入巴西市场前必须要充分认识并做好预警准备。

5. 双重审查制度的废除

巴西政府于 2021 年 8 月 27 日发布一项法规，废除了《巴西工业产权法》第 229 - C 条款，即废除了对医药化学、生物技术领域专利申请的双重审查制度。

第十五章

墨西哥

墨西哥是拉美经济大国、《美国－墨西哥－加拿大协定》（USMCA）（原《北美自由贸易协定》）成员、世界最开放的经济体之一，同 50 个国家签署了自由贸易协定。墨西哥于 1840 年前后建立了专利保护制度，于 1991 年制定了《墨西哥发展与工业产权法》。2020 年 11 月 5 日，为符合《美国－墨西哥－加拿大协定》和《全面与进步跨太平洋伙伴关系协议》（CPTPP）的相关规定，墨西哥通过并实施《墨西哥联邦工业产权保护法》，代替《墨西哥发展和工业产权法》，以更好地适应现代化的知识产权保护需要。墨西哥工业产权局（IMPI）是墨西哥知识产权的主管机构之一（另一主管机构为墨西哥国家作者版权局）。IMPI 是由原墨西哥工商部创立的独立机构，负责处理发明专利、实用新型专利、外观设计专利、商标、地理标志、集成电路布图设计等申请的接收、授权和注册工作，管理相关权利的无效、撤销、终止等情况，并就《墨西哥联邦工业产权保护法》的执行过程中可能产生的问题作出行政裁决。

墨西哥参加了保护知识产权的多个国际组织。墨西哥政府也持续加强知识产权法律体系保护的建设和投入，收到了良好效果。墨西哥在知识产权方面处于拉丁美洲领先地位，表现在专利申请方面，其专利申请量近 10 年稳定在 16000 件左右，2022 年达到 16605 件。但是墨西哥本国申请人的专利申请量较低。2022 年 IMPI 授予墨西哥本国专利 983 件，占比 5.9%。来自外国申请人的专利申请量在 2022 年为 15622 件，占比 94.1%，其中大约一半来自美国，为 7668 件，约占 46.2%。

中国申请人 2022 年在墨西哥的专利申请量在海外申请人中排名第三，仅次于来自美国和欧洲的申请人。根据 IMPI 公布的统计，2022 年中国申请人在墨西哥专利申请量为 834 件，占比 5.4%。显然中国申请人已经开始重视墨西哥知识产权保护的战略地位。

墨西哥对专利的要求包括新颖性、创造性和工业实用性。如果一项发明不是现有技术，则该项发明可被认为是新颖的。创造性活动指一个进行创造的过程，该过程能使一个具有行业内经验的人获得无法从现有技术中获得的结果。理论或者科学原理，自然现象的发现，方案，计划，进行智力活动、比赛或者业务的规则和方法，外科手术、治疗或诊断的方法以及计算机程序等不能获得专利保护。

第一节　墨西哥的专利保护类型和专利申请程序

根据联邦工业产权保护法的规定，墨西哥专利保护类型包括发明专利、实用新型专利和外观设计专利。在申请过程中，发明专利可转换为实用新型专利，反之亦然。

在墨西哥寻求发明专利保护的途径包括直接申请、《巴黎公约》途径和PCT途径。

一、墨西哥发明专利申请程序

墨西哥发明专利申请整体流程大致可分为提交阶段、实质审查阶段和授权与维护阶段。

1. 提交阶段

与其他各国申请流程类似，申请人需要向IMPI提交的文件包括：请求书、西班牙语说明书、权利要求书、摘要、附图、申请人及见证人签署的委托书以及发明人签字的转让书。如果是通过《巴黎公约》途径进行，则还需提交优先权证明文件及带译者声明的西班牙语译文。优先权证明文件可以在自IMPI发出补正通知之日起3个月内提交，该期限不可延长。形式审查合格后，在提出申请的18个月后向公众公开。

当专利申请通过PCT途径进入墨西哥国家阶段时，可以先以PCT国际申请的原始公开文本递交。此时，IMPI会发出一份补正通知，要求申请人2个月内补交对应的西班牙语的申请文件。该期限也可以申请延长2个月或以上。当通过非PCT途径进入墨西哥国家阶段时，西班牙语的申请文件必须在申请日当日递交。

2. 实质审查阶段

与美国专利法类似，申请人在墨西哥无须提出实质审查请求。通过形式审查后，申请会被公布，随后自动进入实质审查阶段。实质审查通知书的答复期限是2个月，可以自动延期2个月，但需缴纳延期费。在实质审查的过程中，IMPI可能请求墨西哥国内的某些机构或学院进行协助。此外，IMPI也可能接受或者要求申请人提供外国专利局对相关同族专利申请的审查结果。

3. 授权与维护阶段

在实质审查阶段，申请人通过答复审查意见克服了驳回意见后，IMPI会发出授权通知。申请人需要在该通知指定日期内缴纳授权费及从当年起5年的年费。随后，IMPI会发出专利证书。授权后的年费是5年缴纳一次。

从图15-1可以看出，墨西哥的发明专利流程与中国发明专利申请流程较为相似。

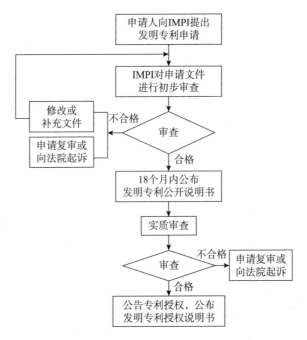

图 15 –1　墨西哥发明专利申请流程

二、墨西哥实用新型专利申请程序

依照《墨西哥联邦工业产权保护法》的规定，实用新型指的是通过改进安排、配置、结构或形式，以在组成元件方面产生新功能或在使用上显示优越性的产品或工具。墨西哥实用新型专利保护的对象包括物品、器具、装置和工具等。在墨西哥，实用新型专利申请也需要进行实质审查，具体程序与发明专利申请类似，但是它的专利权保护期限是 15 年。

三、PPH 与 APG 计划，加快墨西哥专利授权

申请人可以通过 PPH 项目基于在指定国家或地区的审查结果加快在 IMPI 的审查过程。这些国家或者地区目前包括奥地利、加拿大、哥伦比亚、智利、中国、欧盟、日本、韩国、美国、秘鲁、葡萄牙、新加坡等。

另外，近期 IMPI 与 USPTO 合作实施了一项新的墨西哥专利授权加速（Accelerated Patent Grant，APG）项目。这一项目规定，如果墨西哥申请与美国申请有共同优先权或要求了美国申请作为优先权，即便墨西哥申请的实质审查已经开始，仍可利用美国申请的授权结果加快墨西哥申请的审查。该项目相比 PPH 放宽了对提交时机的限制，不再受限于实质审查启动前。例如，中国申请人的某申请后续进入美国和墨西哥，在中国申请授权时，墨西哥申请实质审查已经开始，因此不能用中墨 PPH，但如果此时美国申请授权，则可以利用 APG 加快墨西哥申请。适用该项目时需要注意的是，除了满足权项对照要求，美国专利申请必须已经完成授权缴费，颁发专利证书，同时需要加速的墨西哥专利申请必须已经公开且第三方异议窗口期已结束。

第二节　墨西哥专利申请费用

一、墨西哥专利申请官费

1. 墨西哥发明专利申请官费

墨西哥发明专利申请官费如表 15 – 1 所示。表中人民币数额按照 2024 年 6 月 6 日中国银行折算价 1 墨西哥比索 = 0.3936 元人民币换算。

表 15 – 1　墨西哥发明专利申请官费一览表

申请阶段	费用名称	金额	
		墨西哥比索 （未包含 16% 增值税）	人民币
新申请阶段	申请费（《巴黎公约》途径）	4550.00	1790.88
	根据 PCT 第 I 章进入国家阶段	3147.00	1238.66
	根据 PCT 第 II 章进入国家阶段	1500	590.40
	申请文本超 30 页，每页	61.00	24.01
	声明优先权费，每个优先权	1066.17	419.64
授权阶段	授权费	3099.84	1220.10
	第 1 ~ 5 年年费，每年	1161.90	457.32
	第 6 ~ 10 年年费，每年	1360.69	535.57
	第 11 ~ 20 年年费，每年	1536.99	604.96

2. 墨西哥实用新型专利申请官费

墨西哥实用新型专利申请官费如表 15 – 2 所示。

表 15 – 2　墨西哥实用新型专利申请官费一览表

申请阶段	费用名称	金额	
		墨西哥比索 （未包含 16% 增值税）	人民币
新申请阶段	申请费	2056.71	809.52
	根据 PCT 第 I 章进入国家阶段	2000.00	787.20
	根据 PCT 第 II 章进入国家阶段	1350.00	531.36
	申请文本超 30 页，每页	61.00	24.01
	声明优先权费，每个优先权	1066.17	419.64

续表

申请阶段	费用名称	金额	
		墨西哥比索 （未包含 16% 增值税）	人民币
授权阶段	授权费	661.79	260.48
	第 1 ~ 3 年年费，每年	1099.39	432.72
	第 4 ~ 6 年年费，每年	1122.83	441.95
	第 7 ~ 15 年年费，每年	1290.36	507.89

二、墨西哥代理机构费用

根据墨西哥事务所的报价，结合账单抽样，计算出墨西哥发明申请平均收费情况如表 15 – 3 所示。

表 15 – 3　墨西哥代理机构收费统计

申请阶段	代理费项目	金额							
		最低		最高		中位数		平均	
		美元	人民币	美元	人民币	美元	人民币	美元	人民币
新申请阶段	准备和提交新申请（不含翻译费）	1021.70	7265.10	2268.16	16128.43	1074.38	7639.70	1248.20	8875.68
实质审查阶段	转达并答复审查意见通知（一次）	250.00	1777.70	2060.80	14653.94	1000.00	7110.80	1107.50	7875.18
授权阶段	授权办理登记	285.00	2026.58	435.00	3093.20	427.00	3036.31	395.18	2810.06

注：考虑到不同申请的文本字数对新申请提交阶段费用情况影响较大，本表统计中未包含英语译西班牙语费用。从以往经验来看，该费用大约在 0.15 美元/英文单词。

第三节　墨西哥专利申请的费用优惠及费用节省策略

一、墨西哥专利申请的费用优惠

对于包括墨西哥本国和外国申请人在内的申请人，在下列情况下申请费可减免 50%❶：

（1）发明人；

（2）中小企业；

（3）公共的或是私人的高等教育机构以及公立科学技术机构。

二、在墨西哥申请专利时的费用节省策略

根据《中华人民共和国国家知识产权局与墨西哥工业产权局关于专利审查高速路试点的谅解备忘录》，中墨 PPH 试点已于 2013 年 3 月 1 日启动并于 2014 年 3 月 1 日起获得无限期延长。这将大大缩短专利申请周期并节省相应费用。

如果申请人符合墨西哥中小企业资格，最好在新申请提交的当时就向 IMPI 提交一份小企业资格声明（Small Entity Declaration），则可以获得 50% 官费减免。如果按照标准官费全额缴纳申请费之后再提交小企业资格声明，则多缴纳的官费是不予退还的。

另外中国申请人还需注意到，墨西哥的官费设置比较精细，不同的途径在墨西哥申请，官费是不同的：通过 PCT 第Ⅱ章进入墨西哥时，其申请费比通过 PCT 第Ⅰ章进入的要低一些；与其他非 PCT 途径相比（例如《巴黎公约》途径），PCT 途径的官费要相对低一些。申请人可根据申请策略作出综合判断，选择最适当的申请途径。

---

❶　WIPO. MX：MEXICO［EB/OL］.（2024 - 05 - 30）［2024 - 07 - 15］. https：//pctlegal. wipo. int/eGuide/view - doc. xhtml? doc - code = MX&doc - lang = en.

第十六章

新加坡

　　新加坡的知识产权保护法律制度建立比较晚。在专利方面，在建立独立的知识产权保护法律制度体系前，新加坡一直通过对英国授权专利进行再注册的方式予以保护。1995 年新加坡专利法的出台标志着新加坡开始重视自己的知识产权保护体系建设。近 30 年来，新加坡的知识产权体系建设飞速发展，这与新加坡的创新能力密不可分。根据 WIPO 2022 年发布的全球创新指数（GII），新加坡上升至全球第七位，成为亚洲最具创新力的城市，新加坡的创新实力也得到了全球知名企业的认可，它们纷纷在新加坡设置重要的创新中心。新加坡的专利申请量在过去 5 年里增加了 23.7%。2022 年其专利申请量有 88.3% 来自于海外申请，其中美国居首，有 5086 件，日本第二，有 1772 件，随后是马来西亚（1708 件），中国 1588 件，位居第四，德国 617 件，排名第五。

　　新加坡是中国在东盟国家中的第五大贸易伙伴，双方在相互经济发展中占据着极其重要的作用。中国已连续 10 年成为新加坡最大贸易伙伴国。2022 年，中新双边贸易额为 1151.3 亿美元，同比增长 22.8%。新加坡连续 10 年成为中国最大新增投资来源国。截至 2023 年 3 月底，新加坡累计在华实际投资 1348.3 亿美元，中国累计对新加坡投资 812.4 亿美元。新加坡也是第一个同我国签署自由贸易协定的亚洲国家。这种紧密的经济联系体现了"你中有我，我中有你"的合作模式，合作领域逐步向生物科技、医药制造、绿色发展、科技研发等诸多领域延伸。此外，中新两国在数字经济与互联互通领域的合作不断拓展。这种合作不仅为两国今后的经贸合作注入了动力，也充分发挥了辐射和示范效应，推动《区域全面经济伙伴关系协定》（RCEP）合作关系全面可持续发展。鉴于此，新加坡已成为中国申请人出海专利布局的重要目标国，也是"一带一路"专利合作"朋友圈"的重要国家。

第一节　新加坡专利申请程序

一、专利申请进入新加坡的途径

新加坡专利保护有两种类型，即发明专利和外观设计专利，和中国专利相比，没有实用新型专利。一般而言，中国申请人在新加坡获得专利权一般有下述 3 种途径：

（1）通过 PCT 途径进入新加坡国家阶段；

（2）通过《巴黎公约》要求优先权提交新加坡申请；

（3）直接向新加坡知识产权局（IPOS）提交专利申请。

二、新加坡专利申请程序简介

图 16 – 1 是在新加坡获得发明专利权的基本流程。

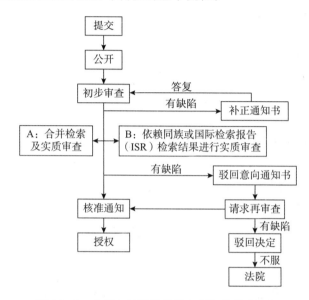

图 16 – 1　在新加坡获得发明专利权的基本流程

1. 提交申请

为了获得专利权，申请人需要向 IPOS 提交必要的申请文件，例如请求书、说明书、摘要以及附图等。如果申请文本由其他语种翻译为英语，必须同时提交翻译者签署的译者声明，保证提交的译文与优先权或者 PCT 申请文本一致。

2. 申请公开

申请日（要求优先权的，自优先权日）起 18 个月，相关申请文件将被公开。在侵权诉讼中，申请人可以要求从公布之日起进行损害赔偿。

3. 初步审查

在申请人提交专利申请后，IPOS 会对申请进行初步审查，如审查提交文件是否齐全。如果审查员发现申请文件不全，将会发出补正通知书。申请人应当在补正通知书发文日起 2 个月内进行补正。一旦满足申请要求，IPOS 会通知申请人通过初步审查。

4. 检索与审查

2020 年新加坡对其专利法进行了全面修订，其中审查途径由 4 种改为 3 种，取消了依赖同族最终审查结果直接获得授权的方式；对于 2020 年 1 月 1 日之后提交的申请都需要进行本国审查；提出实质审查请求的期限为自申请日或优先权日起 36 个月，根据申请人提出的请求最多可以延期 18 个月。具体提出实质审查请求的途径有以下 3 种。

（1）提出合并检索及实质审查请求。审查员将针对发明主题同时进行检索和审查。这种途径可以为申请人提供较宽的修改范围。

（2）PCT 申请进入国家阶段时，依据 ISR 提出实质审查请求。这种途径适用于 ISR 意见较为正面且 PCT 申请的权项已经覆盖了申请人在新加坡想要保护的发明内容的情况。

（3）依赖同族申请的最终审查结果提出实质审查请求。该途径适用的同族国家和地区为：英国、美国、欧洲（申请语言为英语）、澳大利亚、加拿大（申请语言为英语）、日本、新西兰和韩国。

如果申请人按照上面第（2）、（3）种途径提出实质审查请求，则审查员将仅对依赖的 ISR 或同族申请中的权项内容进行审查，使得新加坡申请的修改范围可能小于第（1）种途径。申请人需要综合考虑采用何种方式。

经过检索和实质审查后，IPOS 认为该申请具有专利性时，将发出继续授权资格的通知（Notice of Eligibility to Proceed to Grant），在申请人支付授权费后，将授予专利权。

当 IPOS 认为该申请存在不能授权的缺陷时，将发出书面意见。申请人可以有 5 个月的时间对书面意见作出回应和修改。

如果 IPOS 认为较小的修改仍能允许继续授予专利权，将会发出修改邀请，给申请人 2 个月的时间作出修改。

5. 驳回

如果申请人已经答复审查意见，但是至首次审查意见发文日起 18 个月专利申请仍未能满足授权要求的，IPOS 将会发出驳回意向通知书（Notice of Intention to Refuse）。申请人有 2 个月时间提出再审查请求（Request for a Review of an Examination Report）。

专利申请经过再审查后，IPOS 认为该申请具有专利性时，将发出继续授权资格的通知（Notice of Eligibility to Proceed to Grant），在申请人支付授权费后，将授予专利权。IPOS 认为申请仍然存在不能授权的缺陷时，将维持驳回决定（Refusal）。申请人可以提出分案申请继续申请或向法院提起诉讼。

三、新加坡专利申请特色程序

1. 授权前第三方意见

第三方对发明的专利性提出授权前异议的新规则于 2021 年 10 月 1 日起施行。在专利公布之后至最终审查报告发出之前，任何人可以就专利性提出第三方意见书并陈述理由。第三方意见书提出后，IPOS 将书面通知申请人。

审查员必须考虑第三方的意见书。第三方意见也可以就补充审查提出，但是审查员只会采用与补充审查相关的理由。

2. 授权后复审（Ex Parte Re‑Examination）

任何人均可以对一项已授权的发明专利基于以下一项或多项理由提出复审请求：

（1）新颖性、创造性缺陷或属于不保护的客体；

（2）说明书公开充分性；

（3）专利说明书中公开的内容超出了原始申请的内容，或者在分案申请等情况下超出了在先申请中公开的内容；

（4）对专利进行了授权后修改，导致说明书披露了新内容，而该新内容超出原始提交的申请中所公开的内容，或者该修改扩大了专利授权的保护范围；

（5）对专利申请进行的修改导致该申请的说明书披露了新内容，而该新内容超出原始提交的申请中所公开的内容；

（6）对专利或专利申请的说明书进行了不应被允许的更正；

（7）重复授权。

3. 加速审查项目（SG IP Fast Track）

该项目自 2020 年 9 月 1 日启动，目前已涵盖发明申请、外观设计申请及商标注册等程序，为申请人建立及管理其知识产权组合并将其商业化提供了更好的支持。

（1）审查时间

发明申请将在 6~9 个月内获得授权；外观设计申请最快可在 1 个月内进行注册。

（2）申请要求

专利申请的首次提交必须是在新加坡，包含最多 20 项权利要求。IPOS 每月接受 10 件申请，每位申请人不超过 2 件。

4. 东盟专利审查合作（ASEAN Patent Examination Cooperation，ASPEC）计划

ASPEC 计划于 2009 年 6 月 15 日启动，是区域专利申请结果共享的项目，旨在成员国之间共享检索和审查结果，便于申请人更高效地获得成员国的专利。成员国有 9 个，分别为文莱、柬埔寨、印度尼西亚、老挝、马来西亚、菲律宾、新加坡、泰国、越南。

申请人可以先在上述任何一个成员国申请专利并确定第一专利局，然后在另一个成员国申请专利并确定第二专利局，再请求第二专利局在检索和实质审查时参考第一专利局的检索和审查结果。

第二节　新加坡专利申请费用

一、新加坡专利申请官费

新加坡发明专利申请官费如表 16-1 所示。表中人民币数额按照 2024 年 6 月 6 日中国银行折算价 1 新加坡元 =5.2945 元人民币换算。

表 16-1　新加坡发明专利申请官费一览表

申请阶段	费用名称	金额	
		新加坡元	人民币
新申请阶段	申请费	210	1111.85
实质审查阶段	合并检索及实质审查请求	2050 + 40 × 超 20 项的权利要求数	10853.73 + 211.78 × 超 20 项的权利要求数
	依赖 ISR 或同族申请检索结果，提出实质审查请求	1420 + 40 × 超 20 项的权利要求数	7518.19 + 211.78 × 超 20 项的权利要求数
授权阶段	授权费	210	1111.85
	与检索及审查阶段相比，授权阶段新增权项数，每项	40	211.78
	第 5~7 年年费，每年	165	873.59
	第 8~10 年年费，每年	430	2276.64
	第 11~13 年年费，每年	600	3176.70
	第 14~16 年年费，每年	775	4103.24
	第 17~19 年年费，每年	945	5003.30
	第 20 年年费	1120	5929.84

二、新加坡代理机构费用

根据新加坡代理机构的标准报价并结合机械、电学、化学领域随机抽取的发明专利申请案件账单，总结新加坡代理机构的收费情况如表 16-2 所示，换算汇率同上表。

表 16-2　新加坡代理机构收费统计

申请阶段	代理费项目	金额							
		最低		最高		中位数		平均	
		新加坡元	人民币	新加坡元	人民币	新加坡元	人民币	新加坡元	人民币
新申请阶段	准备和提交新申请	750.00	3970.88	958.00	5072.13	900.00	4765.05	898.64	4757.85
实质审查阶段	实质审查请求，主动修改	650.00	3441.43	1966.00	10408.99	683.50	3618.79	957.31	5068.48
	转达审查通知（一次）	190.00	1005.96	635.00	3362.01	221.00	1170.08	333.42	1765.29
	准备和提交审查通知答复（一次）	193.00	1021.84	1706.00	9032.42	632.00	3346.12	666.12	3526.77
授权阶段	授权办理登记，转达专利证书	464.00	2456.65	1956.80	10360.28	1333.50	7060.22	1272.39	6736.67

第三节　新加坡专利申请的费用优惠

为了促进创新和知识产权保护，新加坡政府推出了一系列的优惠政策及激励计划，通过税收优惠等形式鼓励企业的创新活动。

新加坡税务局（IRAS）2023 年预算案公布了企业创新计划（EIS）❶，适用于 2024 ~ 2028 评税年度，主要包括合规费用税前加计扣除及现金补助政策两部分优惠。独资企业、合伙企业、公司（包括注册商业信托）、注册分支机构以及外国母公司或控股公司的子公司都有资格申请 EIS；根据不同的优惠类型，企业还需满足在新加坡积极开展商业活动、拥有 3 名全职本地雇员等条件。针对在新加坡进行的合格研发、知识产权注册、知识产权（IPR）的获取和许可等项目，符合条件的企业每项每年不超过 40 万新加坡元的部分可按照发生金额的 400% 进行税前加计扣除；对于同理工学院、技术教育学院（ITE）或其他合格合作伙伴开展的创新项目，每年不超过 5 万新加坡元的部分可按照发生金额的 400% 进行税前加计扣除。该计划还允许符合条件的企业选择申请以当年合规费用实际发生额的 20% 为基础，最多 2 万元新加坡元的现金补助。

此外，为了支持企业的知识产权商业化，新加坡经济发展委员会（EDB）在 2017 年推出知识产权发展激励计划（IDI），鼓励企业使用并对研发项目中产生的知识产权进行商业开发。依据 2024 年的最新政策❷，参与该计划的企业根据符合条件的知识产权收入可以获得一定比例（5% ~ 15%）的税收减免。关于此项计划的具体内容，可在 EDB 官方网站❸填写企业信息以获取相关资料。

第四节　在新加坡申请专利时的费用节省策略

一、合理撰写文本

将权项数量控制在 20 个以内可以避免产生超权费用。而该超权费在缴纳检索费、审查费及授权费时都需要额外缴纳。

二、避免延期费

及时提交申请文本、译文、委托书、审查意见答复等，避免因补正或请求延期而

---

❶ IRAS. Enterprise Innovation Scheme（EIS）[EB/OL].［2024 – 07 – 12］. https：//www. iras. gov. sg/schemes/disbursement – schemes/enterprise – innovation – scheme –（eis）.

❷ IRAS. Budget 2024：Overview of Tax Changes [EB/OL].［2024 – 07 – 12］. https：//www. iras. gov. sg/docs/default – source/budget – 2024/budget – 2024 – – – overview – of – tax – changes. pdf？Status = Master&sfvrsn = bec60f4b_4.

❸ EDB Singapore. Intellectual Property Development Incentive [EB/OL].［2024 – 07 – 12］. https：//www. edb. gov. sg/en/grants/incentives – and – schemes/intellectual – property – development – incentive. html.

产生不必要的费用。

三、善于利用 PCT 及同族申请检索结果，节省检索费

申请人可以利用 ISR、IPER 或者已经在其他规定专利局进行了检索和实质审查的同族专利提出实审请求，降低检索费的成本支出。

主要目标市场在东盟的中国申请人，也可以充分利用东盟专利审查合作计划，在降低成本的同时做好东盟地区的专利布局。

第十七章

南 非

南非是多个知识产权保护国际协定和公约的成员国，在 1928 年即加入《伯尔尼公约》，1947 年加入《巴黎公约》，1999 年加入 PCT。南非的知识产权保护类型包括专利、外观设计、版权、商标，其知识产权管理部门是南非公司与知识产权委员会（Companies and Intellectual Property Commission，CIPC），隶属于南非贸易和工业部（Department of Trade and Industry，DTI）。CIPC 负责受理知识产权（专利、外观设计、商标和版权）的注册、登记与维护。根据世界知识产权组织的数据统计，自 2013 年至 2020 年，南非的专利申请量基本保持平稳，每年为 7000 件左右；自 2020 年至 2022 年，南非的专利申请量激增，由 6688 件上涨至 13990 件。❶ 增长趋势如图 17 - 1 所示。

图 17 - 1 南非专利申请量趋势

南非于 1998 年同中国建交，2010 年与中国建立全面战略伙伴关系，2015 年成为最早与中国签署"一带一路"合作谅解备忘录的非洲国家。中南关系已经超越双边范畴，越来越具有战略意义和全球影响。目前，中国是南非最大贸易伙伴，南非是中国在非

---

❶ 数据来源：世界知识产权组织官方网站：https：//www3. wipo. int/ipstats/key - search/search - result？ type = KEY&key = 221，更新时间为 2023 年 12 月。

洲最大贸易伙伴。2022 年中国和南非双边贸易额 567.4 亿美元，同比增长 5.0%。两国双向投资规模不断扩大。截至 2023 年 8 月，中国企业对南各类投资存量为 100 亿美元，涉及矿业、家电、汽车、建材、金融、传媒等领域。南非累计对华实际投资约 9 亿美元，涉及传媒、矿业、化工、食品等领域。

2023 年中国国家知识产权局发布的《中国与共建"一带一路"国家十周年专利统计报告（2013—2022 年)》显示，在共建"一带一路"国家中，中国企业在南非的累计专利申请公开量位列第五，约为 0.4 万件；在中国企业累计申请公开量超过 1000 件的国家中，南非的专利申请公开量增长较快，达到 40.0%。❶ 可以看出中国申请人愈发注重在南非的专利布局。鉴于此，本章将详细梳理南非发明专利申请程序，着重介绍南非发明专利申请的特色程序。

第一节 南非发明专利申请程序

一、专利申请进入南非的途径

南非于 1978 年通过《南非专利法》建立了其当前的专利制度。在南非寻求发明专利保护的路径有三种：①直接向 CIPC 递交申请；②《巴黎公约》途径，在优先权日起的 12 个月期限内递交申请；③PCT 途径，在优先权日的 31 个月期限内递交国家阶段申请。

二、南非发明专利申请程序

南非对发明专利申请仅进行形式审查，不进行实质审查，也即审查员不判定专利申请的新颖性、创造性，也不限制过于宽泛的保护范围。但第三方可在专利存续期内请求撤销专利权，在撤销程序中才会进行实质审查。因此，尽管南非发明专利申请不审查新颖性和创造性等，但仍需满足专利授权的实质性条款的相关规定，否则授权后将面临被撤销的风险。

南非发明专利申请通常可在 6 ~ 12 个月内获得专利权。根据南非专利法的规定，从提交申请至授权有一定的期限限制。首次申请以及通过《巴黎公约》途径直接进入南非的专利申请授权期限是自申请日起 18 个月❷，PCT 途径进入南非的专利申请授权期限是自进入日起 12 个月。在上述规定期限到期时，若申请未能满足形式审查要求并且也未请求延迟授权，该申请将失效，即失去获得专利权的机会。上述两个期限均可通过缴

---

❶ 国家知识产权局战略规划司. 中国与共建"一带一路"国家十周年专利统计报告：2013—2022 年［J/OL］. 知识产权统计简报，2023（11）［2024 - 06 - 30］. https：//www. cnipa. gov. cn/art/2023/10/16/art _ 88 _ 188016. html.

❷ Patents Act：No. 57 of 1978［EB/OL］.［2024 - 06 - 30］. https：//iponline. cipc. co. za/Publications/Acts/Patent_Act. pdf.

纳相应费用请求将授权周期延长 3 个月。根据《南非专利法》第 40（C）条规定，在申请人说明理由（good cause）并缴纳更高官费的情况下，还可能再获得一次延期。

南非发明专利申请程序大致如下：

1. 专利检索

该步骤是可选项，申请人可请求 CIPC 检索或自行在线检索。

2. 提交专利申请文件

所涉及的各类表格及文件如下所示❶：

（1）P1：专利申请表与回执。

（2）P2：专利注册信息。

（3）P3：声明及委托书。

（4）P4：各类更正及请求。

（5）P6：临时说明书。

（6）P7：完整说明书。

（7）P8：公示详细信息与摘要。

（8）P10：年费缴纳及凭证。

（9）P12：申请修改完整说明书。

（10）P25：PCT 途径进入南非国家阶段及回执。

（11）P26：使用本土生物资源、遗传资源或传统知识的声明。

3. 形式审查及授权

提交申请后，如申请文件满足官方形式要求，CIPC 便会向申请人发出授权通知并随后在专利公告上公布该专利。

4. 主动修改及延迟授权

申请人可在专利申请授权前/后提交主动修改。虽然南非不进行实质审查，但第三方可对专利提交撤销请求，因此申请人可通过主动修改提升专利的稳定性。对于主动修改的契机，通常建议授权前提交，因为一方面是授权前修改的自由度更高，另一方面授权后修改需在期刊上进行 2 个月的异议公布。

5. 专利权维护

专利授权后，权利人需自申请日第四年起逐年缴纳年费。

三、南非专利申请的特色程序

1. 临时专利申请

临时专利申请指带有临时申请说明书的专利申请，适用于发明尚处于早期开发阶段，仍需进一步调整改进技术方案以及进一步考察商业前景等情况。临时申请可由申请人自行提交，无须委托代理机构。

与美国临时申请类似，南非临时专利申请不赋予申请人任何可行使的权利，仅为

---

❶ CIPC. Patents Forms and Fees［EB/OL］.［2024-06-30］. https：//www.cipc.co.za/? page_id=4080.

其保留在 12 个月的期限内提交完整专利申请的权利。因此，申请人在提交临时申请之日起 12 个月内还需提交完整申请。若在该期限届满前提交延期请求，可再享有 3 个月的宽限期。在此期限（12 个月或 15 个月）内，发明人可继续进行研究，同时进一步评估发明的价值与市场前景。而若发明已比较成熟且申请人希望尽快获得授权，则可直接提交完整专利申请。提交完整专利申请必须委托代理机构。值得关注的是，在申请日起 12 个月内且在完整专利申请被授权之前，申请人可以请求将完整专利申请转换为临时专利申请。❶

2. 补充专利申请

一项发明在提交完整专利申请之后或发明已被授予专利权后，申请人按照规定就完整说明书中描述或要求保护的发明进行补充、改进或修改，则该部分可被授予补充专利。在补充专利申请的完整说明书中，申请人需要列明其所描述或主张的发明与原提交申请的发明之间的关系。

补充专利申请与完整专利申请密不可分，其申请人应当是原申请的申请人或者原专利的专利权人。补充专利的保护期限与原专利申请的保护期限一致，换言之，补充专利所享有的保护期限为原专利申请目前未到期的时间。原发明专利及其补充专利不应被分开转让，权利人也无须为补充专利缴纳年费。

3. 延迟授权程序

南非专利申请获得授权后，专利权无效程序在法院的民事诉讼中进行。当专利权被判定无效时，南非法官不给予专利权人修改以使其有效的机会。因此建议申请人把握好专利授权前的修改时机。实践中，申请人通常是根据同族专利申请的授权结果对南非专利申请进行修改。然而目前，大多数国家的专利审查周期相对较长，通常在 2 年及以上。为此，南非专利申请的延迟授权程序显得尤为重要。

申请人可在提交南非专利申请的同时提交延迟授权请求，从而为主动修改留足准备时间，利用在先技术或同族申请检索报告的意见修改申请文本。需要注意的是，申请人提交主动修改时还需同时提交修改的依据以及在先技术的参考文献。

4. 加速授权程序

南非未加入 PPH 项目，但申请人可以直接向官方递交加速授权请求。该请求需提供以下资料：

（1）国际检索报告书面意见或国际初步审查报告，且前述报告中至少包括了一项可授权权项；或者

（2）同族专利申请的检索和/或实质审查报告，且前述报告至少包括了一项可授权权项；或者

（3）至少一位申请人的宣誓书，说明该专利申请需要加快处理的理由。

通过加速审查，可以将审查周期压缩到 6 个月以内。

---

❶ Patents Act：No. 57 of 1978 ［EB/OL］. ［2024 - 06 - 30］. https：//iponline. cipc. co. za/Publications/Acts/Patent_Act. pdf.

第二节　南非专利申请费用

一、南非专利申请官费

南非发明专利申请官费如表 17 - 1 所示，表中人民币数额按照 2024 年 6 月 6 日中国银行折算价 1 南非兰特 = 0.3763 元人民币换算。

表 17 - 1　南非发明专利申请官费一览表

费用名称		金额	
		南非兰特	人民币
申请费		590	222.02
逾期主张优先权的费用（每月）		50	18.82
要求优先权		50	18.82
修改或提出新申请		50	18.82
纠正文书错误和修改文件		90	33.87
逾期提交文件的费用		50	18.82
申请修改说明书（公开前）		70	26.34
申请修改说明书（公开后）		242	91.06
年费	第 3 年	130	48.92
	第 4 年	130	48.92
	第 5 年	130	48.92
	第 6 年	85	31.99
	第 7 年	85	31.99
	第 8 年	100	37.63
	第 9 年	100	37.63
	第 10 年	120	45.16
	第 11 年	120	45.16
	第 12 年	145	54.56
	第 13 年	145	54.56
	第 14 年	164	61.71
	第 15 年	164	61.71
	第 16 年	181	68.11

费用名称		金额	
		南非兰特	人民币
年费	第 17 年	181	68.11
	第 18 年	206	77.52
	第 19 年	206	77.52
年费延期费（不超过 5 个月）		90 + 50 × 延期月数	33.87 + 18.82 × 延期月数
权利恢复费		286	107.62
异议费		90	33.87

注：此处年费是按周年计算的年份。

二、南非代理机构费用

由于南非专利申请程序类似于登记制，没有实质审查程序，因此其专利申请费用主要集中在提交阶段。结合机械、电学、化学领域随机抽取的发明专利申请案件的账单，总结南非代理机构的收费情况如表 17 - 2 所示。

表 17 - 2 南非代理机构收费统计

代理费项目	金额							
	最低		最高		中位数		平均	
	美元	人民币	美元	人民币	美元	人民币	美元	人民币
准备和提交新申请	1009	7174.80	1335	9492.92	1135	8070.76	1164.93	8283.58

收到专利证书后，南非代理机构会收取 100~200 美元转达专利证书的费用。综合来看，在未包括专利年费的情况下，南非申请的外所服务费税后大约在人民币 1 万元。

三、费用节省策略

由于南非专利申请不涉及实质审查和答复修改阶段，提交后即可授权，因此建议根据官方规定在合理期限内及时提交申请文件、委托书、遗传资源声明等相关文件，及时缴纳年费，从而避免产生不必要的延期费和补正费。另外，在撰写和提交阶段尽量确保申请的可专利性和稳定性，避免因第三方异议而进入撤销和无效程序，从而产生相关费用。

第十八章

越 南

越南是《巴黎公约》、PCT、《与贸易有关的知识产权协定》、《建立世界知识产权组织公约》、《海牙协定》的缔约国。近年来，越南基于其开放的国际市场环境、丰富的劳动力资源和便捷的地理位置，愈发受到以电子产品为主的国际制造产业的关注和青睐，经济发展迅速。目前，越南是中国在"一带一路"国家中重要的贸易伙伴，同时也是《中国－东盟自由贸易协定》成员国中我国最大的贸易伙伴。2023 年的前 11 个月，中越进出口总额是 1.45 万亿元，占中国与东盟贸易的 35%。因此，中国申请人在开拓越南经济市场的同时也愈发重视发明创造在越南的专利保护。

第一节　越南专利申请程序

一、专利申请进入越南的途径

1. 直接向越南知识产权局（IPVN）提交申请

中国申请人在向 IPVN 提交申请前需要通过中国国家知识产权局的保密审查。

2. 通过《巴黎公约》进入越南

申请人在《巴黎公约》成员国提出专利申请后，可以该申请作为优先权，在发明专利申请、实用新型专利申请优先权日起 12 月内，外观设计专利申请优先权日起 6 个月内，在越南提出在后申请。中国申请人在提交申请前需要通过中国国家知识产权局的保密审查。

3. 通过 PCT 途径进入越南

申请人先向 PCT 受理局提交国际申请，在优先权日起的 31 个月内进入越南国家阶段。如果 PCT 国际申请是向中国国家知识产权局提交的，则自动默认为已经向中国国家知识产权局递交了保密审查请求。

二、越南专利申请的程序简介❶

越南知识产权法律制度较为健全，知识产权保护基本与国际接轨。根据越南知识产权法，"专利"是指以产品或过程形式提供的技术解决方案，旨在通过适用自然规则解决问题。在越南，发明需满足新颖性、创造性和工业实用性三个条件以获得保护，实用新型需满足新颖性和工业实用性两个条件以获得保护。❷

1. 提交申请

越南专利申请的官方语言是越南语。申请人应在提交申请的同时提交申请文本的越南语译文。以《巴黎公约》方式进入的，需提供优先权证明文件。

需要注意的是，下述客体不能作为发明而被授予专利权：

① 科学发现和原理；

② 教育、教学、培训方法；

③ 智力活动的规则和方法；

④ 驯兽方法；

⑤ 商业规则和方法；

⑥ 计算机程序、集成电路布图设计、数字方法；

⑦ 日程表、符号、规章制度；

⑧ 仅用于装饰或美化的设计；

⑨ 动物和植物品种；

⑩ 对人或动物的疾病诊断和治疗方法。

2. 形式审查

发明或实用新型专利申请经形式审查，合格后 IPVN 发出通过形式审查通知书。如果被认为是未能达到要求，IPVN 将发出补正通知，申请人需要在通知发出之日起 2 个月内进行答复。如果申请人支付手续费，可以请求将答复期限延长 2 个月。

3. 申请公开

申请日（有优先权的自优先权日）起 19 个月，或被 IPVN 确认为有效申请的 2 个月内，以较晚者为准，该发明或实用新型专利申请的内容将在工业产权公报上予以公布。

4. 实质审查请求

实质审查请求必须自申请日（有优先权的，按优先权日）起 42 个月内提出。与中国专利制度不同，在越南，申请人之外的第三方也允许针对该专利申请提出实质审查请求。如果在期限内未提出实质审查请求，则视为申请被撤回。另外，在存在不可抗力（自然灾害、战争等）或客观障碍（疾病、出差等）的情况下，实质审查期限可以

---

❶ MELODY T. 越南专利申请指引［EB/OL］.（2023 – 08 – 04）［2024 – 06 – 30］. https：//mp. weixin. qq. com/s/BcMIqEWE3YvnlgNpYwwt2Q.

❷ 邹丹. 一家之言：越南知识产权司法制度研究［EB/OL］.（2023 – 02 – 09）［2024 – 06 – 30］. https：//mp. weixin. qq. com/s/zoKwUhXT9ohaA8IhnZ1XYA.

延长，但不得超过 6 个月。

需要特别指出的是，越南的实用新型也需要经过实质审查才能授权。提出实质审查请求的期限是自申请日（或优先权日）起 36 个月。

5. 实质审查

IPVN 自申请公布之日或收到实质审查请求之日起 18 个月内（以较晚者为准）进行实质审查。在实质审查过程中，申请人自愿或者按照审查员的要求进行补正的，实质审查的期限按照补正期限延长。

如果审查员认为该申请未能达到专利授权要求，将向申请人发出审查意见通知书。申请人需要在通知书发出之日起 3 个月内提交答复意见书或补正书。如果申请人支付手续费，可以请求将答复期限延长 3 个月。

6. 驳回、诉讼

如果申请人无法克服审查意见中的驳回理由，则审查员将发出驳回通知书。此时，申请人可提请再审程序，并有机会提交在审查中没有考虑的、可能影响审查结果的新的事实或证据。当仍然不符合授权条件时，申请人可以向 IPVN 申请复审，也可以向法院提起诉讼。但是，具有技术专业知识的法官不多，所以在实务上很少向法院提起诉讼。通常，申请人向 IPVN 提出复审被维持驳回后，可再次向越南科学技术部（MOST）提出申诉申请。另外，虽然可以选择法院作为诉讼申请的被申请方，但由于同上理由，在实务上申请人很少会选择法院。

7. 授权

越南发明专利申请周期为 3 ~ 5 年。通过实质审查后，IPVN 将向申请人发出办理专利权登记的通知。申请人应当自通知之日起 3 个月内缴纳授权相关费用以及第 1 年专利年费。此时，如果授权文本中独立权项超过 1 个，申请文件超过 6 页，附图超过 1 幅，则需要缴纳额外费用。

越南发明专利的保护期限为自申请日起 20 年，实用新型专利的保护期限为自申请日起 10 年。2023 年起 IPVN 开始颁发电子证书，但申请人也可通过单独提交申请请求颁发纸质版证书。

具体而言，越南发明、实用新型专利申请详细流程如图 18 - 1 所示。

三、越南专利特殊程序

1. 分案申请及申请类型转换

越南相关法律规定，如果申请人希望将已提交的发明专利申请的一部分转换为实用新型（包括相反转换），必须首先提交该特定部分的分案申请，然后将分案申请进行转换。

2. 加速审查途径

（1）PPH。目前 IPVN 与 JPO 和 KIPO 分别签署了 PPH 双边协定，且每年提交额度为 100 件。

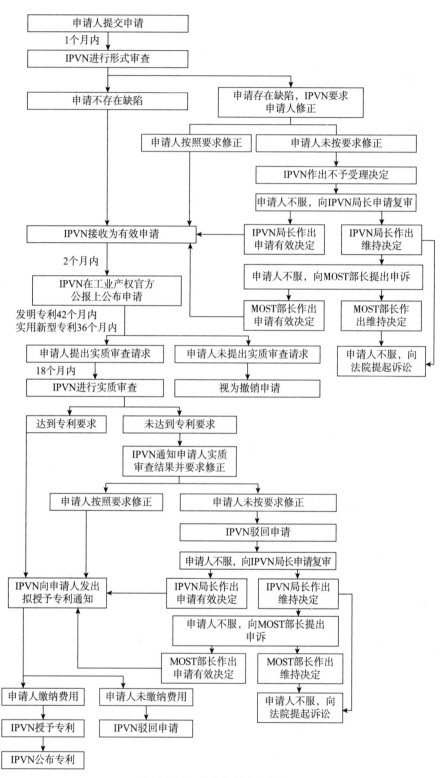

图 18-1　越南专利申请流程

（2）ASPEC 程序。参与该项目的东盟国家包括新加坡、柬埔寨、文莱、印度尼西亚、老挝、菲律宾、泰国、越南和马来西亚。如果申请人在越南之外的以上其他国家提交了同族申请，则可向 IPVN 提交这些国家专利局出具的正面检索和审查结果及其英译文，供审查员参考。

（3）利用其他同族申请的审查意见。尤其是中国、欧洲、美国、日本和韩国五大知识产权局的检索和审查结果，很大可能被 IPVN 参考和采纳，从而大大缩短审查进程。

3. 药品专利上市许可延误对专利权人的补偿制度❶

如果药品获得上市许可时有延误，专利权人可获得补偿。2023 年 8 月 23 日越南最新颁布生效的第 65/2023/ND – CP 号法令第 42 条规定了申请补偿的详细程序，首次引入"药品首次上市许可延误补偿请求声明"表格（法令附录 I 表格 3），专利权人提出补偿请求时需要同时提供行政机构出具的延误证明。此外，当一个药品包含多项专利时，可以要求对所涉及的所有专利进行补偿。具体补偿方案为：延误期间免除支付发明专利使用费；如果此期间已支付使用费，可用于抵扣年维费；若专利权人决定放弃专利权或专利权期限届满，自收到相关请求之日起 3 个月内向专利权人退还使用费。

第二节　越南专利申请费用

一、越南专利申请官费

越南发明专利申请官费如表 18 – 1 所示，表中人民币数额按照 2024 年 6 月 6 日中国银行折算价 1 越南盾 = 0.000285275 元人民币换算。

表 18 – 1　越南发明专利申请官费一览表

申请阶段	费用名称	金额	
		越南盾	人民币
新申请阶段	申请费	150000	42.79
	形式审查费，每项独立权利要求	180000	51.35
	——申请文本超过 6 页的，每页	8000	2.28
	优先权请求费，每项	600000	171.17
	公开费	120000	34.23
	——附图超过 1 个，每个	60000	17.12
	——申请文本超过 6 页的，每页	10000	2.85

---

❶　王静. 海外动态观察：越南颁布知识产权法最新法令［EB/OL］.（2023 – 12 – 15）［2024 – 06 – 30］. https：//mp. weixin. qq. com/s/zrkTvn – gFH3izoddaVWtsg.

申请阶段	费用名称		金额	
			越南盾	人民币
实质审查阶段	检索费,每项独立权利要求		600000	171.17
	实质审查费,每项独立权利要求		720000	205.40
	——申请文本超过6页的,每页		32000	9.13
授权阶段	授权费		660000	188.28
	——独立权利要求超1项,每项		100000	28.53
	——附图超过1个,每个		60000	17.12
	第1~2年年费,每年	第一项独立权利要求	400000	114.11
		第二项独立权利要求起,每项	400000	114.11
	第3~4年年费,每年	第一项独立权利要求	600000	171.17
		第二项独立权利要求起,每项	400000	114.11
	第5~6年年费,每年	第一项独立权利要求	900000	256.75
		第二项独立权利要求起,每项	400000	114.11
	第7~8年年费,每年	第一项独立权利要求	1300000	370.86
		第二项独立权利要求起,每项	400000	114.11
	第9~10年年费,每年	第一项独立权利要求	1900000	542.02
		第二项独立权利要求起,每项	400000	114.11
	第11~13年年费,每年	第一项独立权利要求	2600000	741.72
		第二项独立权利要求起,每项	400000	114.11
	第14~16年年费,每年	第一项独立权利要求	3400000	969.94
		第二项独立权利要求起,每项	400000	114.11
	第17~20年年费,每年	第一项独立权利要求	4300000	1226.68
		第二项独立权利要求起,每项	400000	114.11

二、越南代理机构费用

根据越南代理机构的标准报价并结合机械、电学、化学领域随机抽取的发明专利申请案件的账单,总结越南代理机构的收费情况如表18-2所示。

表 18－2　越南代理机构收费统计

申请阶段	代理费项目	金额							
		最低		最高		中位数		平均	
		美元	人民币	美元	人民币	美元	人民币	美元	人民币
新申请阶段	准备和提交新申请（未含翻译费）	240.00	1706.59	629.00	4472.69	386.00	2744.77	388.60	2763.26
实质审查阶段	实质审查请求	60.00	426.65	500.00	3555.40	87.00	618.64	140.89	1001.84
	转达并答复审查意见通知（一次）未含翻译费	125.00	888.85	295.00	2097.69	240.00	1706.59	229.10	1629.08
授权阶段	授权办理登记	100.00	711.08	345.00	2453.23	325.00	2311.01	283.00	2012.36

注：考虑到不同申请的文本字数对新申请提交阶段的费用用情况影响较大，本表统计中未包含英语译越南语翻译费。从以往经验来看，该翻译费大约在 0.08 美元/英文单词。

第三节　在越南申请专利时的费用节省策略

一、通过调整申请文本控制费用

如果申请文件超过 6 页，附图超过 1 幅，则在申请、检索、授权等阶段需要加收一定的官费。因此在撰写阶段和提交文本修改时有意识地调整申请文本可适当控制申请费用。

二、合理安排翻译

对于小语种的越南语翻译一般需要委托越南当地律师完成。由于国外律师费用往往高于国内代理师费用，因此建议中译英阶段在国内完成，然后由越南代理人基于英文文本进行翻译。

三、加速审查进程

申请人参与 ASPEC 计划不会产生任何官方的费用。当中国申请人的主要目标国在东盟诸国时，建议充分利用这一加速审查的好机会。ASPEC 请求可以在最终的授予或驳回决定之前的任何时间提出。但是，为了最大限度地发挥该计划的效力，建议在提交实质审查申请的同时提交 ASPEC 请求，这样一来可以迅速地启动实质审查程序，从而使第一次审查意见书可能在 6 个月内发出。另外，申请人通过提交同族专利申请的正向审查或授权结果，加速审结进程，节省申请成本。

第十九章

PPH、五局合作与各国费用节省策略

第一节　PPH 总论[1]

一、PPH 的概念

PPH 是 Patent Prosecution Highway 的简称，中文名称为"专利审查高速路"。该项目由 JPO 和 USPTO 两局最先提出，旨在加快一国申请人在另一国的专利申请实质审查阶段的程序。

PPH 是指，申请人提交首次申请的专利局（Office of First Filing，OFF）认为该申请的至少一项或多项权利要求可授权，只要相关后续申请满足一定条件，申请人即可以 OFF 的工作结果为基础，请求后续申请的专利局（Office of Second Filing，OSF）加快审查后续申请。

目前，可就申请提出 PPH 请求的 3 种基本情形如图 19 - 1 所示。

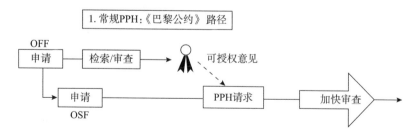

图 19 - 1　PPH 的 3 种基本情形

---

[1]　国家知识产权局专利局审查业务管理部. 专利审查高速路（PPH）用户手册［M］. 北京：知识产权出版社，2012.

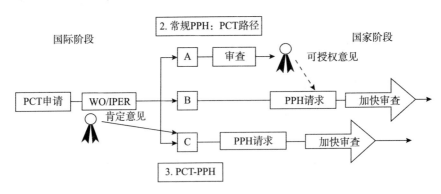

图 19 - 1　PPH 的 3 种基本情形（续）

二、PPH 的种类

1. 常规 PPH

常规 PPH 是指，申请人提交 OFF 认为该申请的至少一项权利要求具有可专利性/可授权性，在其根据《巴黎公约》提交的后续申请或是进入该国家的 PCT 国家阶段申请的权利要求充分对应的情况下，申请人即可以 OFF 给出的可授权意见为基础，向 OSF 提出 PPH 请求，加快审查后续申请。

2. PCT - PPH

PCT - PPH 是指，当申请人从特定的国际检索单位或国际初步审查单位（ISA/IPEA）收到肯定的书面意见或国际初步审查报告（WO/IPER），指出其 PCT 国际申请中至少有一项权利要求具有可专利性，申请人可请求有关专利局对相应的国家/地区阶段申请加快审查。

三、PPH 的历史沿革

1. 双边协议

如前所述，PPH 项目是由 JPO 和 USPTO 最早提出的，并以双边协议的方式加以试点和实施。由于该程序在节约各国审查资源、提高工作效率等方面优势明显，很快在各国专利局得以推广。截至 2023 年 12 月，全球参与 PPH 项目的专利局总计 54 个。参与 PPH 双边协议的各专利局根据双边协议及本国法的规定对相互提交的 PPH 请求进行审查。

2. 多边试点项目之 PPH MOTTAINAI❶

MOTTAINAI 是一个日语词汇，意指由于目标或资源的固有价值未被适当利用而由此导致的浪费产生遗憾的感觉。PPH MOTTAINAI 是 JPO 于 2011 年 2 月在日本东京召开的多边 PPH 工作层会议上提出的 PPH 扩展试点的模型，旨在进一步放宽对 PPH 用户的要求，使 PPH 对用户更加友好和易用。由于该扩展试点建议在该次工作层会议上得

---

❶　参见 PPH 门户网站（JPO 维护）：https：//www. jpo. go. jp/e/toppage/pph - portal/index. html。

以通过并在随后召开的 PPH 局长级会议上获得批准，从 2011 年 7 月 15 日起，JPO、USPTO、UKIPO、CIPO、IPA、芬兰国家专利与注册委员会、ROSPATENT 和西班牙专利商标局等八国专利局在现有双边 PPH 试点的基础上，进行名为 PPH MOTTAINAI 的一年期扩展试点。随后该试点工作继续得以维持。

PPH MOTTAINAI 解决了双边 PPH 框架下的某些局限。在现有双边 PPH 框架下，PPH 请求的提出主要遵循"首次申请"原则，即申请人一般只能基于其提交 OFF 的审理结果向其提交的 OSF 提出 PPH 请求。换言之，OFF 应该先于 OSF 提供审查结果。由于各专利局审查积压和周期的情况各不相同，OFF 并不能总是先于 OSF 提供审查结果，因此"首次申请"原则在某种程度上限制了局际工作结果的充分利用。例如，在现有双边 PPH 框架下，申请人在以下情形中提出的 PPH 请求不能被批准：①依《巴黎公约》有效要求 OFF 申请优先权的申请，但 OSF 先于 OFF 作出肯定的审查意见；②《巴黎公约》途径或 PCT 路径，B 局和 C 局有 PPH 协议，但首次申请来自 B 局和 C 局之外的 A 局。

与现有双边 PPH 框架不同的是，PPH MOTTAINAI 突破了"首次申请"原则，只要有关于申请的在先审查结果，其他专利局皆可利用，实现工作共享，从而对申请人更为友好，更有利于申请人实现"一国授权、多国加快"。因此，在 PPH MOTTAINAI 中，上述两种情形下提出的 PPH 请求与双边 PPH 框架下"首次申请"原则情形下的 PPH 请求一样，均可以被批准。通俗来讲，就是 PPH MOTTAINAI 允许反向加快，同时也允许首次申请来自第三国的申请，在 PPH MOTTAINAI 范围内享受同族专利间参加 PPH MOTTAINAI 的专利局的审查结果。

PPH MOTTAINAI 要求各专利局在执行 PPH 程序时，要遵循各国国内法规对 PPH 作出的相关规定。在试点运行后，该项目又推出了 PPH MOTTAINAI 2.0 版。该版允许各国审查员登录各试点局的内部案件访问系统查询案卷审查信息，从而简化了 PPH 的办理手续，同时还允许对相关文件提交机器翻译。

3. 多边试点项目之"全球专利审查高速路"（Global Patent Prosecution Highway, Global PPH）❶

2014 年 1 月 6 日，Global PPH 正式启动。截至 2024 年 7 月 6 日，共计 28 个国家或地区的专利局参加该项目，包括：爱沙尼亚、澳大利亚、奥地利、巴西、北欧专利局、秘鲁、冰岛、波兰、丹麦、德国、俄罗斯、芬兰、哥伦比亚、韩国、加拿大、美国、挪威、葡萄牙、日本、瑞典、维谢格拉德专利局、西班牙、新西兰、新加坡、匈牙利、以色列、英国和智利。

与 PPH MOTTAINAI 相比，Global PPH 试点项目下的专利审查高速路具有统一的审查标准，遵循共同的指南。加入该项目的各专利局之间无须具有双边 PPH 协议。只要加入了该试点项目，即被认为该国专利局将遵循该项目的统一规章进行 PPH 的流程工作。加入 Global PPH 的国家或地区就等同于与所有成员签署了 PPH 协议，但保留在任

---

❶　参见 PPH 门户网站（JPO 维护）：https：//www.jpo.go.jp/e/toppage/pph－portal/index.html。

何阶段限制或终止参与 Global PPH 项目的权利。Global PPH 所需的文件种类也力争在成员之间实现统一。对于希望一次在多个国家或地区获得专利的企业来说，Global PPH 的实行会使其申请和审查程序更加快捷与方便。

该项目正式使用"首次审查局"（OEE）和"在后审查局"（OLE）的概念，与 PPH MOTTAINAI 2.0 相似，Global PPH 也允许机器翻译，同时，各国专利审查文件将通过 DAS 系统（Dossier Access System）进行局间交换，从而简化了各国专利局的操作，也减轻了申请人提交案卷审查历史的义务。

4. 多边试点项目之五局合作（IP5 – PPH）[1]

2013 年 9 月下旬，世界最大的五个专利局——EPO、JPO、KIPO、CNIPA、USPTO 在瑞士日内瓦达成协议，于 2014 年 1 月启动五局联合专利审查高速路试点。该项目被称为 IP5 – PPH，并在五局间开展。这是中国目前唯一加入的小多边 PPH 试点项目，也是 CNIPA 与 EPO 进行 PPH 合作的唯一途径。根据该协议，对于被五局之一认定为具有可授权权利要求的申请，在满足其他条件的情况下，申请人可向其他四局就该申请提出的对应待审申请提出加快审查请求。同样，申请人向五局之任意局提出的 PPH 请求，可基于五局作出的 PCT 国际阶段工作结果或国家/地区的审查成果。实质上为小多边的 IP5 – PPH 工作的开展将极大地促进五局间的审查合作，并加速各局审查进程，更好地服务于申请人。

根据该协议，在现行的双边 PPH 继续开展的同时，上述五局的对应申请间，允许出现"一国授权、多国加快"的情形。与前文介绍的 PPH MOTTAINAI 及 Global PPH 一样，IP5 – PPH 允许反向加快，也允许首次申请来自第三国的申请，在 IP5 – PPH 范围内享受同族专利间参加 IP5 – PPH 的专利局的审查结果。

例如，中国申请人首先在中国申请了专利，然后以此为优先权在美国、日本等国进行了申请。如果由于某种原因，在美国的同族专利申请早于中国专利申请获得肯定性的审查意见，那么根据 IP5 – PPH 的规程，申请人可以美国同族专利的审查结果在中国要求 PPH 加快，这就是反向加快的含义。

又如，在 IP5 – PPH 的框架下，上述例子中的美国同族专利的审查结果，同样可以在 JPO 加快相应日本同族专利申请的审查。

四、中国参加的 PPH 项目[2]

截至 2024 年 6 月，CNIPA 与 30 个国家或地区的专利局开展了双边或多边 PPH 试点项目合作，包括日本、德国、美国、韩国、俄罗斯、丹麦、芬兰、奥地利、墨西哥、加拿大、新加坡、波兰、欧洲专利局（IP5）、葡萄牙、英国、冰岛、瑞典、以色列、匈牙利、捷克、智利、埃及、欧亚专利组织、巴西、马来西亚、挪威、沙特、法国、巴林和非洲地区知识产权组织（按时间先后排序）。

---

[1] 参见 PPH 门户网站：https：//www. jpo. go. jp/e/toppage/pph – portal/index. html。

[2] 参见国家知识产权局 PPH 专栏：https：//www. cnipa. gov. cn/col/col46/index. html。

在这 30 个合作局中，有 12 个国家或地区与中国互相接受对方局的常规 PPH 请求和 PCT – PPH 请求，包括日本、美国、韩国、俄罗斯、芬兰、奥地利、加拿大、新加坡、欧洲专利局、瑞典、以色列和智利。其中，在中加 PPH 协议中，中国申请人向加拿大知识产权局提出 PPH 请求是通过 PPH MOTTAINAI 项目进行的。

此外，CNIPA 在与以下 14 个国家或地区专利局的 PPH 协议规定，CNIPA 只接受来自下述局的常规 PPH 请求，而下述专利局可接受来自 CNIPA 的常规 PPH 和 PCT – PPH 请求，包括丹麦、墨西哥、波兰、葡萄牙、英国、冰岛、匈牙利、捷克、巴西、马来西亚、挪威、沙特阿拉伯、巴林和非洲地区知识产权组织。其中，在中巴（西）PPH 协议中，两局互相接受通过 PPH MOTTAINAI 项目进行 PPH 合作。

其余 4 个国家或地区的专利局仅与 CNIPA 签署常规 PPH 项目（不包括 PCT – PPH），包括德国、埃及、欧亚专利组织和法国。

如前文所述，CNIPA 与 EPO、JPO、KIPO、USPTO 共同参加和启动了五局合作的 IP5 – PPH 项目，这是中国参加的唯一一个小多边 PPH 项目，也是 CNIPA 与 EPO 开展 PPH 审查加快的唯一渠道。

第二节　PPH 的优势

世界公认的 PPH 路径的优势在于：审查周期快、节省费用、授权率高。除节省费用外，其他两个优势也会起到节省申请成本的作用。

一、审查周期快

所谓的审查周期快，主要是指两个方面：一方面是入审快，即通常意义上申请人获得第一次审查意见的周期比不通过 PPH 加快程序的案件收到第一次审查意见通知书的周期要短；另一方面是结案快，即从开始审查到授权（或者驳回）的时间也会较短。在陈述 PPH 的优势时，常常会提到 PPH 程序大大缩短了这两个时间，但事实上，这两个时间的缩短，还可能直接带来维持费用的节省。众所周知，有些国家和地区的专利申请在授权前仍然每年要缴纳维持费，例如德国、加拿大以及欧洲等，加快审查周期可以直接节省中国申请人在上述国家和地区的维持费成本。当然在专利授权后专利需要缴纳年费，而且通常各国的年费会高于维持费。但是，年费缴纳是申请人自主的选择，而维持费是为了专利授权不得不缴纳的费用。同时，就中国申请人而言，专利授权后的年费和专利申请时的维持费有时不是一个项目经费。因此节省维持费是节约了申请成本，而授权后的年费维护成本则可以根据该技术的市场前景和商业战略再制定。

以下是有关审查周期加快的一些统计数据。

1. 入审快的部分数据

表 19 – 1 是 PPH 门户网站公布的 2022 年 1～12 月有关各国专利局使用 PPH 加快入审的数据统计，其中的数据代表在各国专利局从提交 PPH 请求到第一次审查意见通知

书发文的周期。"所有申请"既包括通过 PPH 途径的申请，也包括未请求 PPH 加快的申请。表中部分数据未提供。

表 19 - 1 2022 年 1～12 月各国专利局使用 PPH 加快入审的数据统计　　单位：月

国别	所有申请	常规 PPH	PCT - PPH
日本	10.1	2.6	2.1
美国	—	4.7	
韩国	14.4	3	3.3
加拿大	21.5	2.4	2.9
墨西哥	—	1.1	1.6
巴西	—	4.4	3.7
澳大利亚	10.5	0.7	0.6
俄罗斯	—	2.5	1.9
英国	—	1.4	1.5

注：美国数据不区分两种 PPH，下同。

表 19 - 2 是 PPH 门户网站公布的 2023 年 1～12 月有关各国专利局使用 PPH 加快入审的数据统计，其中的数据代表在各国专利局从提交 PPH 请求到第一次审查意见通知书发文的周期。表中部分数据未提供。

表 19 - 2 2023 年 1～12 月各国专利局使用 PPH 加快入审的数据统计　　单位：月

国别	所有申请	常规 PPH	PCT - PPH
日本	9.5	2.5	2.3
美国	—	4.4	
韩国	16.1	2.5	2.8
墨西哥	—	1.5	2.1
巴西	—	6.1	5.9
澳大利亚	11.4	0.5	0.5
英国	—	1.7	1.4

从上述两个时段的数据跟踪可以看出，通过 PPH 加快请求，各国专利局都可以大大加快审查流程，尽早发出审查意见通知书。

2. 授权快（结案快）的部分数据

表 19 - 3 是 PPH 门户网站公布的 2022 年 1～12 月有关各国专利局使用 PPH 加快结案的数据统计，其中的数据代表在各国专利局从提交 PPH 请求到结案（授权或驳回）的周期。表中部分数据未提供。

表 19 – 3　2022 年 1 ~ 12 月各国专利局使用 PPH 加快结案的数据统计　　单位：月

国别	所有申请	常规 PPH	PCT – PPH
日本	14.9	7.6	4.7
美国	—	14.6	
韩国	18.4	6.4	7.2
加拿大	28.1	6.6	8.7
墨西哥	—	4.9	10.6
巴西	—	7.1	5.5
澳大利亚	19.9	1.5	1.6
俄罗斯	—	3	2
英国	—	13.1	13.6

表 19 – 4 是 PPH 门户网站公布的 2023 年 1 ~ 12 月有关各国专利局使用 PPH 加快结案的数据统计。表中部分数据未提供。

表 19 – 4　2023 年 1 ~ 12 月各国专利局使用 PPH 加快结案的数据统计　　单位：月

国别	所有申请	常规 PPH	PCT – PPH
日本	14	7.8	5.4
美国	—	13.5	
韩国	20.1	4.9	5.3
墨西哥	—	3.9	6.1
巴西	—	7.2	7.1
澳大利亚	21.6	8.6	8.9
英国	—	11.5	9.6

从上述两个时段的数据追踪可以看出，通过 PPH 加快请求，多数专利局可以大大加快审查流程，尽早审结专利申请。

从上面两个方面的各国数据都可以看出，PPH 流程大大加快了入审和结案的时间，从而节约某些国家的维持费。

二、费用节省

PPH 的实质是 OLE 利用 OEE 的工作成果，在参考在先审查的工作成果的基础上进行进一步审查，因此，OLE 在进行审查时依据的申请文件已经是由申请人在前面的审查过程中对实质内容和形式内容的缺陷进行过弥补和处理的成果。故此，在后审查时面临的各方面的缺陷都已大大减少，显而易见，这将减少 OLE 的审查意见的发出次数，甚至 OLE 收到 PPH 请求并参考在先工作成果进行独立审查后,很有可能不发出审查意见就直接作出授权的决定。同时在实践中也可以看到,在后审查的审查意见内容与未使用 PPH 加快程序的申请的审查意见相比也很有可能更加简洁,因此使用 PPH 加快程序后,在实质审查阶段,会因为 OLE 的审查意见的次数减少、内容简洁等,节省相应的律师费用,从而达到节省申请成本的目的。当然,提交 PPH 请求,会额外产生一部分律师费用。但由于 PPH 请求是一种程序行为而非实体技术分析,律师费用相比答复一次审查意见要节省不少。因此,以提交 PPH 的方式加速审查,无疑会大大节省申请人的申请成本。

另外,除韩国外,目前所有的 PPH 加快请求在当地专利局都是免费的程序,官费方面不会额外加重申请人的负担。

1. 审查意见轮数的减少

通过统计各国专利局的数据,可以看出各专利局使用 PPH 途径后审查意见减少的趋势。

表 19 - 5 的数据来自 PPH 门户网站,显示的是 2022 年 1 ~ 12 月的各国专利局因采用 PPH 程序而减少的平均审查意见轮数的情况。表中部分数据未提供。

表 19 - 5 2022 年 1 ~ 12 月各国专利局使用 PPH 减少审查意见轮数的数据统计　单位:次

国别	所有申请	常规 PPH	PCT - PPH
日本	1. 1	1. 03	0. 63
美国	2. 9	2. 7	
韩国	1. 0	0. 9	1. 0
加拿大	1. 8	1	1. 3
墨西哥	—	0. 6	1
巴西	—	0. 6	0. 5
澳大利亚	1. 2	0. 8	0. 9
俄罗斯	1. 2	1. 2	1. 2
英国	—	1. 0	1. 4

表 19 - 6 的数据来自 PPH 门户网站,显示的是 2023 年 1 ~ 12 月的各国专利局因采用 PPH 程序而减少的平均审查意见轮数的情况。表中部分数据未提供。

表 19 - 6 2023 年 1 ~ 12 月各国专利局使用 PPH 减少审查意见轮数的数据统计　单位:次

国别	所有申请	常规 PPH	PCT - PPH
日本	1. 1	1. 1	0. 7
美国	2. 8	2. 5	
韩国	1. 0	0. 7	0. 7

国别	所有申请	常规 PPH	PCT - PPH
墨西哥	—	0.5	0.8
巴西	—	0.4	0.5
澳大利亚	2.1	1.8	2.0
英国		0.8	0.8

2. 一次授权率

一次授权率是指提交了 PPH 请求/实审请求后，外国专利局没有发出审查意见，直接授权的情况。从表 19 - 7 所示的来自 PPH 门户网站 2022 年 1 ~ 12 月的数据统计可以看出，采用 PPH 程序后，多数专利局的一次授权率得到了很大提高，从而节省了实质审查阶段的代理费用。表中部分数据未提供。

表 19 - 7 2022 年 1 ~ 12 月各国专利局使用 PPH 增加一次授权率的数据统计

国别	所有申请	常规 PPH	PCT - PPH
日本	14.3%	21.5%	50.2%
美国	15.1%	31.2%	
韩国	22.4%	14.2%	24.2%
加拿大	3.6%	20.7%	15.7%
墨西哥	—	58.7%	39.6%
巴西		38.9%	55.6%
澳大利亚	2.8%	42.0%	39.6%
俄罗斯	52.9%	36.4%	46.5%
英国	—	41.4%	27.5%

2023 年 1 ~ 12 月各国专利局使用 PPH 增加一次授权率的数据统计如表 19 - 8 所示。表中部分数据未提供。

表 19 - 8 2023 年 1 ~ 12 月各国专利局使用 PPH 增加一次授权率的数据统计

国别	所有申请	常规 PPH	PCT - PPH
日本	13.9%	20.2%	53.5%
美国	14.6%	32.9%	
韩国	6.8%	17.9%	19.8%

国别	所有申请	常规 PPH	PCT – PPH
墨西哥	—	72.0%	52.5%
巴西	—	40.7%	35.7%
澳大利亚	2.4%	27.1%	14.1%
英国	—	38.1%	28.1%

从上述两组数据可以看出,利用 PPH 加快流程可以有效地减少审查意见的次数,甚至直接获得专利权,从而减少了实质审查阶段的代理费用。

三、授权率高

各国数据均表明,通过 PPH 加快审查的专利申请的授权率相对于一般申请的授权率要高。由于申请人海外布局的专利通常与海外市场息息相关,因此申请的正向结果对于申请人非常重要。

如果某国外申请被外国专利局驳回,而申请人接受了驳回结果,意味着之前的十几万元人民币申请费用投资失败,同时也意味着在该市场丧失了法律保护。因此在实践中,如果审查得到了负面结果,申请人通常会选择根据当地法律继续申请(如美国的 RCE/CA/CIP),以更多的成本投入换取专利保护;或者采用申诉(复审)甚至诉讼的方式谋求最终授权,这当然意味更多的费用,特别是当地律师费用。而 PPH 流程可以获得更高的授权率,从这个角度讲也是对申请人的申请费用的隐性节省。同时,较高的授权率,也使申请人能够尽早地在当地享有并主张自己的专利权。

有关授权率,各国专利局也分别就参与 PPH 的申请和全部申请进行了比较,并且在 JPO 的 PPH 门户网站进行了数据披露。

表 19 - 9 和表 19 - 10 分别显示的是 2022 年 1 ~ 12 月和 2023 年 1 ~ 12 月各国专利局授权率统计数据。其中部分数据未提供。

表 19 - 9　2022 年 1 ~ 12 月各国专利局授权率的数据统计

国别	所有申请	常规 PPH	PCT – PPH
日本	76.4%	82.5%	93.8%
美国	81.2%	88.9%	
韩国	74.3%	82.9%	84.5%
加拿大	48%	78.4%	81.4%
墨西哥	—	94.5%	88.7%
巴西	—	87.5%	91.1%
澳大利亚	79%	100%	100%
俄罗斯	79%	44%	85.3%
英国	—	81.8%	96.1%

表 19 – 10　2023 年 1～12 月各国专利局授权率的数据统计

国别	所有申请	常规 PPH	PCT – PPH
日本	75.4%	80.9%	93%
美国	76.7%	87.8%	
韩国	71.2%	89.6%	87.8%
墨西哥	—	98.1%	95.0%
巴西		87.7%	89.5%
澳大利亚	76.8%	89.2%	91.7%
英国	—	95.2%	90.6%

第三节　IP5 – PPH 各专利局要求

2014 年 1 月 6 日，EPO、JPO、KIPO、CNIPA、USPTO、启动五局联合专利审查高速路试点，该项目被称为 IP5 – PPH。CNIPA 与 JPO、KIPO、USPTO 之间现有的双边 PPH 试点仍然继续进行，但由于 IP5 – PPH 可完全覆盖双边 PPH 的适用类型，对申请人更利好。

IP5 – PPH 项目允许常规 PPH、PCT – PPH 和 PPH MOTTAINAI 三种类型。为了使该项目对申请人更加友好便捷，五局制定了通用的 PPH 请求表模板，并且提供了关于通用框架和差异部分的指南。

一、五局通用的要求及文件

目前 IP5 – PPH 项目中各局在要求和文件方面已经基本统一。

1. 使用某局的工作结果提交 PPH

要求基本如下：

① 提出 IP5 – PPH 请求的申请必须与在其他四局之一提出的对应申请具有相同的最早日，该最早日可以是申请日，也可以是优先权日；

② 在其他四局之一局至少有一件对应申请，其具有一项或多项被该局认定为可授权/具有可专利性的权利要求；

③ 该申请所有权利要求，无论是原始提交的或者是修改后的，必须与其他四局之一局认定为具有可专利性/可授权的一项或多项权利要求充分对应。

文件基本如下：

① 参与专利审查高速路项目请求表；

② 说明申请的所有权利要求是如何与被认为具有可专利性/可授权的权利要求充分

对应的权利要求对应表；

③ 其他四局之一局就对应申请作出的审查意见通知书的副本（及其译文）；

④ 其他四局之一局认定为具有可专利性/可授权的所有权利要求的副本（及其译文）；

⑤ 其他四局之一局审查员引用文件的副本。

2. 使用来自 PCT 国际阶段工作结果提交 PPH

要求基本如下：

① 提出 IP5 – PPH 请求的申请与对应的构成请求基础的国际申请必须具有相同的最早日，该最早日可以是申请日，也可以是优先权日；

② 对应该申请的 PCT 申请的国际阶段的最新工作结果，即国际检索单位的书面意见（WO/ISA）、国际初步审查单位的书面意见（WO/IPEA）或国际初步审查报告（IPER），指出至少一项权利要求具有可专利性/可授权（从新颖性、创造性和工业实用性方面）；

③ 该申请的所有权利要求，无论是原始提交的或者是修改后的，必须与对应国际申请中被最新国际工作结果认为具有可专利性/可授权的一项或多项权利要求充分对应。

文件基本如下：

① 参与专利审查高速路项目请求表；

② 说明申请的所有权利要求是如何与被认为具有可专利性/可授权的权利要求充分对应的权利要求对应表；

③ 认为权利要求具有可专利性/可授权的最新国际工作结果的副本（及其译文）；

④ 对应国际申请中被最新国际工作结果认为具有可专利性/可授权的权利要求的副本（及其译文）；

⑤ 在该申请对应的国际申请的最新国际工作结果中引用文件的副本。

无论是使用某局的工作结果还是使用来自 PCT 国际阶段的工作结果，以上述及的文件③至⑤，如可通过内部案卷访问系统获取，申请人可省略提交，只需在请求表中列出名称。

二、五局的不同要求

除了以上的通用要求和文件，IP5 各专利局在某些方面有不同要求，例如提交时机、补正机会、加快效果、获批后对应性的要求等，如表 19 – 11 所示。

通过以上对比可看出，USPTO 对权利要求对应性要求最严格，在 PPH 审批通过后，针对审查意见通知书的答复仍需满足对应性要求，成为申请人选择 PPH 途径时最大的顾虑。在补正机会方面，JPO 最为宽松，有多次补正机会，且不限制再次提交 PPH 的次数；EPO 最为严格，只有一次补正机会，如果未通过，无再次提交的机会。在提交时机方面，韩国最为宽松，实质审查即使开始仍可提交，但需要注意，在 KIPO 提交 PPH 请求需要缴纳官费。

表 19 – 11　五局不同要求

项目	JPO	USPTO	EPO	KIPO	CNIPA
提交时机	1）不要求申请公开； 2）必须已提交实审请求或随实审请求同时提交； 3）未开始实质审查	1）不要求申请公开； 2）未开始实质审查	1）不要求申请公开； 2）未开始实质审查	1）不要求申请公开； 2）必须已提交实审请求或随实审请求同时提交； 3）实质审查即使开始仍可提交	1）必须公开； 2）必须已收到进审通知书或随实质审查请求同时提交； 3）未开始实质审查
补正机会	申请人有多次机会补正缺陷。补正后未通过可再次提交请求，不限制次数	如请求未通过只能再重新提交一次请求	申请人只有一次机会补正 EPO 指出的缺陷	KIPO 在某些情况下给申请人补正机会，补正后未通过可再次提交请求，不限制次数	CNIPA 在某些情况下给申请人补正机会，补正后未通过只能再重新提交一次请求
PPH 获批后对应性要求	一通后的修改不需满足对应性要求	通过 PPH 审批后权项的任何修改要满足对应性要求。申请人须在提交修改的同时提交满足对应性的说明，否则视为未修改	一通后的修改不需满足对应性要求	一通后的修改不需满足对应性要求	一通后的修改不需满足对应性要求
费用	免费	免费	免费	收费 （200000 韩元）	免费

注：1）PPH 加快效果为从提交 PPH 请求或者 PPH 审批通过 2～4 个月发"一通"，因为各局对于加快效果的起点各不相同，无法提供统一数据。

　　2）在 EPO，"实质审查已经开始"指审查开始日期已经生成，该日期可从 EPO 获取。在 JPO、USPTO、CNIPA，开始实质审查指发出审查意见。需要注意的是，USPTO 的限制通知书（Restriction Requirement）不算作审查意见，但申请人答复限制通知书后，USPTO 通常很快发出第一次审查意见，此时没有提交 PPH 请求的必要。

　　3）美国的临时申请不能适用 PPH。

以上仅为五局异同的粗略对比，各局在实操中有更为细节的要求，申请人在提交

PPH 请求之前还需其委托的国内代理机构与国外的代理机构进行充分沟通，明确各国具体的规定。

第四节　PPH 加快程序节省费用的样本分析

本节以 USPTO 为样本对 PPH 加快程序节省费用进行分析。前文数据已经对在 USPTO 使用 PPH 加快审查流程的情况作出了统计。根据本章第二节中提供的 USPTO 各类统计数据整理得到表 19-12，展示了在 USPTO 使用 PPH 加快程序后对整体申请流程的加快。

表 19-12　2023 年 1~12 月在 USPTO 使用 PPH 加快程序对申请流程的影响

项目	PPH 申请	所有申请
授权率/%	87.8	76.7
一次授权率/%	32.9	14.6
通知书次数/次	2.5	2.8

下面以 AIPLA 的 2011 年经济调查报告公布的数据❶结合实际案例抽样来测算 PPH 程序对美国申请费用的节省。

一、审查阶段的费用节省

1. 不复杂的审查意见

一件美国专利申请在审查过程中，假设该专利申请的审查意见并不复杂，那么，根据 AIPLA 公布的数据结合实际抽样，从理论测算的角度，在假设对通知书作出一次简单的答复/修改的平均成本为 1235~2440 美元的情形下，使用 PPH 程序可能节省的审查费用如表 19-13 所示。

表 19-13　在 USPTO 使用 PPH 程序节省的审查阶段费用（不复杂的审查意见）　单位：美元

类型	花费
所有申请	3458~6832（1235~2440/答复 ×2.8 次通知书）
PPH 申请	3088~6100（1235~2440/答复 ×2.5 次通知书）→节省 370~732

需要说明的是，上述费用不包括申请人节约开销或当地律师事务所答复通知书的收费优惠，也不考虑通过 PPH 减少在美国实质审查阶段提交的 RCE 和上诉等程序所节省下来的费用——有关这部分内容稍后将专门介绍；同时上述费用节省也没有考虑通常由律师收取的 PPH 请求费。

---

❶ 参见 AIPLA 2011 年经济调查报告。

综上，在不复杂的审查意见的情况下，通过常规 PPH 程序，每件美国申请平均节约成本为 370 ~ 732 美元。

2. 复杂的审查意见

如果遇到的美国专利的审查意见较为复杂，假设每次通知书的答复/修改的平均成本为 2936 ~ 3889 美元，则使用 PPH 程序后在 USPTO 申请专利可节约的成本如表 19 - 14 所示。

表 19 - 14　在 USPTO 使用 PPH 程序节省的审查阶段费用（复杂的审查意见）　单位：美元

类型	花费
所有申请	8221 ~ 10889（2936 ~ 3889/答复 ×2.8 次通知书）
PPH 申请	7340 ~ 9723（2936 ~ 3889/答复 ×2.5 次通知书）→节省 881 ~ 1166

综上，在一定复杂的审查意见的情况下，通过常规 PPH 程序，每件美国申请平均节约成本为 881 ~ 1166 美元。

上述的费用节省是基于美国专利申请在审查阶段，由于采用了 PPH 程序，减少了审查意见的次数而理论测算出的成本节约。这种测算是理想化的数据统计。实际上，中国申请人在美国以 PPH 方式加快其美国申请的审查，还会有其他一些成本，例如，提交 PPH，美国事务所和中国代理机构也都会收取一定的服务费。但同时，上述数据仅仅测算的是在审查意见次数减少的情况下，美国律师的费用节省，而由于次数减少，中国代理机构的代理费也会相应减少，虽然减少幅度与美国相比会少很多。

二、后续程序的费用节省

使用 PPH 程序在美国加快审查，不仅可以节省专利审查中的费用，而且当 USPTO 给出不利于申请人的审查结论后，如在第三章中所述，为获得专利保护，申请人往往会通过提交 RCE 或者上诉或者 CP/CIP 的方式来继续审查程序，以谋求授权。而如果使用 PPH 途径后，由于授权率提高，采用 RCE/上诉/CP/CIP 的情况会相应减少，从而同样会降低在美国获得专利保护的成本。

从增加授权率的角度来测算，可能节省的费用成本为：对于 CP/CIP 而言，由于这两种申请是独立的美国申请，因此如果原美国申请得到不利的审查结论后以该方式继续谋求授权的话，申请人将多付出一个完整美国专利申请的费用成本；而对于 RCE/上诉途径而言，使用 PPH 途径增加授权率，从而降低 RCE/上诉机会而降低隐性成本。根据 AIPLA 公布的数据，降低隐性成本的具体情况如表 19 - 15 所示。

表 19 - 15　在 USPTO 使用 PPH 程序降低 RCE/上诉机会的数据统计

项目	PPH 申请/%	非 PPH 申请/%	官费/美元
RCE 率	11	31	1360
上诉率	0.3	2.5	2360

这里统计出来的数据仅为官费成本。值得注意的是，实践中 RCE/上诉的美国律师费相当高昂，如果以在第三章中测算出的实践数据加以套用，成本节约将非常可观。美国 RCE 现行官费为第一次提交 1360 美元，第二次起，每提交一次金额为 2000 美元。小企业享受上述金额的 60% 减免。

综上所述，一个利用 PPH 程序的理论案例可能节省的显性和隐性费用非常可观。假设一个审查意见较为复杂的申请，通过 PPH 程序获得了授权而避免了一般审查过程收到不利审查结果后提交 RCE/上诉的情况，那么可以节省的费用如表 19 – 16 所示。

表 19 – 16　在 USPTO 使用 PPH 程序潜在节省费用情况统计　　　　单位：美元

项目	PPH 程序节省费用金额
审查意见节省	1166
RCE 官费节省	1360
上诉官费节省	2360
RCE 服务费节省	2676（数据由抽样获得，可能更高）
上诉服务费节省（无口审）	4931（数据由 USPTO 提供）
总计	约 5202/每件申请（至少）

注：此表表示通过 PPH 在 USPTO 获得授权可以避免复杂审查意见及后续程序从而潜在节省费用的情况。

第五节　中国申请人使用 PPH 程序的情况及对中国申请人的建议

PPH 因为具有可以加快审查、提高审查质量、降低申请成本等多种优势，自建立后就为美国、日本、韩国、欧洲等申请人广泛应用。如本章第一节所述，我国于 2011 年 11 月开始陆续与一些国家开展双边的 PPH 试点工作。开展之初，我国 PPH 请求的进出量呈现极度不平衡的情况，中国申请人向国外提交的 PPH 请求量远少于国外申请人向中国提交 PPH 请求量。经过各方的不懈努力，近些年来情况有极大改善。

一、中国申请人在海外运用 PPH 的数据[1]

2023 年，中国申请人向其他各国提交的 PPH 请求量共计 4077 件，主要国别信息如表 19 – 17 所示。

---

[1]　参见 PPH 门户网站：https：//www.jpo.go.jp/e/toppage/pph – portal/network.html。

表 19-17　中国申请人向其他各国/地区提交 PPH 请求量统计　　　　单位：件

目标国/地区	常规 PPH	PCT - PPH
美国	2967	
日本	196	119
欧洲	141	129
韩国	127	73
加拿大	32	34
德国	56	
新加坡	41	13
英国	31	15
俄罗斯	16	23
巴西	26	4
以色列	5	7
匈牙利	1	10
墨西哥	8	2
法国	1	0

注：美国、德国数据不区分两种 PPH。

　　同时，2023 年国外申请人向中国提交的 PPH 请求量为 4716 件，PPH 请求量的进出比值为 1.16。根据数据统计，2011~2015 年，中国申请人向国外提交的 PPH 量共计2851 件，而国外申请人向中国提交量为 14559 件，当时这一比值高达 5.1；2022 年，中国申请人向国外提交 PPH 请求量为 3018 件，而国外申请人向中国提交的 PPH 请求量为 5167 件，PPH 请求量的进出比值为 1.71。从这些时段追踪数据的对比可以看出，随着中国企业拓展海外市场、参与全球竞争的步伐不断加快，中国申请人在海外提交PPH 请求量相比中国受理的 PPH 请求量"逆差"呈明显缩小趋势。中国申请人能够越来越熟练地运用 PPH 程序，降低海外专利申请的时间和费用成本。

二、影响中国申请人运用 PPH 的原因及对策建议

　　为了便于中国申请人更好地利用 PPH 加快海外申请的审查并降低成本，根据实践经验，总结影响中国申请人充分运用 PPH 的原因及对策建议如下。

　　1. 国内申请文本与国外申请文本的差异过大

　　中国申请人在中国提交在先申请时，出于尽早提交申请及费用节省的原因，有时会选择自行撰写提交或者选择涉外代理经验较少且价格较为便宜的代理机构撰写。随

后当中国申请人决定将这一专利申请提交到国外时，基本会选择有丰富涉外代理经验的代理机构进行改写。但由于在先文本存在较多问题，有丰富涉外经验的代理机构势必需要在在先申请文本上进行较大的修改，这样造成两个文本存在较大差异，在日后准备提交 PPH 请求时出现对应性问题，使得 PPH 无法提交。因此为避免这种情况，建议中国申请人在申请提交前进行更细致的规划，对于重要申请、基础申请或者有意向国外提交申请的技术，在在先申请撰写时就充分考虑到文本的一致性问题，对于向外申请意向明确的申请，在撰写时就尽量委托给涉外代理经验丰富的事务所处理，以避免出现国内文本和国外文本权利要求不能充分对应的问题。

2. 翻译问题

有时翻译质量问题会造成对应性问题。实践中，国内申请人有时为节省翻译费用，而自行进行翻译工作，或者寻找翻译公司完成翻译，而不是将翻译交给有丰富代理经验的代理机构完成。虽然通常翻译公司的价格会低于专业代理机构的翻译报价，但由于专利文件本身既是技术文件，又是法律文件，因此具有很强的专业性，翻译公司对专利文件翻译的精准度把握和专业代理机构是无法相比的。因此，建议申请人选择质量信誉较好的代理机构进行涉外文本的翻译或至少需要专利代理师进行技术和法律两个层次的校对，以避免因为翻译的不准确，在日后准备提交 PPH 时出现权利要求不能充分对应的情况。

3. PCT 国际检索单位（初审单位）书面意见的利用

从本章第二节和第四节的内容可以看出，对于 PCT 申请而言，利用 PCT－PPH 途径在各国加快审查，是非常便利、有效节省时间成本和费用成本的途径。较之《巴黎公约》途径向外国申请，中国申请人目前较多地使用 PCT 国际申请的途径完成向其他各国或地区提交专利申请，因此使用 PCT－PPH 途径也成为中国申请人提交 PPH 请求的主要途径。

中国申请人提交 PCT 国际申请的国际检索单位和初审单位绝大多数是 CNIPA，只有英文提交的 PCT 国际申请在中国申请人的主动选择下可由 EPO 作出国际检索。CNIPA 在提高国际检索和初审质量方面一直常抓不懈并取得了很大成果。但也有很多中国申请人反映，CNIPA 作为国际检索单位和初审单位在出具的书面意见中对"三性"评价较严的现象成为中国申请人使用 PPH 程序不利的一个因素。

在中国与各国开展 PPH 试点的新形势下，如何在国际检索单位（初审单位）的审查质量与中国申请人尽可能利用 PCT－PPH 方式提交在各国加快审查这两方面寻找平衡，将是今后需要探索的一个方向。特别需要指出的是，一味地放宽国际阶段的审查标准也绝非良策。过宽的审查标准使得国际检索单位（初审单位）的审查结果的参考性大大降低，不仅会误导申请人向国外申请时作出正确判断，而且国外专利局在长期实践中认识到某局的国际审查结论准确性很低，补充检索出大量文献的状况，也会降低该局的公信度，影响包括 PPH 流程在内的各项工作的进行。

4. 更好地运用 PPH MOTTAINAI 和 Global PPH 试点，为中国申请人向外申请服务

根据本章第一节所述，目前，中国并未加入 PPH MOTTAINAI 试点和 Global PPH 项

目。然而，根据上述两个试点项目的定义和规则，中国申请人仍可有效利用这两个试点项目加快申请的授权。例如，当同族专利在参与 Global PPH 的 28 国专利局进行审查时，只要最早申请日/优先权日是一致的，即可享受这一项目带来的便利。特别是当国内申请人在日本、美国、欧洲和韩国这 4 个参与 IP5 - PPH 之外的其他专利局进行了同族专利申请时，熟练运用这两个试点项目就显得尤为重要。例如，中国申请人的某申请同时在澳大利亚和英国提交了同族专利申请。由于中国与澳大利亚并没有签署双边 PPH 协议，且这两个国家都不是 IP5 - PPH 的参与国，但这两个国家都参加了 PPH MOTTAINAI 和 Global PPH 试点项目，因此中国申请人可以利用这两个项目在两局间使用 PPH 程序加快审查，降低费用成本。如果澳大利亚专利先获得肯定结果，可以在英国提交 PPH 请求，反之亦可。灵活运用这两个试点项目，可以让中国申请人在中国尚未参与更多 PPH 多边试点项目的情况下，最大限度地享受 PPH 多边试点带来的种种便利。

5. 充分运用 IP5 - PPH 途径

五局合作 PPH 项目是中国目前唯一加入的小多边 PPH 试点项目，也是 CNIPA 与 EPO 开展 PPH 合作的唯一渠道。根据该协议，对于被五局之一认定为具有可授权权利要求的申请，在满足其他条件的情况下，申请人可向其他四局就该申请在其他四局提出的对应待审申请提出加快审查请求。申请人向五局之任意局提出的 PPH 请求，可基于五局作出的 PCT 国际阶段工作结果或国家/地区的工作成果。

在 IP5 - PPH 运行之前，对于多边 PPH 项目的运用，中国申请人仅可利用除中国外的同族专利的审查结果，在参与各多边 PPH 项目的专利局间加快审查。但对 CNIPA 作出的中国申请的审查结果，则只能利用中国与部分专利局签订的双边 PPH 协议，在这些国家享受 PPH 加快的便利。通过 IP5 - PPH 途径，中国申请人可以在五国范围内以 PPH 方式，利用 CNIPA 的审查结果加快其他各国的审查程序。这对于加快中国申请人向欧洲的专利申请有特别的意义。

6. 密切关注海外国家加快机制的新进展，将 PPH 与其他机制结合运用

近期，墨西哥专利局和 USPTO 合作实施了一项新的程序——专利授权加速计划（APG Accelerated Patent Grant Program），这一项目规定，如果墨西哥申请满足与美国申请有共同优先权，权项对应等要求，即便墨西哥申请的实质审查已经开始，仍可利用美国相应申请加快墨西哥申请的审查。该项目相比 PPH 放宽了对提交时机的限制。

例如，中国申请人的某申请后续进入美国和墨西哥，在中国申请授权时，墨西哥申请实审已经开始，因此不能利用中墨 PPH 途径，但如果此时美国申请授权，可能可以利用 APG 加快墨西哥申请。

7. 深入研究各国 PPH 规则，协助 CNIPA 建立对中国申请人更加有利的 PPH 程序

由于各代理机构站在内向外专利申请工作的第一线，对于各国 PPH 制度的运用有丰富的第一手经验，因此可以深入了解并及时向相关部门反馈外国局的 PPH 工作信息，以便建立更有利于中国申请人的 PPH 程序。

　　综合本章内容，PPH 双边与多边合作，共享审查结果，提高各专利局工作效率，已经成为各国专利局加强合作的大势所趋。目前我国 PPH 合作伙伴涵盖"一带一路"域内合作伙伴 10 余个、RCEP 成员国家 4 个、"金砖国家"中的俄罗斯和巴西，覆盖了我国创新主体"走出去"的部分海外市场。在这一潮流面前，中国申请人应充分学习和运用 PPH 程序，享受该程序为申请人带来的种种便利，以尽可能地优化全球专利布局，降低专利申请的时间和费用成本。

第二十章
海牙外观设计国际注册

2022 年 2 月 5 日，中国政府向 WIPO 交存了《海牙协定》（1999 年文本）的加入书及声明。由此，中国成为该协定 1999 年文本的第 68 个缔约方，并成为海牙联盟的第 77 个成员国。该协定于 2022 年 5 月 5 日对中国生效。这为中国创新主体提供了一种简捷高效的外观设计国际注册程序，大幅提升申请效率。据统计，2022 年，中国申请人作为新加入成员共提交海牙外观设计国际申请 2558 件，在《海牙协定》成员国中排名第二位。

第一节 海牙外观设计国际注册申请程序

《海牙协定》是适用于工业设计领域的国际知识产权协定，由 WIPO 管理。近年来，《海牙协定》的缔约方不断增加，海牙体系的影响力不断扩大。截至 2024 年 10 月，《海牙协定》共有 80 个缔约方，覆盖 97 个国家或地区。

通过海牙体系提交外观设计国际注册申请，申请人仅需使用一种语言（英语、法语或西班牙语）通过一个机构（国际局）提交一件国际申请和支付一种货币［瑞士法郎（CHF）］即有可能在 90 多个国家或地区获得至少 15 年的外观设计保护。❶

一、提交海牙外观设计国际申请的途径

中国申请人可以直接向国际局提交海牙外观设计国际申请，也可以通过 CNIPA 转交使用英文提出的海牙外观设计国际申请。

向国际局提交使用 eHague 系统提交电子申请。❷

通过 CNIPA 转交海牙外观设计国际申请的，应当以符合《海牙协定》和 CNIPA 规定的纸件形式或电子形式提交相关材料。

---

❶ 参见 https：//www. wipo. int/hague/en/。

❷ 参见 https：//hague. wipo. int/#/landing/home。

《海牙协定》规定的相关费用，由申请人直接向国际局缴纳。

二、海牙外观设计国际申请程序简介

海牙外观设计国际申请的基本流程如图 20 - 1 所示。

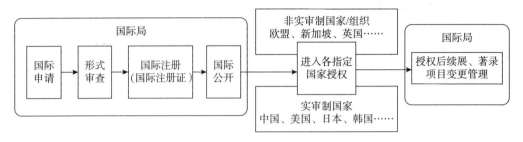

图 20 - 1　海牙外观设计国际注册申请的基本流程

1. 提交

中国申请人可以使用英文、法文或西班牙文中的任意一种，直接向国际局或者通过 CNIPA 提交海牙外观设计国际注册请求书及外观设计的附图，并指定要进入的国家。在提交申请时，申请人可将包含在洛迦诺分类表中属于同一大类的多项外观设计（最高 100 项）包含在一件国际申请中。

申请人可以选择首次在海牙体系中提交一件国际申请，也可以提交一件国内申请，并在首次申请日起 6 个月内要求优先权提交一件海牙体系的国际申请。

2. 形式审查

国际局收到相关文件后会对海牙外观设计国际申请进行形式审查。若国际局发出形式审查通知书，申请人应在规定时间内答复，逾期未能答复的，该国际申请将会被视为撤回。

国际局不针对国际申请提供任何实质性的意见，包括新颖性、单一性等问题，因此不会以上述理由或者其他实质性理由驳回海牙外观设计国际申请。

3. 国际注册

通过了国际局的形式审查之后，国际局将进行国际注册并颁发国际注册证。通常情况下，国际注册日与国际注册申请的申请日相同。如果国际注册申请中存在涉及被指定的缔约方所通知的附加内容的不规范情形（比如设计人身份、简要说明、权利要求书之类），那么国际注册日应为国际局收到对此种不规范情形作出更正的日期或者是国际申请的申请日，二者以日期晚者为准。

4. 国际公开

国际申请会被国际局公布，称之为"国际公开"。根据 2022 年 1 月 1 日生效的《海牙协定共同实施细则》第 17 条的规定，如果申请人请求立即公开，则国际申请在注册之后即行公开；如果申请人未请求立即公开，国际申请将自国际注册日起 12 个月之后尽早公开。在符合指定局国内法的要求下，申请人可以整月数如 1、2、3 个月等来选择公开的时点，即延期公开。延期公开最多自申请日起不能超过 30 个月，有优先权的自优先权日起。

5. 实质审查

国际申请由国际局公布以后，每个指定局根据国内法对该国际申请进行审查。如果该国际申请没有满足国内法的授权规定，那么该指定局可以驳回一件国际申请。如果指定局拒绝对海牙外观设计国际申请给予保护，必须在该国际注册公布日起 6 个月内将驳回通知通报国际局。但根据《海牙协定》1999 年文本的规定，对于有审查局资格的成员，其向国际局发出对该国外观设计注册请求的驳回期限为国际公布之日起的 12 个月内。申请人在收到驳回通知后，应当在指定期限内，向指定局提交修改或意见陈述。

6. 国际注册的效力和保护期

如果指定局在规定的期限内未对某一海牙外观设计国际注册发出驳回通知（或者发出驳回通知但随后该通知被撤回），该国际注册即拥有根据指定局的法律被该指定局保护的效力。

海牙外观设计国际注册在 5 年的首期内有效，可以 5 年为期进行两次续展。在每个受《海牙协定》1999 年文本约束的被指定缔约方，国际注册获得保护的期限至少应为 15 年，并且直至那些指定局各自的法律所允许的最长保护期限届满。

7. 主要指定局的特别规定

加拿大、匈牙利、以色列、日本、韩国、墨西哥、俄罗斯和美国等缔约方要求申请人针对海牙外观设计国际申请中的每一项设计提供足够数量的视图。

罗马尼亚、叙利亚和越南要求海牙外观设计国际申请的文件中包含简要说明书。

美国和越南要求海牙外观设计国际申请的文件中包含权利要求书。

中国、爱沙尼亚、吉尔吉斯斯坦、墨西哥、罗马尼亚、俄罗斯、叙利亚、塔吉克斯坦、美国和越南对海牙外观设计国际注册的单一性有特别要求。

中国、日本和韩国要求包含多项外观设计的海牙外观设计国际申请应指定基本设计或指明主要外观设计。

加拿大、日本、韩国（不包括 01、02、03、05、09、11 和 19 大类）、俄罗斯、土耳其和美国等缔约方对海牙外观设计国际注册进行包括新颖性在内的实质性理由的审查。

非洲知识产权组织、白俄罗斯、伯利兹、比荷卢、布基纳法索、柬埔寨、克罗地亚、丹麦、爱沙尼亚、芬兰、匈牙利、冰岛、以色列、墨西哥、摩纳哥、挪威、波兰、俄罗斯、萨摩亚、斯洛文尼亚、苏里南、叙利亚、英国、乌克兰、美国和越南允许海牙外观设计国际注册延迟公布的最长时间为国际申请日起 12 个月；新加坡允许国际注册延迟公布的最长时间为国际申请日起 18 个月。

中国、非洲知识产权组织、加拿大、欧盟、以色列、日本、吉尔吉斯斯坦、墨西哥、韩国、摩尔多瓦、俄罗斯、土库曼斯坦和美国要求申请人缴纳单独指定费。

第二节 海牙外观设计国际申请费用

海牙外观设计国际申请需缴纳三类费用：基本费、公布费以及指定费。

① 基本费（一项外观设计 397 瑞士法郎；同一申请中每增加一项外观设计，收取 50 瑞士法郎）。

② 公布费（每件复制件 17 瑞士法郎；有一件或多件复制件（纸件提交）的每页收取 150 瑞士法郎）。

③ 指定费为对每个指定缔约方的费用，海牙体系规定了标准指定费，也允许符合条件的国家声明采用单独指定费。

根据 2024 年 1 月 1 日开始生效的官费表，在申请阶段主要涉及的官费如表 20 - 1 所示。

表 20 - 1 2024 年 1 月 1 日生效的海牙外观设计国际申请官费

官费项目		金额/瑞士法郎
基本费	一项外观设计	397
	同一国际申请中每附加 1 项外观设计	50
公布费	提交公布的每一件复制件	17
	同一页上显示一件或多件复制件（如果复制件以纸件形式提交），第 1 页之后每多 1 页	150
附加费	说明超过 100 字的，超过 100 字以后每字	2
标准指定费*	适用第一级费用的	1 项外观设计	42
		同一国际申请中每附加 1 项外观设计	2
	适用第二级费用的	1 项外观设计	60
		同一国际申请中每附加 1 项外观设计	20
	适用第三级费用的	1 项外观设计	90
		同一国际申请中每附加 1 项外观设计	50
单独指定费	金额由每个有关的缔约方确定**	

* 根据各缔约方主管局是否进行新颖性等审查，标准指定费分三个不同等级。

** 参见：https：//www.wipo.int/hague/en/fees/individ - fee.html。

第三节　海牙外观设计国际申请的费用节省策略

在加入海牙体系前，中国申请人主要通过《巴黎公约》途径提交外观设计海外申请。与《巴黎公约》途径相比，《海牙协定》为中国申请人带来最直观的便利就是化繁为简的申请机制。除此之外，《海牙协定》也为中国申请人提供了显著的成本效益。

一、降低申请费用

由于海牙外观设计国际申请可以使用英文、法文、西班牙文中的任意一种提交，不用像《巴黎公约》途径一样，需要翻译成目标国家的语言，并委托该国具有资质的代理机构。同时，如果不涉及通知书的答复，海牙外观设计国际申请可以不需要委托指定国当地的代理机构。

由于海牙外观设计国际申请在递交时的要求相对简单，业务管理规范的中国申请人也可以选择在国际局阶段自行提交，不委托代理机构。

海牙外观设计国际申请的文本不仅要包括例如申请人、外观设计项数、产品名称、指定国等必要内容，还要包括某些情况下缔约方通知必须包括在指定该缔约方的国际注册申请中的内容，例如设计人身份信息、权利要求书和简要说明等。因此，深入了解各个国家的审查实践，提交前进行充分准备是非常有必要的，委托深谙各国外观设计审查实践的专利代理机构，合理制定申请策略，充分利用海牙体系的优势，可以最大程度保障中国申请人的权益。

二、优化成本管理

海牙体系提供了三种公布的时间选择，申请人可以根据自己的经营策略灵活把握公布时机，进一步优化了费用管理。

海牙体系使得国际外观设计专利的管理变得更加便捷。例如，著录项目的变更只需要向国际局提交请求即可，对于年费的缴纳和续展也是如此。续展费由国际局统一收缴。在每个 5 年保护期结束后，申请人只需向国际局提出单一续展申请，即可在全部或部分指定国完成国际注册续展。这意味着外观设计的所有人不用一件一件地监视同族外观设计专利的不同续展期限，也不需要为不同国家的外观设计专利支付不同币种的费用，显著降低维护国际外观权利的成本。

应当指出，对于海牙外观设计国际申请，实体授权阶段仍是由各国审查部门依据实体法律进行审查，可注册性的标准并不会降低。因此，我国的创新主体应理性认识《海牙协定》的便利性，对拟进入的目标国进行一定的了解，因地制宜地选择最佳的申请方案，避免过分夸大海牙体系的优势，盲目追求数量，忽略企业发展和布局的真正需求。

第二十一章
专利年费管理及费用成本

随着创新驱动发展战略的不断推进，中国日益深入地参与知识产权国际竞争，越来越多的中国创新主体"走出去"申请并获得专利。从技术研发、专利撰写、递交申请，直到获得海外授权，创新主体为维护专利缴纳专利费用与日俱增。专利年费管理不仅耗时费力，而且错缴漏缴的风险很大，甚至造成权利的丧失，影响创新主体的专利布局。因此，如何科学管理海外专利年费，合理控制费用成本已成为我国创新主体海外专利维护的重要课题。

第一节 我国创新主体海外专利总体情况

本节对 2018～2022 年我国申请人向海外申请和维持有效专利进行了统计分析，对我国创新主体缴纳海外专利费用规模进行了估算，对未来缴费趋势进行了预测，以摸清我国申请人向海外申请和维护专利的总体情况。统计数据来源于 WIPO 网站❶，以 2018～2022 年我国向海外其他国家、地区或组织的发明专利申请为统计对象。检索结果为全部发明专利数据，并以此为基础进行统计分析。

一、中国创新主体海外布局情况

（一）PCT 专利申请持续快速增加

2019 年，中国申请人❷通过 PCT 途径提交的国际专利申请首次超过美国跃升至第一位，此后持续保持首位。其中，五年申请量累计增长 30.95%，年均增长率为 6.97%，远高于世界平均水平的 9.82% 和 2.37%；在全球提交总量的占比也由 2018 年的 21.15% 提升到 25.22%。2018～2022 年中国申请人提交 PCT 申请量变化趋势如图 21-1 所示。

---

❶ 本节数据来源为 WIPO 官网：https：//www.wipo.int/zh/web/ip-statistics/.
❷ 本节中的中国申请人特指中国大陆创新主体，未包含港澳台地区创新主体。

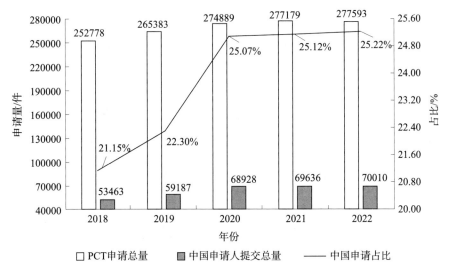

图 21-1　2018～2022 年中国申请人提交 PCT 申请量变化趋势

WIPO 每年公布当年提交 10 件以上 PCT 国际申请的创新主体名单，中国申请人在其中的占比逐年增加，而且成为全球申请主体总量增长的主要支撑力量，创新主体增量的 65% 来自中国主体的增加，在 2022 年该名单里中国申请人达 759 个，占比首次超过 1/4。2018～2022 年全球及中国 PCT 申请量及变化情况如表 21-1 所示。

表 21-1　2018～2022 年全球及中国 PCT 申请统计

年度	全球/件	中国/件	中国占比/%	全球数量变化/件	中国数量变化/件	中国增长贡献率/%
2018	2569	446	17.36	161	131	81.37
2019	2667	521	19.54	98	75	76.53
2020	2849	598	20.99	182	77	42.31
2021	2827	689	24.37	-22	91	513.64
2022	2941	759	25.81	114	70	61.40

（二）海外专利布局重点区域

十多年前，中国申请人向海外申请专利只进入 1～2 个国家、地区或组织，而近年来，特别是企业申请人向国外申请专利时，一件发明最终会进入更多的国家、地区或组织。据调研和样本分析显示，通过 PCT 申请的中国创新主体至少选择进入 1 个国家、地区或组织，最多为 31 个，平均进入国家、地区或组织数量为 2.3 个。

在中国创新主体 2018～2022 年提交的 308577 件 PCT 国际申请中随机选择 70172 件（占比为 22.74%）作为样本数据进行跟踪统计，相关专利共进入了 69 个国家、地区或组织。除中国（不含港澳台地区）外，超过 1000 件专利进入的国家、地区或组织排名前 10 位的依次是：美国（24653 件）、EPO（17921 件）、日本（6212 件）、韩国

(4721 件)、印度（2984 件）、巴西（2263 件）、澳大利亚（1809 件）、奥地利（1754 件）、加拿大（1735 件）、德国（1687 件）。

2013 年 9 月和 10 月，中国国家主席习近平在出访中亚和东南亚国家期间，先后提出共建"丝绸之路经济带"和"21 世纪海上丝绸之路"（以下简称"一带一路"❶）的重大倡议，得到国际社会高度关注。倡议提出十多年来，在促进开放合作、创新联动、推动可持续发展方面发挥了重要作用，中国与"一带一路"国家经贸往来日益密切，专利活动日趋活跃。《知识产权强国建设纲要（2021—2035 年）》中提出要"深化与共建'一带一路'国家和地区知识产权务实合作"，我国创新主体在"一带一路"国家申请专利的意愿也持续加强。

十多年来，中国创新主体共在 50 个共建国家及相关组织有专利申请公开，在共建国家累计专利申请公开量和授权量分别为 6.7 万件和 3.5 万件，年均增速分别为 25.8% 和 23.8%。❷ 以欧亚地区为主，授权专利主要集中在：韩国、南非、俄罗斯、马来西亚、波兰、卢森堡、越南、阿根廷、新加坡和意大利 10 个国家。

二、海外专利布局费用情况

2014 年，国家知识产权局《关于印发〈资助向国外申请专利专项资金申报细则（暂行）〉的通知》（国知发管字〔2012〕67 号）停止执行，标志着自 2009～2013 年中国申请人享受政府资助项目向海外申请专利的全部同族专利申请的费用将由申请人自行承担。2021 年，《国家知识产权局关于进一步严格规范专利申请行为的通知》指出，2021 年 6 月底前全面取消各级专利申请阶段的资助，不得资助专利年费和专利代理等中介服务费；2025 年以前全部取消对专利授权的各类财政资助。随后，以专利数量增长为导向的创新战略逐渐转向了对高质量高价值专利保护运用的支持。国家资助政策调整后，专利权人无法获得之前的资助支持，但中国申请人向海外申请专利依然活跃。

笔者以样本数据为测算对象，进一步统计我国创新主体近五年在 PCT 申请国际阶段的申请费用支出情况和后续进入国家阶段的维持费支出情况。

（一）PCT 申请国际阶段费用统计

中国申请人提交 PCT 申请要缴纳各种费用，其中中国国家知识产权局作为受理局代国际局收取的 PCT 国际阶段费用包括传送费、国际申请费、国际申请附加费、检索费、附加检索费、初步审查费、初步审查附加费、手续费、单一性异议费、后提交费、优先权文件费、副本复制费、滞纳金共 13 个费用种类。

自 2018 年 8 月 1 日起，CNIPA 停止征收 500 元人民币 PCT 国际申请的传送费；2021 年 12 月 1 日起，CNIPA 按 WIPO 公布的人民币标准代国际局收取 PCT 申请国际阶段费用，不再以瑞士法郎标准进行折算。

---

❶ "一带一路"共建国家指已与中国签订共建"一带一路"合作文件的国家，参见中国一带一路网 https://www.yidaiyilu.gov.cn/country。

❷ 数据统计来源于《知识产权统计简报（2023 年第 11 期)》。

2018~2022 年样本数据共缴纳 PCT 国际阶段费用 8.14 亿元人民币，平均每件约 11603 元人民币。2018~2022 年中国重点样本 PCT 国际阶段费用收取趋势如图 21 - 2 所示。

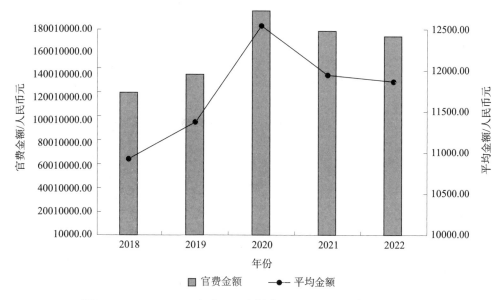

图 21 - 2　2018~2022 年中国重点样本 PCT 国际阶段费用收取趋势

（二）国家阶段年费维持费用统计

根据 CNIPA 专利收费标准，中国专利在授权后，根据专利类型和维护年度不同，每年度需要缴纳 600~8000 元人民币的年费，以维持专利权的有效。符合政策规定条件的单位或个人可以享受自授权起十年的年费减缴，减缴后每件专利每年最多缴纳 2400 元人民币的年费。

海外专利年费缴纳标准各异，通过统计中国创新主体海外专利申请量排名前列的国家、地区或组织的 2013~2022 年的有效发明专利缴纳费用，可大致估算专利在各国的续展金额情况并与 CNIPA 专利年费进行比较。[1] 统计的国家、地区或组织包括：排名前 20 位的美国、欧洲专利局、日本、韩国、印度、澳大利亚、南非、加拿大、俄罗斯、巴西、新加坡、英国、越南、印度，以及排名前 20 位之外的意大利和法国。

其中，中国按照专利从第 4 年起享受费用减缴进行模拟计算，韩国权利要求数参考《2022 年世界五大知识产权局统计报告》按照 11 项计算，为便于比较，日本、印度尼西亚权利要求数同样按照 11 项计算，越南按照独立权利要求项数 2 项计算。2013~2022 年各国家、地区或组织发明专利续展金额比较（一）如图 21 - 3 所示。2013~2022 年各国家、地区或组织发明专利续展金额比较（二）如图 21 - 4 所示。

---

[1]　为统一标准，比较时将各国家、地区或组织的官费以 2024 年 6 月 30 日中国银行外汇牌价（https://www.boc.cn/sourcedb/whpj/）8：00 后第一个现汇卖出价为汇率折算成人民币金额。

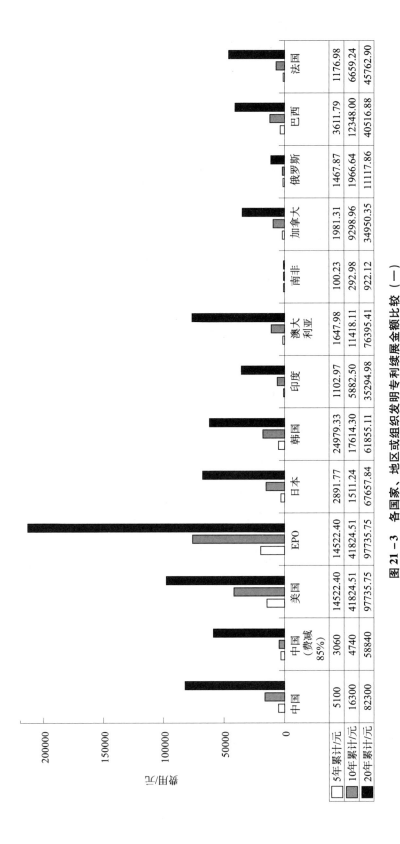

图 21 - 3 各国家、地区或组织发明专利续展金额比较 (一)

	中国	中国（费减85%）	美国	EPO	日本	韩国	印度	澳大利亚	南非	加拿大	俄罗斯	巴西	法国
5年累计/元	5100	3060	14522.40	14522.40	2891.77	24979.33	1102.97	1647.98	100.23	1981.31	1467.87	3611.79	1176.98
10年累计/元	16300	4740	41824.51	41824.51	1511.24	17614.30	5882.50	11418.11	292.98	9298.96	1966.64	12348.00	6659.24
20年累计/元	82300	58840	97735.75	97735.75	67657.84	61855.11	35294.98	76395.41	922.12	34950.35	11117.86	40516.88	45762.90

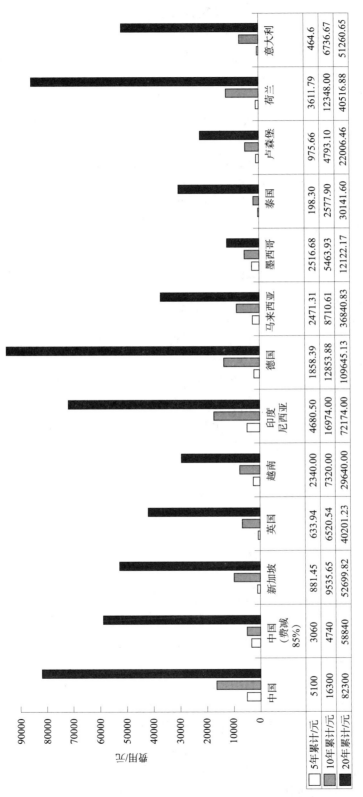

图 21 - 4 各国家、地区或组织发明专利续展金额比较（二）

上述国家、地区或组织中，EPO 自其专利申请日第三年起收取维持费用，待授权后根据采用的生效方式及生效国家不同，后续向各生效国或者 EPO 缴纳相应的年费，由于情况比较复杂，限于篇幅所限无法穷尽展示，因此图 21 – 3 中仅统计 EPO 维持费 20 年累计金额的理论值，若维持 10 年后 EPO 案件仍未授权，后 10 年其续展成本相比前 10 年增长约 180%。

需要说明的是，海外专利维护成本还受专利维持年度分布影响，对于维持年度处于专利生命周期的前期及中期的专利，维护成本相对较低，对于德国、法国、英国和韩国的缴费专利，由于批量专利的缴费年度处于生命周期的后半段，这将带来专利维护成本投入明显增大。因此，需要持续跟踪监测海外专利分布情况及缴费情况，才能获知更精确的海外专利布局成本情况，进而对海外专利费用成本进行合理筹划。

（三）海外专利年费缴纳成本构成

我国专利权人缴纳海外年费维持费以保证专利权有效，花费的成本不仅涉及多个国家、地区或组织的官方费用（包括年费、维持费和滞纳金），部分国家、地区或组织要求的官费税费，而且涉及跨境转账手续费以及汇率上浮产生的成本，如果委托国内和境外服务机构代缴费用则还会产生相应的服务费及税费等。

由于海外各个国家、地区或组织采用当地货币收费，中国专利权人如果直接向境外汇款，需要先将人民币买汇转为当地货币再汇款出去，这其中会产生换汇汇率差额及手续费。汇率差额是指银行卖出目标币种的卖出价与银行买入目标币种的买入价之间的汇率差值，它随着金额成正向增长，买汇金额越高，汇率差额就越高，这部分差额其实属于专利权人损失的费用。国内银行统一采用中国银行外汇牌价中的汇率进行购汇，对于需要二次购汇的币种，会产生两次汇率差额，增加专利权人的专利维护成本。在汇款过程中手续费可能不止一笔，由国内银行和渠道银行共同收取，国内银行的手续费按固定金额及按汇款比例收取，约为 200 元人民币加上汇款金额的 5% ~ 25%（具体根据国内各银行的规定为准）。举一个较为特殊的情况，若一件欧洲发明专利授权后生效进入 38 个国家，则需要向 38 个国家分别缴纳年费，如果分为 38 笔境外汇款，手续费将激增。

此外，按照《国家税务总局　国家外汇管理局关于服务贸易等项目对外支付税务备案有关问题的公告》（国家税务总局　国家外汇管理局公告〔2013〕40 号）的要求，我国境内机构或个人向境外汇款金额有每月等值 5 万美元限额，如果汇款超出限额需要向所在地主管税务机关进行税务备案，并代收款方缴纳汇款金额对应的所得税增值税及其附加税费（城建税、教育费附加和地方教育费附加）。境外汇款的手续较为复杂，汇款时需要向银行提供此项资金的来源及用途，提供相关的证明文件，如协议、往来文件、订单截图等，这都带来了处理成本的增加。

海外专利缴费与中国专利缴费很大的不同在于缴费收据及凭证。中国专利权人无论是通过直接向外缴费的方式，还是通过委托国内、海外服务机构缴费的方式，缴费后拿到的缴费凭证通常是不能作为国内通用票据使用的。因此为了满足财务纳税的要求，专利权人会委托缴费机构代开增值税专用发票，代开发票所产生的增值税、教育费附加、城市维护建设税及地方教育附加的税点均会以官费金额一定比例的方式由专利权人额外承担。

而且，由于海外各个国家、地区或组织的专利法律制度、专利收费政策不同，即使同一国家、地区或组织不同专利类型的专利收费标准也有所不同。多数国家逐年缴纳年费，年费金额逐年递增，部分国家的费用金额还根据权利要求项数而递增，这些因素都导致海外专利年费成本相对较高。这就促使我国专利权人需要调整海外专利申请布局策略，评估专利申请，优化专利组合，审慎管理专利费用支出来应对海外专利年费成本压力的增加。

第二节　我国专利权人海外专利年费样本分析

我国不少企业海外专利布局已具有一定规模，企业内部知识产权管理开始系统化、专业化。随着专利数量的增加，维护专利权的人力、财力成本迅速增加。本节在专利申请较为活跃的技术领域中选取五个有代表性的典型样本为例，对我国专利权人在海外国家、地区或组织的海外专利布局情况及专利年费成本进行分析。

专利申请较为活跃的技术领域为集成电路、医疗器械、生物医药、互联网和数字通信领域。选取的典型样本分别为两家不同领域的大型国有企业（以下简称"A 企业"和"B 企业"）、两家关联领域的民营企业（以下简称"C 企业"）和上市公司（以下简称"D 企业"），以及一家跨国公司（以下简称"E 企业"）。

在选取的海外国家、地区或组织中，EPO 只受理发明专利申请，无实用新型、外观设计相关数据；美国外观设计专利授权后无须缴纳续展费，因此美国外观设计专利数据不纳入分析范围；英国、新加坡和印度不受理实用新型专利；澳大利亚标准专利对应发明专利，创新专利对应实用新型专利。

一、不同领域的大型国有企业

A 企业在重点的 6 个目的地中的 5 个重点国家、地区或组织进行了海外专利布局，截至 2023 年底，有效发明专利共计 1617 件，目的地分布情况如图 21-5 所示。

A 企业海外专利布局方向明确清晰，1617 件均为发明专利，通过发明专利的申请和维护便于巩固自身产品在海外市场的竞争优势。在重点目的地中，A 企业的海外专利重点布局在欧洲相关产业发达国家；针对"一带一路"沿线的国家、地区或组织的海外专利布局尚有待进一步开展。

截至 2023 年底，A 企业发明专利在海外重点国家、地区或组织发明专利维护年度 10 年以上（含 10 年）的 866 件，占比 53.56%，维护年度 10 年以下的 751 件，占比 46.44%。维护年度 5 年以内的 449 件，占比 27.77%。

截至 2023 年底，A 企业发明专利，发生缴费案件 1617 件，缴费金额人民币共计 650 余万元。平均单件缴费 4000 元左右，主要缴费受理局为 EPO，大部分缴费年度为

3～4年。截至2023年底A企业缴费案件维持费用分布情况如图21-6所示。

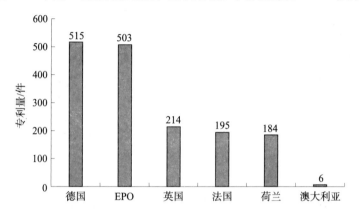

图 21 - 5 截至 2023 年底 A 企业海外专利目的地分布情况

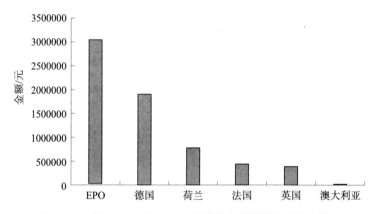

图 21 - 6 截至 2023 年底 A 企业缴费案件维持费用分布情况

截至2023年底,B企业在12个重点国家、地区或组织进行了海外专利布局,2022年有效案件514件,2023年有效案件544件,涨幅为5.8%,且全部为发明专利,目的地分布情况如图21-7所示。

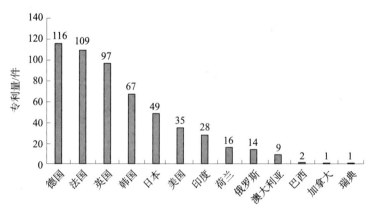

图 21 - 7 截至 2023 年底 B 企业海外专利目的地分布情况

统计显示，B 企业在主要目的地国家的海外专利布局中，维护年度在 10 年以上（含 10 年）的有 272 件，占比 50%；维护年度在 10 年以下的有 272 件，占比 50%，其中，维护年度为 12 年的有 73 件，占比最高 13.42%，主要为德国、法国、英国的专利。

截至 2023 年底，B 企业有效案件量为 544 件，发生缴费案件量为 544 件。实际缴费金额共计 243 万余元，平均单件缴费金额为 4400 元左右。截至 2023 年底 B 企业缴费案件维持费用分布情况如图 21-8 所示。

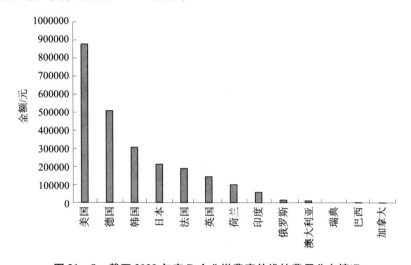

图 21-8　截至 2023 年底 B 企业缴费案件维持费用分布情况

二、关联领域的民营企业和上市公司

截至 2023 年底，C 企业在 26 个重点国家、地区或组织进行了海外专利布局，有效专利共计为 176 件，且全部为发明专利，目的地分布情况如图 21-9 所示。

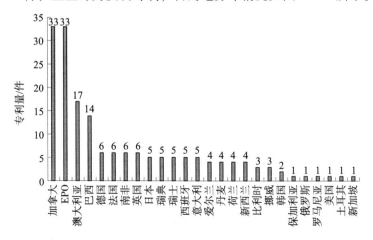

图 21-9　截至 2023 年底 C 企业海外专利目的地分布情况

截至 2023 年底，C 企业有效案件量为 176 件，发生缴费案件量为 176 件，金额共计 38 万余元。平均每件专利的维持费用为 2000 元左右。截至 2023 年底 C 企业缴费案件维持费用分布情况如图 21 – 10 所示。

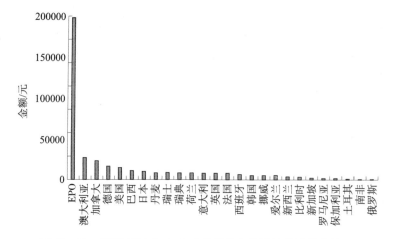

图 21 – 10　截至 2023 年底 C 企业缴费案件维持费用分布情况

截至 2023 年底，D 企业在 10 个国家、地区或组织进行了专利布局，有效专利共计 187 件，2022 年有效案件 143 件，2023 年有效案件 187 件，涨幅为 30.77%，且全部为发明专利。D 企业的专利重点布局在德国、法国、英国、意大利及欧洲部分医疗产业发达的国家；针对"一带一路"沿线的国家、地区或组织的专利布局有待进一步开展。截至 2023 年底 D 企业海外专利目的地分部情况如图 21 – 11 所示。

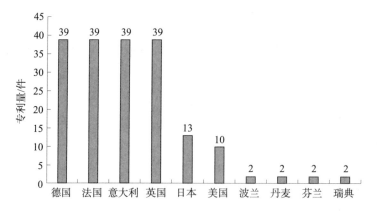

图 21 – 11　截至 2023 年底 D 企业海外专利目的地分布情况

截至 2023 年底，D 企业有效案件量为 187 件，发生缴费案件量为 187 件，缴费案件年度集中于 4 ~ 9 年，实际缴费金额共计 25 万余元，平均单件缴费金额为 1300 元左右。截至 2023 年底 D 企业缴费案件维持费用分布情况如图 21 – 12 所示。

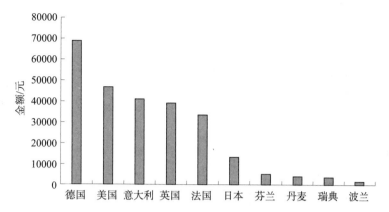

图 21 - 12　截至 2023 年底 D 企业缴费案件维持费用分布情况

三、某领域跨国公司

截至 2023 年底，E 企业在 28 个国家、地区或组织进行了海外专利布局，目的地分布情况如图 21 - 13 所示。2022 年有效案件 950 件，2023 年有效案件 1353 件，涨幅为 42.42%。其中发明专利 256 件，占比 18.92%；外观设计 1097 件，占比 81.08%。

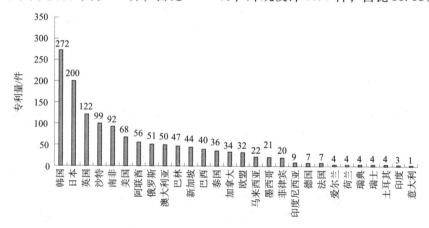

图 21 - 13　截至 2023 年底 E 企业海外专利目的地分布情况

E 企业外观设计占比高，主要是通过欧盟途径申请。在海外重点国家、地区或组织中，专利重点布局在日本、美国、英国、韩国和澳大利亚。在 "一带一路" 沿线的国家、地区或组织中，专利重点布局在新加坡、俄罗斯等。

统计显示，E 企业在主要目的地的海外专利布局中，维护年度在 10 年以上（含 10年）的有 36 件，占比 2.66%；维护年度在 10 年以下的有 1317 件，占比 97.34%，其中，维护年度为 4 ~ 6 年的有 377 件，占比最高 27.86%，主要为新加坡、英国和韩国外观设计。截至 2023 年底 E 企业缴费案件维持费用分布情况如图 21 - 14 所示。

截至 2023 年底，E 企业有效案件量为 731 件，发生缴费案件量为 731 件。实际缴费金额共计 109 万余元，平均单件缴费金额为 1500 元左右。

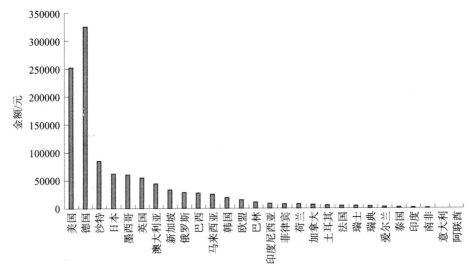

图 21 – 14　截至 2023 年底 E 企业缴费案件维持费用分布情况

注：2024 年之前，阿联酋不收取专利年费。

第三节　海外专利费用管理对策研究

一、制定专利年费管理策略

　　海外专利费用是由各个国家、地区或组织机构发布的现行专利收费标准中所规定的费用。由于各个国家、地区或组织专利法律规定不同，专利维持费用缴纳规则不同，官方语言和货币不同，海外缴费渠道不同，海外专利授权后的维护成本和难度远高于中国授权专利，企业流程管理人员很难在短时间掌握相关规则，并确保及时准确缴费。此外，企业每年在评估海外专利费用花销也往往面临预估不准的问题，也对企业通过合理筹划预算、及时调整知识产权布局与策略、大幅度降低风险和节约成本带来挑战。

　　专利费用管理的难度随案件量的增加大幅提升，需要根据企业海外专利的规模制定不同的专利年费管理策略。对于只向个别国家和地区的知识产权组织提出专利申请或者获得授权的企业来说，可以委托原代理机构管理，企业内部通过案件清单或现有管理系统辅助监控即可；对于已有几十件海外专利的企业来说，则需要建立系统性台账，委托专门机构管理，企业内部也需设立专门岗位定期监控全部案件的法律状态；对于拥有上百件海外专利的企业，则建议委托专业的专利年金公司管理海外专利案件，同时设立专门的流程管理岗位，在保证基本专利案件管理的同时，定期进行专利费用的预算及筹划，监控各相关国家汇率变化情况。

二、构建专利年费管理体系

　　我国已经出台了企业、高校、科研院所知识产权管理推荐性标准，并通过贯标工作极大推进了企业知识产权管理水平的提升。但是现有标准中对海外专利年费管理并没有详细设计，创新主体在实践中没有一套可资参考的体系学习借鉴，海外专利费用管理流程难以标准化、规范化地执行。为此，建议创新主体构建适合自身专利费用管理体系。

考虑到海外专利费用管理工作的专业性和复杂性，创新主体应在知识产权管理体系下建立科学的费用管理制度、流程、保障措施，对海外专利费用管理相关制度流程、人员职责、信息化支持和技能培训方面加以规范和完善，以保障费用管理工作的有效开展。

1. 制度保障

创新主体应根据需要制定专利费用管理制度，包括专利费用管理人员及职责、专利费用管理规定、专利费用管理制度的运用、专利费用管理工作考核等内容；制定专利费用管理流程或操作规范，包括专利费用预算、评估、审批、决策、监控、缴费等具体流程步骤及工作要求。

2. 人员保障

创新主体应设置费用管理决策人员岗位职责，负责专利费用评估和预算，作出缴费决定，并对专利费用管理工作进行指导、协调和检查；设置专利费用管理人员岗位职责，负责执行专利费用预算，专利流程管理及专利费用缴纳；设置专利费用相关财务人员岗位职责，负责专利费用支付、审核、结算、账目稽核。

3. 信息化保障

创新主体应建立专利费用信息数据库，储存记录专利基本信息及费用相关数据信息，费用信息可以包括费用种类、费用年度、费用期限、费用金额及费用状态等；应根据需要建立专利管理信息化系统，系统可以具备费用数据记录、校验、计算、监控、检索、交互、统计分析等功能。

4. 培训保障

创新主体应通过组织专利法律法规培训及费用政策学习，提高专利费用管理人员的费用管理能力，提升从业人员的专业技能和专业素质。

三、建立专利年费管理流程

专利费用的缴纳涉及专利审批各流程，是启动专利审查、手续审批和维持专利有效的重要环节。为保障海外专利费用缴纳的及时性和准确性，提高费用管理工作效率，建议创新主体按照如下流程对海外专利费用进行管理。

① 建立海外案件清单或管理系统，及时更新授权专利状态，维护授权后海外专利案件集。专利案件集中应记录专利缴费相关数据，包括但不限于海外专利的已缴费年度、下次应缴费年度、缴费金额及缴费期限。

② 及时跟踪了解海外目标国家、地区或组织机构的专利费用规则，可以通过官方查询途径对海外专利缴费数据进行查询，确定缴费种类、缴费年度、缴费金额及缴费期限。官方查询途径包括但不限于各目标国官方查询网站。

③ 通过案件清单或管理系统，依据缴费到期日对专利缴费期限进行监控。缴费到期日包括规定的缴费期限届满日、免滞纳金期到期日或滞纳金期各阶段到期日等。

④ 在每年评估专利技术价值及专利维护成本，对海外专利作出维持或放弃的缴费决定。

⑤ 根据决策部门作出的缴费决定，按照海外专利费用（含项目经费）请款、审批及报销流程，对专利费用进行预支。

⑥ 在缴费期限前及缴费窗口期内为需要维持的海外专利缴纳专利年费。同时根据部分目标国的规定，提交专利实施证明或其他相关文件。向海外目标国家、地区或组织机构缴费的相关款项支付应按照境外汇款流程处理。

⑦ 海外专利缴费后，依据缴费凭证进行财务核销或结算。

⑧ 对缴费流程进行质检复核，定期核查海外专利缴费后法律状态，确保其法律状态为专利权有效维持。

⑨ 对费用相关票据凭证及文件进行审核归档。一些国家、地区或组织无法提供票据，仅能够出具缴费凭证，缴费凭证中可能缺失缴费人等关键信息；一些国家、地区或组织无法出具票据及凭证。因此，中国创新主体如果选择直接向海外知识产权官方机构缴费，需要与中国当地的税务管理机构协商确定凭证财务处理事宜。

⑩ 依据缴费记录定期盘点海外专利案件。考虑到海外专利费用管理流程的复杂性和长期性，建议由具有相关经验的人员对专利费用进行管理，或者在海外专利达到一定规模后委托专业服务机构管理，定期盘点专利"家底"。海外专利年费管理流程如图 21－15 所示。

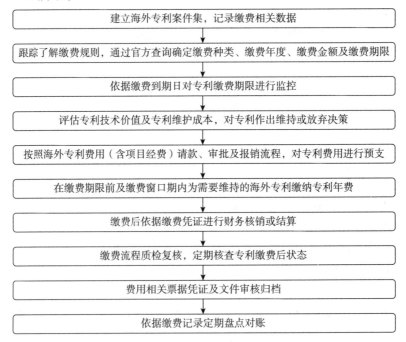

图 21－15　海外专利年费管理流程

四、委托专利年费管理机构

由于海外专利缴费规则的复杂性决定了绝大多数企业自行维护全球各国专利费用规则不具备持续可操作性，因此创新主体可以根据自身需求，选择适合的托管方式，将海外专利费用委托给专业的年金公司或者专门设立年金管理部门的代理机构统一进行管理。这两类机构有专门的人员监控各国法律状态，能够在制度变化前对专利权人作出提示，帮助规划提前缴费节省费用；可以提供专利保险，在发生问题时可进行赔偿，能够分散企业自行管理的风险；可以借助授权后案件管理系统，在信息化手段的辅助下，较为轻松地承担大批量案件管理和缴费；可以凭借集中管理的案件量优势，在与国外缴费渠道的价格谈判中获得较为优惠的价格；可以提供相对公开和透明的费用体系，沟通也更顺畅，能够向国内专利权人提供更贴心的服务，有助于减轻企业专利人员承担的烦琐的流程工作，使他们的工作重心聚焦于创新本身；作为本土企业他们可以提供竞业条款，也能帮助专利权人保守创新路径的商业机密，保障知识产权信息安全。

一般来说，海外专利费用托管的流程可分为以下五个步骤。第一，创新主体对自身的专利管理能力、海外专利保有量及维护成本进行分析评估。第二，结合自身情况，从服务机构的规模、海外专利维护数量和质量、服务价格、人员对接能力及工作处理效率、增值服务等方面综合考虑，采取定向采购或招标的方式选择适合的服务机构。第三，选定服务机构后，签订委托协议约定服务事项。服务事项包括但不限于专利费用数据查询、缴费期限监控、缴费提醒、费用缴纳、票据凭证处理、海外专利费用筹划、专利维持放弃评估等。第四，创新主体与服务机构对接并交接案件的缴费数据。海外专利费用管理数据交接的内容应包括海外专利缴费相关的必要信息，部分缴费目标国家、地区或组织的海外专利费用管理数据交接内容还应包括特定信息和文件。第五，创新主体与服务机构相互配合完成海外专利费用管理工作。

第四节　海外专利费用管理市场分析

一、市场发展状况

在中国开展海外专利费用管理业务的服务机构既有本土企业也有国外跨国公司，本土企业以代理机构和年金公司为主，国外企业以知识产权综合服务提供商和年金公司为主。

2008年，我国放开了涉外代理业务。在涉外代理放开的前两年，我国专利领域涉外案件主要指海外发明人向我国专利局提出的中国申请，我国涉外代理机构的服务内容也主要是向国外申请人和专利权人提供向中国国家知识产权局申请和费用管理服务。在中国创新主体开始向海外申请后，涉外代理机构才开始提供海外专利管理服务，但由于前期案件量不足，出于成本考虑这些代理机构基本并未直接展开海外布局，而是以案源交换的方式借此获取国外代理机构或年金公司委托更多的国外向中国申请。涉外代理机构主要负责转达国外代理机构或年金公司的各类函件，很少有机构从头开始构建整套海外专利案件管理和服务体系。

在我国创新型企业海外授权专利呈现爆发性增长后，专利权人的需求日益迫切，国内知识产权服务机构纷纷建立管理体系，开拓海外缴费渠道，通过十几年的发展，中国年金公司也随着服务的细分日益壮大，目前我国大部分企业的海外专利年费直接或间接委托服务机构管理和缴纳，但由于国外年金公司起步早，在中国海外专利年费管理领域尚未成熟就已进入，因此在市场份额中的优势较本土企业更为明显。

通过十几年的发展，中国本土服务机构已取得长足进步，并得到创新主体的深度认可。例如中国本土的专利年费管理公司北京国专知识产权有限责任公司已在我国海外专利缴费市场上占据举足轻重地位，正在不断缩短与国外专利年费管理公司差距，为中国本土服务机构开拓出一条发展之路。

二、信息化管理平台

我国国内专利缴费信息化水平越来越高，一些设有知识产权管理部门的企业拥有自己独立开发或采购的知识产权管理平台，企业管理者可以借助平台对专利进行统一运作，在数据齐全的基础上进行行之有效的管理。但是，海外专利缴费的信息和规则很不透明，门槛很高，目前社会还缺乏精准高效的海外专利费用信息化平台。由于建设平台投入大、周期长，更新维护成本高，单一的市场主体和服务机构很难承担建设成本。国家知识产权局连续多年组织发布《海外专利费用指引》和各国专利国别指南，同时维护更新"智南针"网站，取得了很好的效果。建议推广类似模式，调动全社会资源，收集和整合各类费用规则、费用信息，并以易于查询的平台方式向社会开放，以更好地服务创新主体。

三、服务机构情况

海外专利费用管理服务按照流程可以明确划分为两个阶段，即海外专利管理阶段和海外专利缴费阶段。前一阶段要求服务机构的专业及法条研究能力、信息化系统建设和流程管理水平，后一阶段要求服务机构的缴费渠道布局广泛、安全且具有价格竞争力。由于各服务机构的服务特点不同，笔者主要从以下三个方面进行分析。

1. 服务内容及风险控制

市场上的服务机构提供的服务内容主要包括专利申请、年费管理、资产管理、情报分析、专利数据库、专利分析、信息化系统等，大型知识产权服务集团还能够提供全球知识产权全产业链服务。同时，服务机构一般拥有一支专业的风险控制和管理团队，风控管理团队除审核、制定合作协议文本外，更重要的是能够识别所服务的创新主体在经营和管理上的风险，并据此提出合作建议。

2. 报价方式及币种

现有服务机构对于海外专利费用管理服务的报价方式主要有三类：第一类，明确将国家、地区或组织的官费以当地官方币种展现，服务费采用打包价，无快递费、汇款手续费等其他额外费用。第二类，将国家、地区或组织的官费以服务机构的报价币种展现，机构服务费、第三方服务费、快递费、汇款手续费等费用分别报价。第三类，将国家、地区或组织的官费换算成服务机构的报价币种，将其与当地服务费、机构服务费、快递费、汇款手续费等其他额外费用通过打包方式展现。

除国家、地区或组织的官方币种外，服务机构的报价币种主要采用人民币、美元和欧元三种。上述后两种报价方式会涉及汇率转换，以缴纳英国专利年费为例，官方是按照英镑收费，有的服务机构在向专利权人收费时官费及代理费均以欧元作为报价币种收取，英镑转为欧元的过程中，金额会有一定的折损，并且服务机构的汇率取值一般会与中国银行发布的外汇牌价存在差异，创新主体需要统筹考虑。

3. 管理及财务报销流程

服务机构一般有自己的费用管理流程，创新主体可以对处理流程，包括正常缴费周期和紧急缴费时限方面与服务机构进行提前约定。创新主体需要结合自身专利管理及财务报销流程，判断完成全流程所需时间。比如，服务机构提前 2 个月针对即将到期的案件向创新主体发出缴费提醒，收到创新主体的缴费意见反馈后，在约定的期限内进行缴费。当创新主体希望提前缴费时，部分服务机构不支持提前缴纳，需要到达缴费到期日当月才可开启缴费流程。当创新主体遇到紧急缴费的情况时，部分服务机构会收取额外费用。但也有服务机构的缴费时限更加灵活，在其缴费优势国家支持缴费日当天进行缴费，为创新主体提供了充分的流程时间，便于其对专利进行评估和调整专利维护策略。

四、鼓励专利年费管理行业发展

国外知识产权服务业发展多年，专利年费管理服务早已成为独立业务，涌现出一系列专注于专利年费业务的专门公司。我国可以借鉴国外经验，进一步引导专利服务行业提供细分的精细化服务，将专利代理和授权后专利年费管理分开，设立专门费用代理模块，鼓励专利年费管理行业独立壮大发展。建议设立引导基金和政策扶持，培育国内费用服务机构。在保证公平公开的基础上，向本土服务机构适当放开相关权限，提高本土服务机构水平，适应创新型企业日益丰富的需求；加大向专利权人和企业的宣传力度，扩大相关服务机构知名度，使国内服务机构能够与海外专利服务机构展开良性竞争；降低服务企业"走出去"的门槛，减少本土服务机构不必要的支出，进而降低我国创新型企业"走出去"的管理成本。鼓励通过细分服务领域、提高准入门槛，强化从业人员的业务能力，提升职业素养，改变全而不精，广而不深的情况，将专利费用相关服务向纵深发展，为创新主体提供更为精细化、专业化的服务。加大专利费用管理能力培训，不断提高知识产权从业人员素质，重用优质知识产权人才，建立海外专利管理专家库、公益律师团等，提升本土服务机构海外专利费用管理能力，精准对接创新主体的知识产权需求。

五、探索专利资产管理

准确无误地管理和缴纳年费是保证创新成果的第一步，但创新主体还面临更多的现实问题。例如，年度预算有限，但各国家、地区或组织的专利维持费用都是随着维持年限的增长而增加，对于专利保有量很大的创新主体来讲，专利如果没有足够价值，带来的成本负担越来越重，就必然会考虑放弃一些专利的维持；在作出关于维持或放弃专利的决策时，内部专家对公司的技术发展和市场战略有更深入的了解，而外部机构能提供更客观的行业趋势分析和专利价值评估，最终谁能够作出更准确的判断难以抉择；很多创新主体将所有专利一视同仁，不同价值的专利等同管理，导致"美玉埋在了沙子里"。要解决这些困惑，充分发挥专利这一知识产权无形资产的价值，就要在专利年费管理的基础上进一步将专利作为资产进行管理。

专利资产盘点是专利费用管理和资产管理的连接点，通过数据核查对创新主体已获权专利建立管理数据库，实现对专利状态实时监控和数据分析，帮助创新主体管理者及时了解各分支情况，准确掌握专利家底；在对专利进行核查盘点的基础上，对专利费用减缴、余费使用、跨年费用调整等进行预测和优化，提前做好费用布局，实现预算可控和节约；建立个性化专利价值评估模型，对专利价值进行科学评估，并确定不同等级，根据级别决定不同的维护和运营策略，在专利缴费期到来之前完成个案的动态价值分析，为最后作出维持和放弃专利决定提供决策支撑。

第二十二章

中国申请人海外专利布局节省费用的策略

在深入实施创新驱动发展战略、推动企业加快"走出去"步伐的形势下，中国企业在境外专利申请量激增。截至 2023 年 12 月 31 日，中国企业海外申请总量近 200 万件，有效专利与在审专利申请超过 70 万件。为了尽可能降低申请成本、减少费用，需要梳理国外申请专利的共性问题，就如何节省费用提出建议。

第一节　专利申请策略方面的费用节省建议

一、专利类型的选择

在我国，申请人可以选择申请发明专利或实用新型专利对发明创造予以专利保护。类似地，有些国家也设有多种专利形式。例如，德国、日本、韩国、俄罗斯等国均设有实用新型专利制度。申请人可以根据自身情况，结合各国专利保护类型的特点和特有程序，考虑适当的专利类型。例如，申请人可以适时转换申请类型或者采用发明专利与实用新型专利共存等方式来灵活、有效地调整申请策略，优化申请成本。

但是需要注意的是，并不是在每个国家均有不同类型的专利形式可供选择，例如美国就没有实用新型专利。更重要的是，各国在实体法和程序法上的相关规定也不尽相同，例如可专利的主题、专利权保护期限、是否需要实质审查等。申请人需要在充分了解各国的法律规定或咨询国内外事务所后，根据自身需求决定专利申请的类型。

二、专利申请文本的组织

很多国家会根据权利要求的数量、权利要求的引用方式、说明书的长度等收取附加费。虽然各国的具体规定不尽相同，但一般来说权利要求数越多，说明书越长费用就会越高，除额外的官费之外，还会带来翻译费甚至外方代理费的增加。因此，建议申请人合理设置权利要求数量和控制说明书的长度。

此外，就多项权利要求引用多项权利要求的撰写方式，各国的实践相差较大。例如德国不仅允许这种撰写方式，而且不会收取额外费用；美国虽然允许但会收取附加费；而俄罗斯与中国类似，不允许多项权利要求引用多项权利要求的撰写方式。申请人在准备文本的时候应注意目标国家的规定，在申请文本准备阶段处理好这一问题，一方面，对于那些禁止多项引用多项的目标国，在准备申请文本时就作出相应修改，避免不必要的审查意见通知书，节省申请程序中改写、提醒和答复审查意见的费用；另一方面，对于允许这种方式的目标国，可以准备相应形式的文本，以减少权利要求附加费的发生。

在形式方面，不同国家的专利局或知识产权局可能有一些特殊形式要求。比如，EPO 要求权利要求或者附图中的每一个技术特征或是元件要带有附图标记，附图标记放在括号中。在提交申请前，应注意提交符合形式要求的申请文件，必要时需向国内或国外的事务所咨询，以避免不必要的修改费用。

随着海外申请经验的积累，申请人可以通过自己或委托专利代理机构撰写符合 PCT 国际申请要求的申请文件，直接提交 PCT 国际申请。申请人可以根据国际检索报告来考虑该申请是否进入中国国家阶段。如果是由 CNIPA 作为受理局受理并进行国际检索的国际申请，在进入中国国家阶段时免缴申请费及申请附加费。经验丰富的申请人还可以选择自行以英文撰写或由经验丰富的代理机构以英文撰写并提交 PCT 申请，不仅可以在进入那些接受英文文本提交专利的国家时节约翻译费用，而且现阶段可以选择 EPO 作为检索单位，从而尽快根据国际检索报告和书面意见等来进行申请策略上的调整。

三、善用区域性专利组织

除了为人所熟知的 EPO、欧亚专利组织（EAPO）等，还有非洲地区知识产权组织（ARIPO）、非洲知识产权组织（OAPI）、海湾阿拉伯国家合作委员会（GCC）等区域性专利组织。通过这些区域性专利组织及相关协定，可以简化申请手续，节约成本，方便申请人。除此之外，这些区域性专利组织还拥有较为丰富的专利信息资源，可以提供区域性的有关专利申请、专利审查等方面的支持，申请人应当了解这些区域性专利组织的成员范围、组织结构、服务范围、地理范围、申请程序和法律体系等，以全面、灵活运用到自身的专利布局中去。

四、对于没有授权前景的申请尽早放弃

由于各专利局或知识产权局的审查速度不同，申请人在多个不同国家或地区就同一件专利提交多件专利申请时，如果该申请的同族申请在其他国家或地区已经有了审查意见或决定，那么申请人可以根据其他国家或地区审查意见或决定对专利申请进行评估。当申请人认为专利申请的授权前景很小时，可以果断放弃该申请，避免后续费用。

第二节　事务所选择方面的费用节省建议

一、国外事务所的选择与管理

选择合适的国外事务所与选择合适的国内事务所一样，都需要综合考虑事务所的服务范围、专业领域、业内口碑、客户评价、费用标准等。要考虑国外事务所在各个国家的办公室布局和覆盖范围，以便能够及时响应申请人的需求。为了沟通方便，还会考虑国外事务所是否具备中文沟通能力。如果能够与国外事务所在长期范围内建立战略合作关系，可以确保专利保护的连续性和一致性。

选择合适的事务所可以大大降低申请专利的总费用。一般来说，大型综合性事务所的代理费明显高于中小事务所。而中国申请人委托的国外事务所仅需非常了解目标国家的专利法即可。因此，建议选取一些精通专利申请业务的中小事务所承担代理工作。申请的途径不同也会影响事务所的选择。例如通过《巴黎公约》途径申请，由于目标国当地事务所对该国专利申请的流程、需要提交的文件及其他要求都比较熟悉，因此，如果申请人内部的知识产权管理已经非常成熟，与国外代理人交流没有任何困难，可以考虑直接委托当地律师事务所进行申请。这能够省去国内事务所再转手委托当地事务所的烦琐途径，以及国内事务所的服务费用。但是，对于内部知识产权管理体系没有完全成熟、管理人员专业化程度不够完善的情况下，建议申请人还是委托成熟、优质、具有丰富涉外专利申请经验的国内事务所进行协助管理和把关。由于国内事务所中经验丰富、外语水平精湛的律师或代理师收费水平远远低于国外事务所的律师或代理师，因此选择国内事务所进行海外专利申请的总费用并不一定高于直接委托国外事务所。同时，由于国内成熟的涉外事务所流程管理与监控体系完善，相当于为申请人的海外专利申请布局加设了一道管理防线，避免或降低因程序失误而导致丧失权利的风险。

由于国外事务所的收费与各所的业务特点和特长密切相关，因此申请人在选择国外事务所时，可以根据要委托的案件的具体情况，匹配适合的国外事务所。例如将专利申请分级分类管理，同时在国内事务所的协助下建立企业的海外服务供应商数据库，对海外供应商进行甄选，更加主动地选择目标国服务供应商。

二、国内事务所的选择与管理

与国外事务所相似，虽然国内的大型事务所的服务费普遍高于中小型事务所，但是相对来说，大型事务所涉足海外专利申请业务较早，在处理国外专利申请上的经验更为丰富。大型事务所的代理师不仅深谙国内专利法，而且熟悉海外专利法律法规，通过多语言专利服务能力，有效提升申请人与国外事务所之间的沟通。在申请阶段，通过撰写高质量的申请文件撰写，能够帮助申请人尽量减少因申请文件缺陷产生的额外程序和费用；根据不同国家或地区对申请文件的差异性要求，可以准备适合不同目标专利局的申请文本，主动降低申请成本。在答复审查意见阶段，能够为申请人提供更多的意见和建议，避免完全依赖收费昂贵的国外事务所。大型事务所致力于国际化交流和合作，在不同国家都有长期合作的声誉良好的合作伙伴，能够在保障申请人的专利资产的同时，通过长期互惠关系在服务费用上提供优惠。

因此，如果申请人希望获得稳定的专利权，特别是未来有行使权利的可能，那么建议申请人尽可能委托处理海外专利申请经验丰富的国内事务所进行代理。申请人可建立国内服务供应商库，并通过定期或不定期地向国内代理机构发布国内代理机构业务要求、国内供应商作业规范等指导性文件，将国内代理机构中比较好的做法和申请人需求及时告知各机构；建立适合申请人自身情况的科学的作业评价体系，定期对国内代理机构进行考核和沟通，有效、主动管理国内代理机构的服务。

第三节 申请工作组织方面的费用节省建议

一、合理安排申请翻译工作

在向外申请专利的过程中，翻译工作不可避免，准确的翻译文本对专利的质量及成本都起着至关重要的作用。如果专利申请的撰写语言并非目标国家专利局接受的语言，翻译费将会是新申请提交成本中的重要组成部分，尤其是向非英语国家申请时，翻译费会更加昂贵。

一般来说，在新申请的准备阶段，考虑到技术用语、交流沟通等因素，建议申请人尽可能聘请国内事务所完成申请文件的撰写工作。由于国外事务所可能在申请文件的翻译项目上收取远高于国内事务所的费用，如果条件许可的话，建议申请文本的翻译最好在国内完成，由目标国代理人进行核查。需要注意的是，如果用国内事务所翻译，要确保所提交申请文件的翻译质量，避免在后续审查过程中产生不必要的缺陷，进而避免由国外事务所进行消除所带来的额外费用。

如果在国内难以找到适当的小语种翻译，翻译只能委托目标国当地事务所完成。基于提供文本的不同，当地事务所收取的翻译费也不同。在这种情况下，由于英文相对于中文在国际上更为通行，申请文件的英文文本最好在国内完成，然后由目标国事务所基于英文文本进行翻译。

为节省费用，有的申请人会考虑通过专利翻译公司来完成海外申请的文本翻译工作。在遴选合适的专利翻译公司时，应当细致全面地对专利翻译公司进行考察，包括专业翻译团队、质量控制体系、多语言翻译流程、信息保密等方面。为保证专利申请文本的准确性，可以委托专业事务所对全部或部分译文进行核查。

需要注意的是，在向一些英文国家申请时，常常有中国申请人为了节省费用而自行翻译申请文本，将未经过专业事务所审核的文本直接向国外提交。专利申请文本既作为一份技术文件，同时又是一份法律文件，本身有严谨的专业性要求，非专业机构的翻译往往会为申请的审查和授权留下隐患。由于翻译的不准确和不严谨造成的后续对文本补正和审查意见次数的增加，不仅增加了被驳回的风险，而且会大大增加申请成本。因此，选择专业的事务所进行文本翻译和校对是非常必要的。

二、科学组织答复审查意见

充分利用文本修改机会及审查员会晤机会，可以减少审查意见轮次，提高获得授权的效率。例如，美国、日本和欧洲的审查员都可以根据申请人的请求给出修改建议书，因此申请人可以充分利用会晤机会，争取早日授权；利用韩国的预审制度，申请人可以将修改文本先发给审查员进行一次预审，以期充分评估文本的授权前景。

当申请人在多个国家或地区申请时，其他国家或地区的审查历史不仅可以用于评估专利的授权前景，而且在实质审查阶段，尤其是与审查员进行沟通时，也可以借鉴其他国家或地区的审查历史，并且能在一定程度上预先判断出审查员将会发出什么样的审查决定。

此外，将其他国家或地区的审查意见及答复提供给国外事务所进行参考也可以降低代理费用。

在工作安排上，由于国外事务所熟悉目标国法律，可请国外事务所提答复建议，由国内事务所准备目标国语言的答复文本，或者至少是答复文本的英文文本。如果进一步细分，技术方面的建议由国内事务所完成，法律实践方面的建议由国外事务所完成，这样可以降低国外事务所的收费，从而降低申请的整体费用。

三、善于利用各类程序

各国专利申请程序虽各有不同，但具体来说可以从如下 7 个方面考虑利用程序来节省费用。

① 尽量提交电子申请。电子申请不但操作更为便捷，而且在很多国家，如美国、英国等，可以享有官费的减免。

② 考虑利用费用减免制度。一些国家提供了费用减免的措施，其中有些也适用于中国申请人。建议申请人了解并通过利用目标国提供的费用减免措施来降低申请的官费和年费。值得注意的是，作为外国申请人的中国人要想享受这些减免措施，可能需要准备相关证明文件及其翻译、公证、认证。这些文件的准备和翻译本身也可能需要大量的金钱和时间，与获得的减免数额相比，申请人应事先做好权衡。

③ 善用各种加快审查程序。有些国家或地区的专利局为符合一定标准的专利申请提供加快审查的程序，例如前述章节中介绍的欧洲专利申请中的 PACE 程序，美国专利申请中的优先审查 Track One 程序等。建议中国申请人充分了解并利用此类加快程序，既可节省申请过程中因审查周期长带来的费用支出，特别是有着高昂申请维持费的国家或地区，又可尽快获得授权，提高专利产品投放市场的商业利益。

④ 充分利用延期程序。在答复审查意见期间，如果目标国收取的延期费官费并不

高，如日本，而外方代理人又会收取高额的加急费用，那么可以考虑指示外方代理人提交延期请求，以便有充足的时间准备答复避免加急费。

⑤ 不要忽视退费流程。在审查过程中，如果根据商业考虑、授权前景等原因放弃申请时，不要忽视办理官费退还的手续，以降低费用损失。例如 EPO 规定，在实质审查开始之前放弃审查的，可以退还 100% 的实质审查费。如果已启动实质审查但尚未发出首次审查意见，或在首次审查意见答复期限届满前撤回申请的，可退还 50% 审查费。

⑥ 避免复审和诉讼，活用分案申请等其他程序。在大多数国家，如果专利申请没有得到授权，后续的复审程序所产生的官费和代理费往往远大于普通专利申请实审的费用。各国的诉讼费用通常是高昂的。而如果中国申请人在国外提交申请的目的仅是为了获得授权，那么在收到驳回通知书后，一般没有必要进行复审和诉讼，可以通过提交分案申请的方式延续案件。

⑦ 重视专利权期限补偿（PTA）/药品专利权期限补偿（PTE）。专利权是创新主体的重要财产，它可以保护发明人的利益，也可以给权利人带来收益。申请人应当重视专利期限的延长，以获得更多的收益。因此需要了解各个国家是否有相关的专利期限延长制度。例如，美国、日本、欧洲、韩国、加拿大、澳大利亚、乌克兰、新加坡、以色列等有药品专利权期限补偿的相关制度。美国、韩国等有专利权期限补偿的制度。

四、专利申请指示应明确、详细

在给事务所发送申请指示时应尽可能清晰、明确。因国内外专利申请法律法规的差异，为避免意思表达传递中的误解，应采用国际认同的专利术语，避免采用俗语、简称等。申请时，应事先提供全部相关证明文件（例如优先权证明文件、委托书），由此来避免申请提交过程中的补正。

五、做好时限管理

虽然一般来说事务所会对时限进行管理并提醒申请人下一步的工作，但是申请人自身的时限管理工作也很重要。一方面，可以确保按时缴纳费用，避免产生滞纳金，或者不得不延长期限而产生的延期费；另一方面，如果临近时限，国外事务所可能会就时限监视和时限提醒收取一定的律师费并且通常会对加急的指示收取高额加急费。例如，如果要求日本代理人加急处理某件事宜，一般会被收取最高达 50% 的加急费用。各个事务所对"加急"的解释各有不同，加急费的收取标准也不同，申请人应在委托事务所时了解这方面的信息。总之，建议申请人在可能的情况下尽早给予国外事务所指示，避免加急指示产生的加急费用。

六、提高专利申请管理的数智化

企业知识产权管理早已步入数字化时代，很多申请人会采用数字化知识产权管理平台，对专利全流程进行管理。对于海外专利申请，也能够适配于各国专利规则进行流程管理与事务处理。近年来，随着新一轮科技革命和产业变革，人工智能已经成为人们日常生活和工作不可分割的一部分，也已逐渐渗透到专利的各个领域。人工智能融入专利管理技术和业务流程中，会将专利部门的工作效率提升到新的水平。例如，通过将人工智能应用到企业海外专利质量评审体系中，能够更加快速、准确地对企业专利资产进行评估，合理配置资源，平衡成本控制与专利高质量发展的需求。

第二十三章

知识产权海外侵权责任保险

知识产权是一个国家增强竞争力的核心着力点,是一国企业实现可持续发展的重要保证。在现今环境下,各国日益鼓励智力劳动与创新、支持知识产权申请与保护、保护知识产权人合法权益。随着知识产权法律体系的不断完善,知识产权法律覆盖不足的地域逐渐缩减,导致侵犯知识产权的可能性日益加大,由此引发的侵权诉讼风险也日益受到企业的关注。

我国有海外业务布局的企业进入目标市场后,能否密切关注目标市场的知识产权布局情况,从而采取有针对性的开展规避设计、提前构建专利"防御"体系等风险管理措施,对企业的知识产权风险管理建设至关重要。在海外,企业一旦遭遇到被告侵权的案件,所承担的巨额索赔费用和法律费用,以及具有时效性和专业性的跨国法律服务需求,都会成为阻碍企业海外市场发展的"绊脚石"。针对这种情况,企业可以采用保险这种方式来进行风险减量、风险转移以及降低应对的费用成本。

借助知识产权海外侵权保险可以在此方面协助企业进行风险管控,以实现诉前降低诉讼概率,诉中降低费用成本,协助企业降低完善知识产权管理体系或相关措施所需要的大量财力、物力及人力。目前,中国人民财产保险股份有限公司(以下简称"人保财险")和中国平安财产保险股份有限公司可以提供承保服务。

一、海外知识产权纠纷应对痛点

随着中国企业"走出去"步伐的加快、海外业务布局范围的迅猛发展,中国企业产品技术含量、质量和附加价值的快速提升带给海外竞争对手不小压力。利用知识产权阻止中国企业进入自己所在市场已经被很多中国企业海外竞争对手当作一种竞争手段。但中国企业在海外知识产权保护和风险管理方面,面临诸如海外语言不通、法律环境复杂、法律费用高昂、侵权赔偿金额巨大、无法找到有经验的法律服务人员,和解谈判经验不足等切实的困难。而在这些困难当中,成本高昂无疑是中国企业应对海外知识产权纠纷的一大痛点。

以中国企业在美国遭遇海外知识产权纠纷为例。据不完全统计,在过去的十多年里,中国企业败诉的平均赔偿金为4800万美元,赔偿金的中位数为260万美元。即使中国赢了官司，诉讼支出的平均法律费用为 77.1 万~580 万美元。即使是快速解决的案件，取决于涉案标的额的大小，中国企业仍然需要花费 5.7 万~36.1 万美元。2019 年中国企业涉美知识产权诉讼判赔额居高不下，专利案件平均判赔额 1095.5 万美元，2020 年约 535 万美元，2021 年约 1102 万美元，2022 年约 382.1 万美元。2022 年，中国企业在美知识产权诉讼新立案共 986 起，环比增长 14.39%，总体持续上涨。[1] 在美国纠纷共涉及中国企业 9569 家次，较 2021 年增长 75.06%，其中 98.16% 的中国企业为被告。根据美国海关与边境保护局（U. S. Customs and Border Protection，CBP）统计，2023 年缉获的知识产权扣押（Intellectual Property Rights Seizures）的货物中，约有 90% 来自中国，查获的货物总值大约 23 亿美元，约占所有 CBP 知识产权查获货物总值的 84%。[2]

二、知识产权海外侵权责任保险的建立与发展

面对高昂的应对成本，由于没有任何能够为企业海外侵权行为的经济赔偿责任和法律费用兜底的保险产品，企业在海外维权方面基本属于"裸奔"的状态。2014 年，CNIPA 与人保财险签署《知识产权保险战略合作协议》，约定在优化知识产权保险产品、服务和业务模式等方面开展合作。2019 年，双方续签了《知识产权保险战略合作协议》，提出了建设知识产权保险产品创新实验室、推进知识产权质押融资保证保险、推进保险资金直接投资小微企业、健全知识产权保险服务体系、开展知识产权保险宣传培训和需求调研等五个方面合作事项，进一步扩大知识产权保险规模。2019 年 11 月，中共中央办公厅、国务院办公厅印发了《关于强化知识产权保护的意见》，该意见明确指出：加强知识产权保护，是完善产权保护制度最重要的内容，也是提高我国经济竞争力的最大激励。其中第十四条明确指出，鼓励保险机构开展知识产权海外侵权责任险、专利执行险、专利被侵权损失险等保险业务。

2020 年 5 月，全国首单知识产权海外侵权责任保险在广州开发区知识产权局的支持下落地广州，作为国内相关首款创新产品，该产品将人保财险广州市分公司的海外法律资源、人力资源引入知识产权保护体系，增加与国内外权利人沟通渠道、强化海外维权援助服务，健全协调和信息获取机制，有效为企业在面临知识产权纠纷时减轻负担。2023 年"推广海外知识产权侵权责任险"成为国务院在全国范围选中的在特定区域复制推广的改革事项。

截至 2023 年，人保财险广东省分公司已在全省 16 个地市推动知识产权保险业务落地，累计为 825 家企业提供知识产权风险保障超 39 亿元。其中，人保财险广州市分公司在广州开发区知识产权局的支持和指导下，已累计为 222 家次企业提供约 3.9 亿元的知识产权海外侵权风险保障，并累计开发 25 个知识产权保险产品，形成了保障领域覆

---

[1] 中国知识产权研究会. 2022 中国企业在美知识产权纠纷调查报告［EB/OL］.（2023 - 08 - 04）［2024 - 07 - 15］. https：//www. djyanbao. com/preview/3614280.

[2] U. S. Castoms and Border Protection. Intellectual Property Rights Seizure Statistics［EB/OL］.［2024 - 07 - 15］. https：//www. cbp. gov/sites/default/files/2024 - 06/ipr - seizure - stats - fy23 - 508. pdf.

盖专利、商标、版权、地理标志、植物新品种、商业秘密、数据知识产权、集成电路布图设计等，保障内容涵盖维权费用、法律费用和经济损失，保障范围覆盖国内和海外的全方位保险产品体系。2021年，人保财险广州市分公司重点打造的"中国人保粤港澳大湾区知识产权保险中心"揭牌成立，业务与影响力已辐射全国，以知识产权海外侵权责任险为拳头产品，在全国形成"头雁效应"，服务的企业均是电子通信、芯片、新材料、新能源、高端设备制造、生物医药等硬科技领域，为中国企业提供有力的保险保障，护航出海企业做大做强。

三、知识产权海外侵权责任保险的保险责任保障内容

（一）被保险人侵权责任

保险期间内，因被保险人实际或预期从事保险单载明产品的制造（包括制造流程）、使用、保管、进口、销售或许诺销售、持有、许可、分销或提供过程中，非因故意侵犯第三方知识产权而在承保区域内直接引起的在保险期间内首次针对被保险人提起的知识产权侵权诉讼或被保险人在保险期间内首次知晓的且在保险期间内告知保险人的相关潜在诉讼，依法应由被保险人承担的经济赔偿责任，保险人按照保险合同约定负责赔偿。

（二）受偿方侵权责任

保险期间内，因受偿方实际或预期从事保险单载明产品的制造（包括制造流程）、使用、保管、进口、销售或许诺销售、持有、许可、分销或提供过程中，非因故意侵犯第三方知识产权而在承保区域内直接引起的在保险期间内首次针对受偿方提起的知识产权侵权诉讼或受偿方在保险期间内首次知晓的且在保险期间内告知保险人的相关潜在诉讼，依法应由被保险人承担的经济赔偿责任，保险人按照保险合同约定负责赔偿。

（三）法律费用

保险事故发生后，被保险人或受偿方因保险事故而被提起诉讼或仲裁的，对应由被保险人或受偿方为抗辩该诉讼或仲裁（包括上诉及反诉）而支付的诉讼或仲裁费用以及事先经保险人书面同意支付的其他必要的、合理的费用（以下简称"法律费用"），保险人按照保险合同约定负责赔偿。

四、知识产权海外侵权风险转移措施及如何降低费用成本

企业投保知识产权海外侵权责任保险，可以将海外侵权风险转移给保险公司，并利用保险公司海外服务网络和合作的专业法律渠道资源去应对侵权诉讼，健全协调和信息获取机制，这无疑可以在很大程度上弥补企业在海外知识产权保护的薄弱环节。同时，全国各地的知识产权政府部门也有对应知识产权类险种的保费补贴政策，可以帮助企业降低费用成本。

（一）投保前：为企业知识产权整体布局水平做风控预警

投保前，作为保险公司承保前的风险评估的手段，保险公司会对企业知识产权整体水平进行大致的分析，并且提供知识产权水平的量化评分报告给企业，帮助企业对自己的知识产权风险（如品牌风险、技术风险、法律风险）有大致的了解。对达到一定风险级别的企业的核心技术，也会进行海外某些区域的具体知产侵权分析，形成风险报告辅助风险评级和预警。

（二）承保中：协助企业进行海外知识产权的风险规避

投保后，保险公司提供针对出海产品及技术作知识产权检索类、布局分析类、风险诉讼类等布局的服务，辅助企业作知识产权风险规避。除此之外，保险公司积极组织开展与海外知识产权有关的各类培训。中国人保粤港澳大湾区知识产权保险中心下设知识产权保险俱乐部，不定期举办知识产权相关的座谈会、沙龙、培训会等活动，邀请行业内知名的专家、律师等参与活动进行讲座和授课，提高企业的涉外知识产权保护能力。

（三）出险时：运用法律资源进行有效的策略应对

遇到侵权纠纷时，保险公司会提供专项顾问专家支持企业积极应对，辅助企业作关键决策。企业还可以利用保险公司合作的知识产权保险法律服务团队库，实现全流程服务质量监督和成本控制。除此之外，中国人保粤港澳大湾区知识产权保险中心引入了世界知识产权组织进行国际调解和仲裁，为企业提供多元化纠纷解决途径，从而降低应对成本。

五、知识产权海外侵权保险承保案例

案例一：深圳某启动电源企业被其竞争对手假装客户骗取了核心技术和产品资料，并申请了类似的专利，之后竞争对手分别在德国、美国、英国、加拿大等地发起全球诉讼，人保财险广州市分公司赔付了其在加拿大的诉讼案件。在应对策略上，人保财险广州市分公司在企业已有法律服务团队的基础上为该案件配置了一个专项律师专家，对其整体应对策略和法律费用成本控制提供支持和全程协助，被保险人的全球案件陆续取得胜利或成功无效宣告对方专利。该竞争对手仍不断发起新的 337 调查，在澳大利亚发起专利侵权诉讼，该企业也在案件初期积极应对中。

案例二：广州某生物医药企业生产了一种治疗类风湿性关节炎和其他严重炎症性疾病的药品，在寻求美国 FDA 批准商业化的过程中，于 2023 年 7 月被竞争对手起诉 20 项专利侵权。接到报案后，人保财险广州市分公司迅速响应，根据以往合作经验和专业度高的知识产权律所对案件进行评估，积极进行诉讼应对，目前案件处于和解谈判中。同时为了增加谈判筹码，有效牵制竞争对手，被保险人也在国内发起无效宣告对方的专利。截至 2023 年，人保财险广州市分公司已赔付超 40 万元，预计赔付总赔款 100 万元。

案例三：广州某通信公司在美国遭遇专利流氓公司的无端侵权诉讼，人保财险广州市分公司与被保险人的法务、知识产权部门、技术专家以及国内外律师事务所组成的专项应对小组迅速成立，分析确认产品不侵权的事实，并确定应对策略。在案件实施过程中，人保财险广州市分公司高度重视，与客户时刻保持良好沟通，信息共享，经过多轮谈判，最终与对方达成了极低金额的和解，帮助企业节省了70%以上的应对费用。

以上三个案例都证明了企业通过购买知识产权海外侵权责任保险，利用保险工具分摊海外知识产权纠纷风险，在一定程度上解决巨额索赔费用和法律费用的痛点。

图索引

表索引

跋

加强海外专利保护是我国实施知识产权强国战略、推动建设高水平开放型经济新体制的重要举措，而做好海外专利布局则是企业和创新者"走出去"在全球范围内拓展市场和提升竞争力的必要手段。通过选择合适的目标国家，遵守相应的专利申请程序和要求，采取最优布局策略，并合理筹划专利费用预算，妥善进行专利维护和风险管理，中国企业可以在国际市场上以更低的成本获得更强的竞争力和商业优势。

随着我国创新实力的增强和企业出海步伐的加快，越来越多的企业选择在海外申请专利。据初步统计，过去十年间我国海外专利年申请量由原来的不足 3 万件快速提升到超过 12 万件，翻了两番。企业迫切需要了解海外专利相关政策以及成本因素，从而权衡作出最优的专利申请和维护决策。本书正是这样一本针对企业如何出海申请和维护专利的实用书籍，书中就企业出海专利成本和策略进行了深入研究和探讨，详细列明了主要目的地国家或地区的程序、费用和相关注意事项，对于企业专利管理者特别是专利流程管理人员具有重要的参考学习和实践应用价值。

国专公司是国内领先的专利年费管理机构，长期服务于诸多知名国际型企业，海外专利费用业务已经分布全球一百余个国家或地区。这次很高兴能够应港专公司邀请参与本书的编写，贡献我们在海外专利年费管理方面的经验和智慧。在本书编写过程中，我们一方面向杰出的涉外代理机构港专公司学习专利申请阶段的宝贵经验，另一方面通过系统梳理专利维护阶段的年费管理知识，也进一步加深了我们对海外专利年费管理工作的认识，同样受益匪浅。

衷心希望本书能够启发中国企业对海外专利布局进行更为精准的评估和规划，提高其决策的效率和准确性，充分发挥其海外专利布局和保护的价值，从而助推中国企业高质量和"走出去"发展，并在激烈的国际竞争中占据有利位置。

北京国专知识产权有限责任公司总经理

二〇二四年九月

编后记

中国创新主体海外专利申请的活跃程度不断增强，海外专利实现了数量的飞跃和质量的持续提高，显著提升了中国创新主体特别是出海企业的国际市场竞争力和影响力，也预示着中国创新主体与世界经济愈发深度融合。在新的形势下，中国创新主体对于高质量海外专利布局、成本策略研究与风险防控的需求与日俱增，一本更全面、更细致和更具时效性的相关参考书的出版可谓恰逢其时。

本书脱胎于 2013 年国家知识产权局"中国申请人在海外获得专利保护的成本和策略"软科学项目。该课题报告由中国专利代理（香港）有限公司（港专公司）完成，并在进行修订后于 2017 年初出版发行，为中国创新主体"走出去"提供了有益参考，获得业界一致好评。根据当前形势，港专公司联合北京国专知识产权有限责任公司（国专公司），参照前版书籍的内容，编写了《中国创新主体"走出去"专利成本与策略》一书。中国人保粤港澳大湾区知识产权保险中心的专家也受邀介绍了知识产权海外侵权责任保险的相关章节，为降低企业海外经营成本、提升风险防范能力提供实用性的策略支持。

世界各国的专利制度与政策总是处于不断的变化发展中，本书以港专公司 40 年、国专公司 27 年服务国内客户的从业经验为基础，进行了大量的数据整理和测算，对能获取的最新资料进行全面分析和研究。编写人员均为长期从事专利申请、法律服务和费用管理的一线骨干人员，在写作的过程中，实时关注各国法律和费用的动态和时事政策的调整，及时反馈在本书的相应章节中，力求将最新的内向外申请流程与费用资料呈现给创新主体。当然，因能力与见识所限，虽然研究力求深入细致、译校力求精准，所述内容仍难免有疏漏之处，不当之处敬请读者批评指正。

本书各章节由港专公司、国专公司组成团队进行编撰与核稿。编撰团队具体分工为：王丹青、陈莹钰、雷静负责第一章；王璞、王丹青负责第二章；马永利、巨海杏、王静、李梦洁负责第三章；赵苏林、王静、唐萌、李梦洁负责第四章；王静、唐萌、陈浩然负责第五章；赵苏林、王静、陈浩然负责第六章；赵苏林、唐萌、陈浩然负责第七章；赵苏林、王静、陈浩然负责第八章；马永利、唐萌、杨会贤、王丹青、吴梦瑶负责第九章；唐萌、王静、陈莹钰负责第十章；赵苏林、唐萌负责第十一章；赵苏林、王静、王璞负责第十二章；赵苏林、王静负责第十三章；赵苏林、唐萌、陈莹钰、王璞负责第十四章；赵苏林、唐萌、李梦洁负责第十五章；唐萌、王静、王丹青、王璞负责第十六章；巨海杏、王静负责第十七章；王静、唐萌负责第十八章；张咪、王丹青负责第十九章；赵苏林、李涛负责第二十章；雷静、王璐、王玉峰负责第二十一章；赵苏林、王丹青负责第二十二章；陆洁、佘丽、朱瑜云、杨松铫负责第二十三章。刘雨青负责制图工作。第三至十八章各节专利申请费用部分由魏逍然、张小艳、门圆撰写，年费数据部分由王璐提供。本书的核稿团队分工为：曹若负责第一章、第二章；刘鹏负责第三章、第四章；胡莉莉负责第五章、第七章；王伦伟负责第六章、第八章；羊建中负责第九章；张雨负责第十章、第十一章；马蔚钧负责第十二章、第十四章；谭佐晞负责第十三章、第十六章；李强负责第十五章、第十八章；江鹏飞负责第十七章；奚薇负责第十九章；孙之刚负责第二十章、第二十二章；雷静负责第二十一章；王丹青负责第二十三章；魏逍然负责第三至十八章各节专利申请费用部分。本书由王璞负责合稿，王丹青负责统稿及终稿审稿。中国人保粤港澳大湾区知识产权保险中心的朱杰勇、熊洁、熊宇俊、李正吉、李爽对本书作出了贡献，港专公司电脑部、内外事业部也给予了大力支持，在此一并致谢。

在本书的编写过程中，知识产权出版社的卢海鹰主任、王祝兰责任编辑提出了很多宝贵意见和建议，给予编写组大力的支持和帮助，在此表示由衷的感谢！

同时，下列海外合作事务所及其合伙人、律师参加了审校工作，贡献了许多宝贵的建议和意见，包括澳大利亚 Davies Collison Cave 的李力博士、新加坡 Davies Collison Cave Asia Pte Ltd 的 Kian Hoe Khoo 博士和 Jie An Yang 博士、韩国 Kim & Chang Law Firm（金张律师事务所）的 Flora QiQiao Zhang（张奇巧）、Young-Lan Cha（车英兰）、Young-Hoon Park（朴荣勋）、Seung-Sun Lee（李升宣）、Hui-Lian Kang（康慧莲）、Na Xie（解娜）、Hye-Jeong Choi（崔惠晶）等。在此对这些合作伙伴表示诚挚的谢意！

今年是中国专利代理（香港）有限公司成立 40 周年、北京国专知识产权有限责任公司成立 27 周年，我们也即将迎来中国专利法实施 40 周年的光辉时刻。在新的历史起点，港专公司、中国专利信息中心和知识产权出版社作为国家海外知识产权纠纷应对指导中心常务理事单位，强强联合携手推出本书，希冀这本倾注了前后两批编写者心血和思考的小书，能够进一步为中国创新主体的海外专利布局提供参考，为以创新驱动高质量发展、加快建设知识产权强国贡献自己的绵薄之力。

王丹青

2024 年 11 月 5 日于深圳